Altium Designer 17
原理图与PCB设计教程

主 编 赵 悦

U0280053

重庆大学出版社

内容提要

本书以最新版 Altium Designer 17 为基础,全面讲述 Altium Designer 17 电路设计的各种基本操作方法与技巧。全书共分 8 章,主要内容包括:Altium Designer 17 概述,电路原理图参数设置,原理图设计,原理图的后续处理,层次化原理图设计,PCB 设计,绘制 PCB,创建集成元件库。本书主要特点是内容精练,起点高,知识新,系统性和实用性强。

本书可作为大中专院校电类专业和各种培训机构的教学用书,也可作为电子设计爱好者的自学辅导用书。

图书在版编目(CIP)数据

Altium Designer 17 原理图与 PCB 设计教程 / 赵悦主编. —— 重庆:重庆大学出版社,2019.7
高等学校电气工程及其自动化专业应用型本科系列规划教材
ISBN 978-7-5689-1561-8

Ⅰ. ①A… Ⅱ. ①赵… Ⅲ. ①印刷电路—计算机辅助设计—应用软件—高等学校—教材 Ⅳ. ①TN410.2

中国版本图书馆 CIP 数据核字(2019)第 142131 号

Altium Designer 17 原理图与 PCB 设计教程

主 编 赵 悦
策划编辑:曾显跃

责任编辑:文 鹏　　版式设计:曾显跃
责任校对:王 倩　　责任印制:张 策

*

重庆大学出版社出版发行
出版人:饶帮华
社址:重庆市沙坪坝区大学城西路 21 号
邮编:401331
电话:(023)88617190　88617185(中小学)
传真:(023)88617186　88617166
网址:http://www.cqup.com.cn
邮箱:fxk@cqup.com.cn(营销中心)
全国新华书店经销
重庆俊蒲印务有限公司印刷

*

开本:787mm×1092mm　1/16　印张:19.5　字数:489 千
2019 年 7 月第 1 版　2019 年 7 月第 1 次印刷
ISBN 978-7-5689-1561-8　定价:52.00 元

前 言

Altium Designer 是目前 EDA 行业中使用方便、操作快捷、较人性化的辅助工具。电子专业的大学生在大学基本上都学过 Protel 99SE,公司招聘 Protel 新人可快速进入角色。在中国有 73％ 的工程师和 80％ 的电子工程相关专业在校学生正在使用 Altium 所提供的解决方案。

Altium Designer 基于软件集成平台,把为电子产品开发提供完整环境所需的工具全部整合在一个应用软件中。Altium Designer 包含所有设计任务所需的工具:原理图和 HDL 设计输入、电路仿真、信号完整性分析、PCB 设计、基于 FPGA 的嵌入式系统设计和开发。另外,可对 Altium Designer 工作环境加以定制,以满足用户的各种不同需求。

Altium Designer 17 是一套完整的板卡级设计系统,真正实现了在单个应用程序中的集成。Altium Designer 17 中 PCB 线路图设计系统完全利用了 Windows 平台的优势,具有更好的稳定性、增强的图形功能和超强的用户界面,设计者可以选择最适当的设计途径以最优化的方式工作。

本书在习近平新时代中国特色社会主义思想的指导下,为落实学科建设新要求编写而成。本书以 Altium Designer 17 为平台,介绍了电路设计的方法和技巧。本书的介绍由浅入深,从易到难,各章节既相对独立又前后关联。在介绍的过程中,编者根据自己多年的经验及教学心得,适当给出总结和相关提示,以帮助读者迅速掌握所学知识。全书内容讲解翔实,图文并茂,思路清晰。

随书光盘包含书中实例的源文件素材,软件安装文件、库文件,以及大量例子和双面板绘制实例视频。

本书可作为大中专院校电类专业和各种培训机构的教学用书,也可作为电子设计爱好者的自学辅导用书。

本书由赵悦任主编。任振兴、莫莉、赵洁、王辉、林丽君、程跃等也为本书的出版提供了大量帮助,在此一并表示感谢。

　　李俭教授对本书内容进行了仔细审阅,提出了宝贵的修改意见。本书在编写过程中得到了喻洪平、张跃华、樊学良、董万福等同志的关心和支持。在此,谨向他们表示衷心的感谢。

　　由于编者水平有限,书中必然存在不少的缺点和疏漏,殷切希望使用本书的师生和其他读者给予批评指正。

编　者

2019 年 4 月

目 录

第1章

概　述

1.1　Altium Designer 的发展

Altium Designer 基于软件集成平台,把为电子产品开发提供完整环境所需的工具全部整合在一个应用软件中,该软件已成为国内电子电路设计人员必须掌握的基础工具之一。

产品历史:

- Protel 公司成立于 1985 年,2001 年更名为 Altium,主要产品是 PCB(Printed Circuit Board,印制电路板)设计的 EDA(电子设计自动化,Electronic Design Automation)平台。

- 1988 年,美国 ACCEL Technologies 公司推出 TANGO 电路板设计软件,这是第一个用于电路板设计的软件。

- Protel 公司推出 Protel For Dos 升级版本。

- 1991 年,Protel 公司推出 Protel For Windows 1.0。

- 1997 年,推出 Protel 98,实现了原理图、布局、布线、仿真等功能的综合。

- 1999 年,推出 Protel 99、Protel 99SE。Protel 99SE 是一个经典版本,至今很多公司都还在使用。

- 2001 年,Protel 公司改名为 Altium 公司。

- 2002 年,发布 Protel DXP。

- 2006 年,推出 Altium Designer 6.0。

- 2009 年,推出 Altium Designer Summer 09。此版本相对于 Protel 99SE,在很多方面有了改进,使用更方便。

- 2011 年,Altium 推出 Altium Designer Release 10 版本。

- 2012—2014 年,Altium 陆续推出 Altium Designer Version 13~14.x 版本。

- 2015 年,Altium 推出 Altium Designer Version 15 版本。

- 2016 年,Altium 推出 Altium Designer Version 16 版本。

- 2017 年,Altium 推出 Altium Designer Version 17 版本。

1.2　Altium Designer 功能

Altium Designer 包含所有设计任务所需的工具:原理图和 HDL 设计输入,电路仿真,信号完整性分析,PCB 设计,基于 FPGA 的嵌入式系统设计和开发。另外,可对 Altium Designer 工作环境加以定制,以满足用户的各种不同需求。

1.3　Altium Designer 17 软件的安装

1.3.1　计算机系统推荐配置

操作系统:Windows XP SP2 专业版或更高的版本。

处理器:英特尔®酷睿™2 双核/四核 2.66 GHz 或更快的处理器。

内存:2 GB 内存。

硬盘:至少 10 GB 硬盘剩余空间。

显示器:至少 1 680 × 1 050(宽屏)或 1 600 × 1 200(4∶3)屏幕分辨率。

显卡:NVIDIA 公司的 GeForce® 80003 系列,使用 256 MB(或更多)的显卡或同等级别的显卡。

1.3.2　软件安装步骤

Altium Designer 17 的安装步骤与之前版本基本是一致的,不同的是在安装程序包的时候,增加了软件包的选择项。所以对于一些不经常用到的模块,如仿真、FPGA,可以先不做选择,只选择默认的 PCB 设计基础模块,这样将减少软件的运行压力,提高软件运行效率。

①启动安装程序,在出现的"License Agreement"对话框中选择接受协议:"Iaccept the agreement",如图 1-1 所示,然后单击"Next"按钮进入下一个步骤。

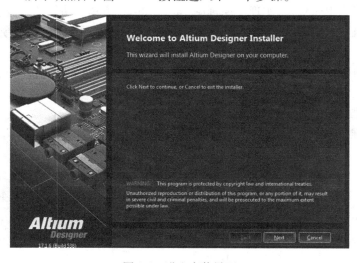

图 1-1　进入安装界面

②在安装前,也可以提前在图 1-1 所示的对话框中选择安装语言。软件支持 4 种语言:英文、简体中文、德语、日语。用户可以根据需要进行选择,如图 1-2 所示,再单击"Next"按钮。

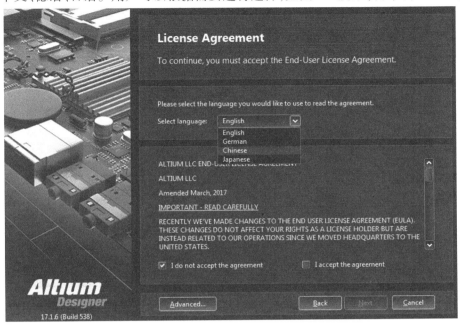

图 1-2　语言选择

③在图 1-3 所示的对话框中,用户可以选择需要安装的模块,单击"Next"按钮进入下一步。

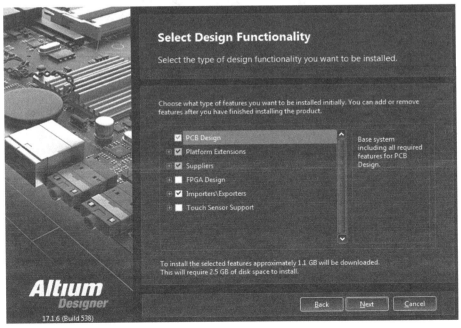

图 1-3　选择所需安装模块

3

④在如图 1-4 所示的对话框中,选择软件安装和共享文件的路径,单击"Next"按钮进入下一步。

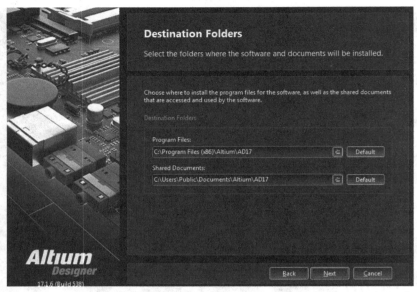

图 1-4　选择安装路径

⑤如图 1-5 所示,进入安装界面,单击"Next"进入下一步。

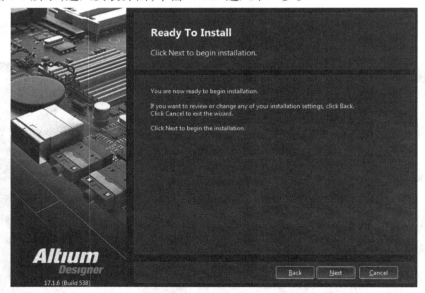

图 1-5　准备安装

⑥安装进度如图 1-6 所示,等待安装结束。

⑦图 1-7 所示为安装完成对话框,取消"Run Altium Designer"选项,单击"Finish"按钮完成安装。

⑧安装完成后,进入 Licenses 文件夹,把 msimg32.dll 复制到 Altium 软件安装目录,然后启动软件。

⑨如图 1-8 所示,执行菜单命令"DXP"→"My Account",进入 License 管理对话框。

⑩单击图 1-9 黑圈所示内容,加载 License 文件,进入 AD17 安装文件夹,找到 Licenses 文件夹,打开后选择任意一个后缀名是".alf"的文件,就可以成功授权,并开始使用软件。

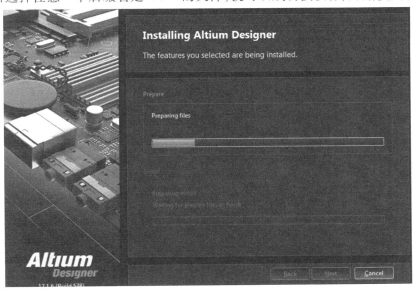

图 1-6　安装进度

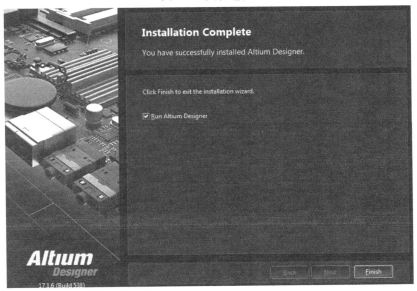

图 1-7　完成安装

⑪汉化。

部分菜单汉化步骤如图 1-10 所示。

在软件界面的左上角点"DXP",进入"preferences",然后依次展开"system"→"general",在页面右下方选择"Localization",勾选"Use localized resources",重启软件就成了中文的。

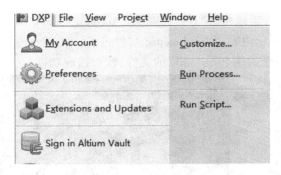

图 1-8　打开我的账户

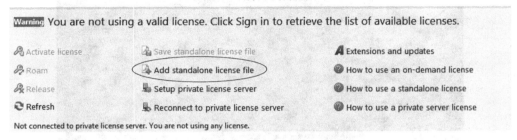

图 1-9　添加授权文件

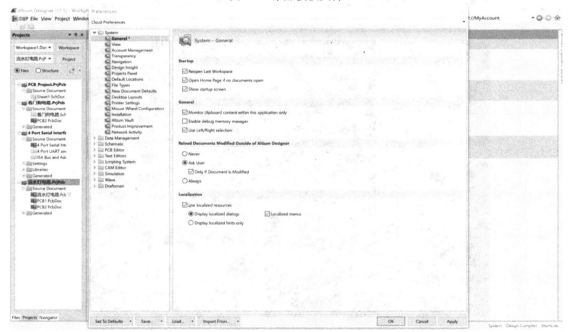

图 1-10　汉化步骤

在图 1-11 所示界面中依次选择"Preferences"→"System"→"Installation"→"Automatic checking",在其"Check frequency"里面选择"never",不要进行更新;如果选择"every day",可能出现一些意想不到的结果,如图 1-12 所示。

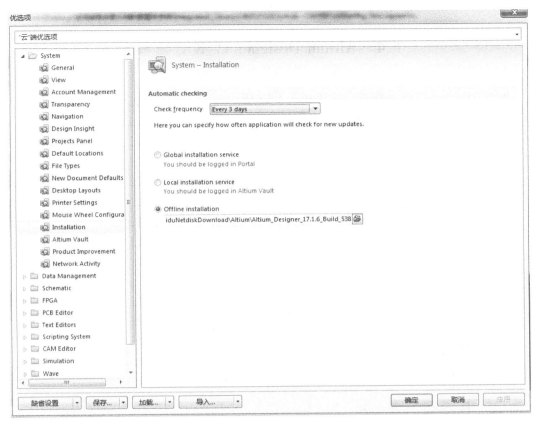

图 1-11　自动更新选择

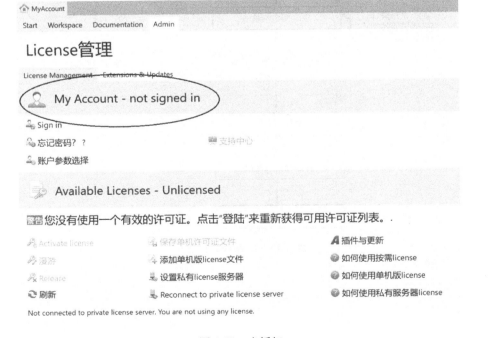

图 1-12　未授权

1.4 Altium Designer 17 设计流程

Altium Designer17 的一般设计流程如图 1-13 所示：

①建立 PCB 设计工程文件(.PrjPcb 文件)；

②绘制电路原理图，对元件属性赋值(.SchDoc 文件)；

③编译原理图，以消息方式显示错误；

④生成网络表(.NET 文件，系统自动生成)；

⑤生成 PCB 板图，绘制板框(.PcbDoc 文件)；

⑥调入网络表，完成元件位置布置，设置布线规则，完成全部布线；

⑦电路板规则检查(.html 文件，系统自动生成)。

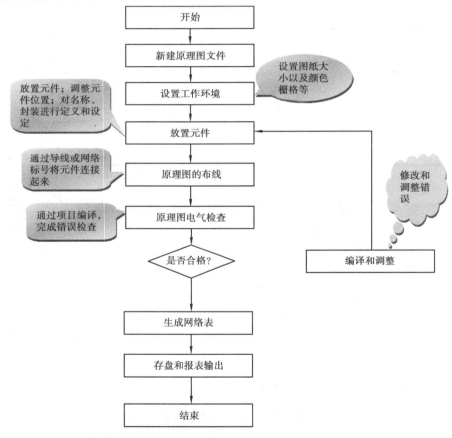

图 1-13　电路板设计流程

第**2**章
电路原理图参数设置

在电子电路设计过程中,电路原理图的设计是最重要的基础性工作。在 Altium Designer 17 中,只有先设计出符合需要和规则的电路原理图,然后才能顺利地对其进行仿真分析,最终变为可以用于生产的 PCB(印制电路板)设计文件。

本章将详细介绍原理图设计的一些基础知识,具体包括原理图的组成、原理图编辑器的界面、新建与保存原理图文件、原理图环境设置等知识点。

2.1 原理图的组成

电路原理图是说明电路中各个元器件的电气连接关系的图纸(它不涉及元器件的具体大小、形状,而只是关心元器件的类型、相互之间的连接情况)。如图 2-1 所示就是一张用 Altium Designer 17 绘制的原理图。

原理图主要由以下几部分组成:

(1)元件

在原理图设计中,元件是以元件符号的形式出现的。元件符号(图 2-2)主要由元件引脚和边框组成,其中,元件引脚需要和实际元件的管脚一一对应。

(2)导线

在原理图中,元器件管脚之间的连接是通过导线来实现的,对应在 PCB 电路板上就是铜箔形成的信号线。PCB 中的焊盘与原理图中元件的管脚一一对应。

(3)网络标号

在原理图绘制过程中,元器件之间的电气连接除了使用导线外,还可以通过设置网络标号来实现。网络标号实际上是一个电气连接点,具有相同网络标号的电气连接表明是连在一起的。使用网络标号代替实际走线会使电路图简化。

(4)总线

总线是用一条线来表达数条并行的导线,可以简化原理图,常用于地址总线和数据总线的绘制,但没有实际的电气连接意义,必须由总线接出的各个单一导线上的网络标号来完成电气意义上的连接。

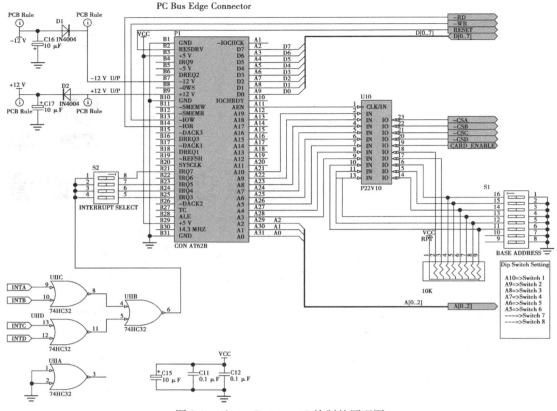

图 2-1　Altium Designer 17 绘制的原理图

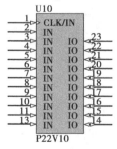

图 2-2　元件符号

（5）端口

端口和网络标号的作用类似。在原理图编辑器中引入的端口不是硬件端口,而是为了建立多个子原理图电气连接而引入具有电气特性的符号。当原理图中采用了一个端口,该端口就可以和其他原理图中同名的端口建立一个跨原理图的电气连接。

（6）电源和信号地

这里的电源和信号地的符号只是用于标注原理图上的电源和信号地的网络,并非实际的供电器件。

总之,原理图由各种元件组成,它们通过导线建立电气连接。原理图上除了元件之外,还有一系列其他辅助组成部分,用于建立正确的电气连接,使整个原理图能够和实际的 PCB 对应起来。

2.2　原理图的编辑环境

2.2.1　创建、保存和打开原理图

Altium Designer 17 为用户提供了一个十分友好且易用的设计环境,它打破了传统的 EDA 设计模式,采用了以工程为中心的设计环境。在一个工程中,各个文件之间互有关联,当工程被编辑后,工程中的电路原理图文件或 PCB 印制电路板文件都会被同步更新。因此,要进行一个 PCB 电路板的整体设计,就要在进行电路原理图设计的时候,首先创建一个新的 PCB 工程。

创建 SCH 文件有两种方法:

1)用菜单创建

①在图 2-3 所示的集成开发环境中,执行菜单命令"文件"→"新的"→"工程"→"PCB Project",选择"Default",完成后如图 2-4 所示。

图 2-3　Altium Designer 17 集成开发窗口

②保存 PCB 项目(工程)文件。选择"文件"→"保存工程为"菜单命令,弹出保存对话框,如图 2-5 所示,选择保存路径后在"文件名"栏内输入新文件名保存到自己建立的文件夹中。

③创建原理图文件。

注意:在新建的 PCB 项目(工程)下新建原理图文件。

在新建的 PCB 项目(工程)下,选择"文件"→"新的"→"原理图"菜单命令,完成后如图 2-6所示。

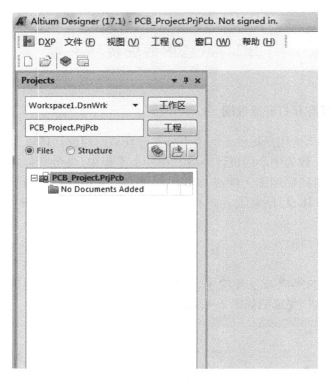

图 2-4　Project 面板

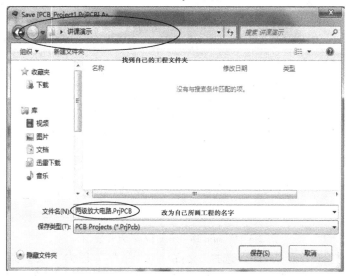

图 2-5　保存工程对话框

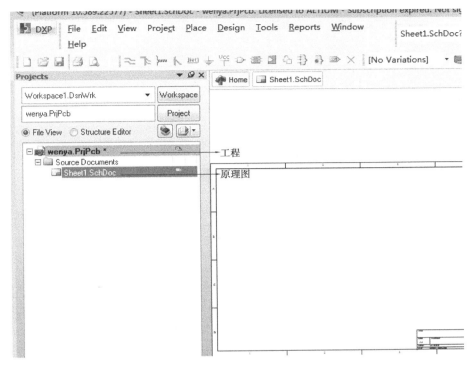

图 2-6　创建原理图界面

④保存原理图文件。

选择"文件"→"保存"菜单命令,弹出保存对话框"Save［Sheet1. SchDoc］AS…",如图 2-7 所示;选择保存路径后在"文件名"栏内输入新文件名保存到自己建立的文件夹中。

图 2-7　保存原理图对话框

保存原理图后,系统就生成图 2-8 所示的界面。

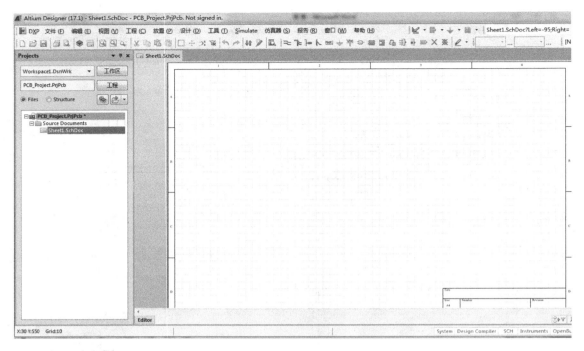

图 2-8　原理图编辑环境

2)创建 Files(文件)面板

单击集成开发环境窗口右下角的 System(系统)按钮,弹出如图 2-9 所示的菜单。在 System(系统)菜单中执行 Files(文件)命令,打开 Files(文件)面板,如图 2-10 所示。然后执行

图 2-9　System(系统)菜单

图 2-10　Files(文件)面板

Blank Project(PCB)命令,弹出如图 2-4 所示的 Projects 面板。再在 Files(文件)面板中单击 Schematic Sheet 命令,在当前项目 PCB-Project1.PrjPCB 下建立电路原理图文件,默认文件名为 Sheet1.SchDoc,同时在右边的设计窗口中打开 Sheet1.SchDoc 的电路原理图编辑窗口,新建电路原理图文件如图 2-8 所示。

2.2.2 原理图编辑器界面简介

在打开一个原理图文件或创建一个新原理图文件时,Altium Designer 17 的原理图编辑器被启动,如图 2-11 所示。下面介绍原理图编辑器的主要组成部分。

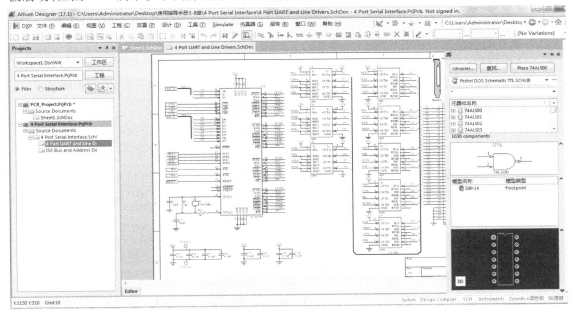

图 2-11 原理图编辑器界面

(1)菜单栏

Altium Designer 17 设计系统对不同类型的文件进行操作时,主菜单的内容会发生相应的改变。在原理图编辑环境中,主菜单如图 2-12 所示。在设计过程中,对原理图的各种编辑都可以通过主菜单中的相应命令来实现。

图 2-12 原理图编辑环境中的主菜单

(2)主工具栏

随着编辑器的改变,编辑窗口上会出现不同的主工具栏。主工具栏为用户提供了一些常用文件操作快捷方式,如图 2-13 所示。

图 2-13 主工具栏

执行"视图"→"工具栏"→"原理图标准"菜单命令,可以打开或关闭该工具栏。

(3)布线工具栏

该工具栏主要用于原理图绘制时放置元器件、电源、地、端口、图纸标号以及未用管脚标志等,同时可以完成连线操作,如图 2-14 所示。

图 2-14　布线工具栏

执行"视图"→"工具栏"→"布线"菜单命令,可以打开或关闭该工具栏。

此外,用户可以尝试操作其他工具栏。在"视图"→"工具栏"的子菜单中列出了所有原理图设计中的工具栏,在工具栏名称的左侧有"√"标记则表明该工具栏已经被打开,否则该工具栏是被关闭的。

(4)编辑窗口

编辑窗口就是进行电路原理图设计的工作区。在此窗口中可以新画一个电路原理图,也可以对原有的电路原理图进行编辑和修改。

(5)坐标栏

在编辑窗口的左下方,状态栏上面会显示鼠标指针目前位置的坐标,如图 2-15 所示。

X:400 Y:680　Grid:10

图 2-15　坐标栏

(6)工作面板

在原理图编辑窗口的右下角有一排主工作面板,如图 2-16 所示,可以用其开启或关闭各种工作面板。其中,我们经常使用的工作面板有"Projects"面板和"库"面板,如图 2-17 和图 2-18 所示。

图 2-16　主工作面板

图 2-17　Projects 面板

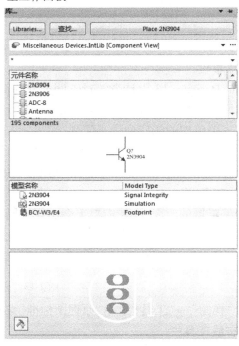

图 2-18　库面板

2.3　图纸的设置

在绘制原理图之前,首先要对图纸的相关参数进行设置,主要包括图纸大小的设置、图纸字体的设置,图纸方向、标题栏和颜色的设置以及网格和光标设置等,以确定图纸的有关参数。

2.3.1　图纸大小的设置

(1) 打开图纸设置对话框

打开图纸设置对话框有两种方式:

① 在电路原理图编辑窗口下执行菜单命令"设计"→"文档选项",弹出"文档选项"对话框,如图 2-19 所示。

② 在当前原理图上单击鼠标右键,弹出快捷菜单,如图 2-20 所示,从弹出的右键菜单中选择"选项",然后在"选项"下级菜单中选择"图纸"命令,同样可以弹出如图 2-19 所示的对话框。

图 2-19　"文档选项"对话框

(2) 图纸大小的设置

在图 2-19 所示的图纸属性设置对话框中,单击"标准风格"后面的下拉按钮,即可选择需要的图纸类型。例如,用户要将图纸大小设置成为标准 A3 图纸,把鼠标移动到图纸属性设置对话框中的"标准风格"命令,单击下拉按钮启动选项,再用光标选中 A3 选项,单击"确定"按钮确认即可,如图 2-21 所示。

17

图 2-20　右键快捷菜单

图 2-21　选择图纸类型

Altium Designer 17 所提供的图纸式样有以下几种：

①公制：A0、A1、A2、A3、A4，其中 A4 最小。

②英制：A、B、C、D、E，其中 A 型最小。

③Orcad 图纸：Orcad A、Orcad B、Orcad C、Orcad D、Orcad E。

④其他类型：Altium Designer 17 还支持其他类型的图纸，如 Letter、Legal、Tabloid 等。

（3）自定义图纸设置

如果图 2-21 中的图纸设置不能满足用户要求，可以自定义图纸大小，即在"自定义风格"选项组中设置。在"文档选项"对话框的"自定义风格"选项组选中"使用自定义风格"复选框后，即可在下面各栏中设置图纸大小，如图 2-22 所示。如果没有选中"使用自定义风格"复选框，则相应的"定制宽度"等设置选项显示为灰色，不能进行设置。

图 2-22　自定义图纸大小

2.3.2　栅格和光标的设置

（1）网格设置

进入原理图的编辑环境后，会看到编辑窗口的背景是栅格形的。图纸上的栅格为元器件的放置、线路的连接带来了极大的方便。由于这些栅格是可以改变的，所以用户可以根据自己的需求对栅格的类型和显示方式等进行设置。

在"文档选项"对话框的"栅格"栏中，可以对图纸栅格进行设置，如图 2-23 所示。

①"捕捉"复选框：若选中此复选框，则光标将以设置的值为单位移动，系统默认值为 1 个像素点；若不选中此复选框，光标将以 1 个像素点为单位移动。

②"可见的"复选框：用来启用可视栅格，即在图纸上可以看到栅格。若选中此复选框，图纸上的栅格是可见的。若不选此复选框，图纸的栅格将被隐藏。

如果同时选中这两个复选框，且其后的设置值也相同的话，那么光标每次移动的距离将是 1 个栅格。在"文档选项"对话框的"电栅格"栏中，可以对图纸的电气栅格进行设置，如图 2-24 所示。

图 2-23　图纸栅格设置　　　　　　　　图 2-24　电气栅格设置

　　若选中"使能"复选框,则在绘制导线时,系统将以光标所在的位置为中心,以"栅格范围"中设置的值为半径,自动向四周搜索电气节点。如果在此半径范围内有电气节点,光标将自动移动到该节点上,并在该节点上显示一个圆点,因此一般电气栅格范围的值都小于捕捉栅格的值。

　　Altium Designer 17 提供了两种栅格形状,即 Lines Grid(线状栅格)和 Dots Grid(点状栅格)。设置线状网格和点状网格的具体步骤如下:

　　①执行菜单命令"工具"→"原理图优先项"或在 SCH 原理图图纸上单击右键,在弹出的快捷菜单中选择"选项"→"原理图优先项",打开"参数选择"对话框,在该对话框内选择 Grids 选项卡,或直接选择"选项"→"栅格"快捷命令,如图 2-25 所示。

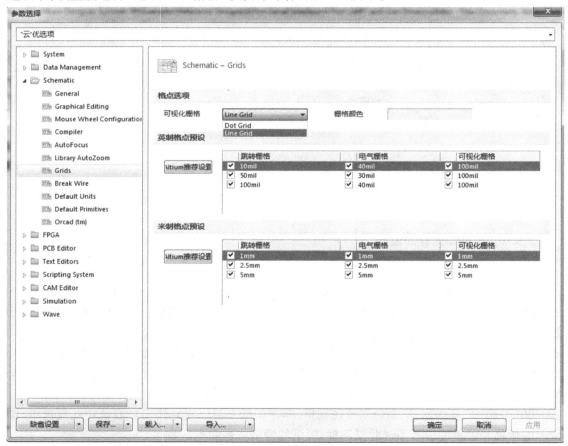

图 2-25　栅格设置对话框

　　②在"可视化栅格"选项的下拉列表中有两个选项,分别为 Line Grid 和 Dot Grid。若选择 Line Grid 选项,则在原理图图纸上显示线状栅格,若选择 Dot Grid 选项,则在原理图图纸上显

示点状栅格。

　　③在"栅格颜色"选项中,单击右侧颜色条可以对栅格颜色进行设置。

　　(2)光标设置

　　执行菜单命令"工具"→"原理图优先项"或在 SCH 原理图图纸上单击右键,在弹出的快捷菜单中选择"选项"→"原理图优先项",打开"参数选择"对话框。在该对话框中选择 Graphical Editing(图形编辑)选项卡,如图 2-26 所示。

　　在图 2-26 中所示的 Graphical Editing 选项卡的"光标"选项组中,可以对光标设置 4 种类型:Large Cursor 90,Small Cursor 90, Small Cursor 45, Tiny Cursor 45。选择某种类型,则在放置元件和导线时光标就会呈现这种形状。图 2-27 所示分别为放置电源 VCC 时的 4 种光标形状。

图 2-26　Graphical Editing 对话框

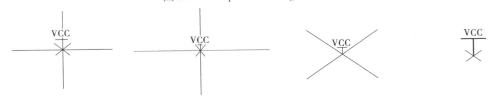

图 2-27　放置元器件时的 4 种光标

2.3.3 图纸字体的设置

在设计电路原理图文件时,常常需要插入一些字符,Altium Designer 17 可以为这些插入的字符设置字体。在图 2-19 所示的"文档选项"对话框中单击 [更改系统字体] 命令按钮,即可以打开"字体"对话框,如图 2-28 所示。

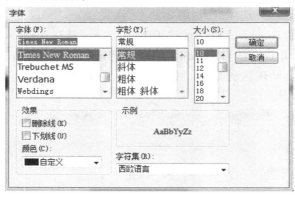

图 2-28　字体对话框

在该对话框中,可以根据自身需要对字体、字形、字符大小以及字符颜色等一系列参数进行设置,设置完成后单击"确定"按钮即可。

2.3.4 图纸方向、标题栏和颜色设置

(1)图纸方向设置

对图纸方向的设置是在图纸属性设置对话框"文档选项"的"选项"栏中进行的。如图 2-29所示,"定位"栏中有两个选项:Landscape 和 Portrait。其中,Landscape 表示水平方向,Portrait 表示垂直方向。系统默认的设置为 Landscape。

图 2-29　图纸方向设置

(2)图纸标题栏设置

在图 2-29 所示的对话框中,单击选中"标题块"复选框,可以对图纸的标题栏进行设置。

单击下拉列表框右侧的下拉按钮,出现两种类型的标题栏供选择:Standard(标准型,如图 2-30 所示)和 ANSI(美国国家标准协会模式,如图 2-31 所示)。

Title			
Size A4	Number		Revision
Date:	2017/7/3	Sheet of	
File:	Sheet1.SchDoc	Drawn By:	

图 2-30 Standard(标准型)标题栏

	Size A4	FCSM No.	DWG No.	Rev
	Scale		Sheet	

图 2-31 ANSI(美国国家标准协会模式)标题栏

(3)图纸颜色设置

选择"文档选项"对话框中的"边框颜色"选项,打开"选择颜色"对话框,如图 2-32 所示,即可对图纸边框颜色进行设置。

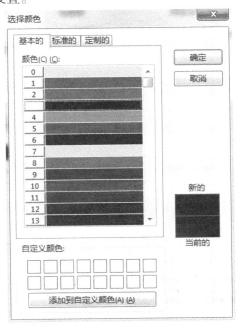

图 2-32 "选择颜色"对话框

在该对话框中有"基本的""标准的"和"定制的"三个选项卡可供选择,在任意一个选项卡中选取想要的颜色后,单击"确定"按钮即可。

单击"文档选项"对话框中的"图纸颜色"选项,用同样的方法可以对图纸的工作区颜色进行设置。

"选项"栏中其他几个复选框的含义:

- 显示参考区域:用来设置是否显示参考图纸边框。
- 显示边界:用来设置是否显示图纸边框。
- 显示模板图形:用来设置是否显示图纸模板图形。

一般情况下,采用系统默认设置的方向、标题栏和颜色即可满足设计要求。当然,用户也可以根据自己的喜好和实际情况进行自定义设置。

2.3.5 图纸设计信息

图纸设计信息记录了电路原理图的设计信息和更新信息,这些信息可以使用户更系统、更有效地对自己设计的电路图进行管理。所以在设计电路原理图时,要填写图纸设计信息。

在"文档选项"对话框中选择"参数"标签,即可进入图纸设计信息填写对话框,如图 2-33 所示。

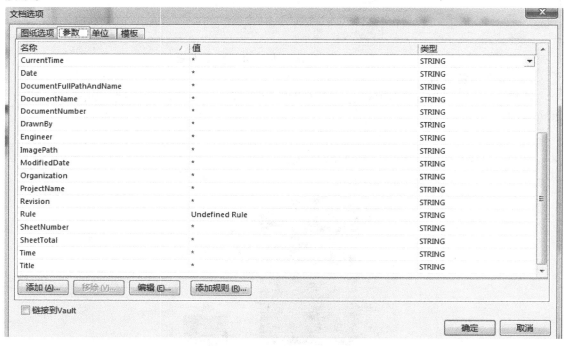

图 2-33 图纸设计信息对话框

在该对话框中可以填写的原理图信息很多,简单介绍如下:

- Address1、Address2、Address3、Address4:用于填写设计公司或单位的地址。
- Application_ BuildNumber:Altium Designer 的版本
- ApprovedBy:用于填写验证者姓名。
- Author:用于填写设计者姓名。
- CheckedBy:用于填写审核者姓名。
- CompanyName:用于填写设计公司或单位的名字。

- CurrentDate：用于填写当前日期。
- CurrentTime：用于填写当前时间。
- Date：用于填写日期。
- DocumentFullPathAndName：用于填写设计文件名和完整的保存路径。
- DocumentName：用于填写文件名。
- DocumentNumber：用于填写文件数量。
- DrawnBy：用于填写图纸绘制者姓名。
- Engineer：用于填写工程师姓名。
- ImagePath：用于填写图像路径。
- ModifiedDate：用于填写修改的日期。
- Organization：用于填写设计机构名称。
- Revision：用于填写图纸版本号。
- Rule：用于填写设计规则信息。
- SheetNumber：用于填写本原理图的编号。
- SheetTotal：用于填写电路原理图的总数。
- Time：用于填写时间。
- Title：用于填写电路原理图标题。

双击要填写的信息项或选中此填写项后，单击"编辑"按钮，弹出相应的"参数属性"对话框，如图 2-34 所示。填写修改完成后单击"确定"按钮。

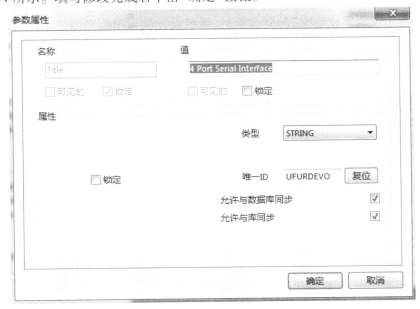

图 2-34　"参数属性"对话框

2.3.6　"单位"选项卡参数设置

在"文档选项"对话框中选择"单位"标签，即可进入图纸单位设置选项卡，如图 2-35 所示。该选项卡中可以设置使用英制单位系统或公制单位系统。

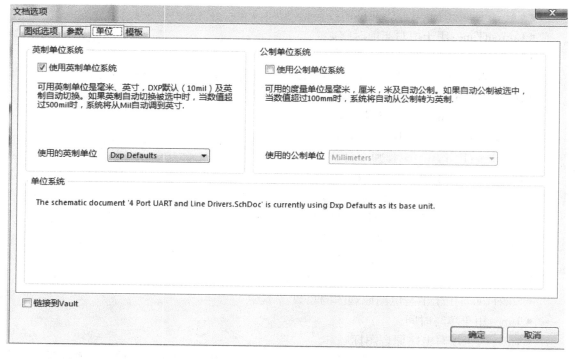

图 2-35　图纸单位设置选项卡

(1)英制单位系统

当选中"使用英制单位系统"的复选框时,系统设计就采用英制单位。在"使用的英制单位"下拉框中可以选取具体的英制单位。系统提供的英制单位系统有:

"Miles":1 mil = 1/1 000 inch = 0.025 4 mm

"Inches":英寸,1 inch = 2.54 cm

"DXP Defaults":DXP 默认值,1 = 10 mil

"Auto-Imperial":自动英制,500 mil 下采用 mil,500 mil 以上采用 Inches

(2)公制单位系统

选中"使用公制单位系统"后,系统采用公制单位。"使用的公制单位"下拉框中可供选择的公制单位系统有:

"Millimeters":mm

"Centimeters":cm

"Meters":m

"Auto-Metric":自动公制,100 mm 以下采用 mm,100 mm 以上采用 cm,100 cm 以下采用 cm,100 cm 以上采用 m 。系统单位的切换还可以通过"视图""View"菜单下的"切换单位""Toggle Units"命令来实现。

2.4　原理图工作环境设置

若要更好地利用 Altium Designer 17 进行原理图设计,首先要根据设计的需要对软件的设计环境进行正确配置。下面将详细介绍原理图工作环境的设置，以使用户能熟悉这些设置，为后面原理图的绘制打下一个良好的基础。

执行菜单命令"工具"→"原理图优先项"或在 SCH 原理图图纸上单击右键，在弹出的快捷菜单上选择"选项"→"原理图优先项"，打开"参数选择"对话框。该对话框有 11 个选项卡：General（常规设置）、Graphical Editing（图形编辑）、Mouse Wheel Configuration（鼠标滚轮功能设置）、Compiler（编译）、AutoFocus（自动聚焦）、LibraryAutoZoom（元器件库自动缩放）、Grids（网格）、Break Wire（断线）、Default Units（默认单位）、Default Primitives（初始默认）、Orcad（tm）（端口操作）。

2.4.1　General 选项卡设定

在"参数选择"对话框中单击"General（常规设置）"标签，弹出 General（常规设置）选项卡，如图 2-36 所示。"General（常规设置）"选项卡主要用来设置电路原理图的常规环境参数。

图 2-36　General 选项卡

(1)"选项"选项组

● Break Wires At Autojunctions（在结点处断线）：若选中该复选框，就会在自动节点处将当前线段分成两段，比如画一个 T 形线段，单击被节点分成两段的线段，就会发现该线段上出现3 个绿色的点，用户可以拖拽任一绿点来改变线段外形；若不选中该复选框，当前线段就不会被自动节点分割,单击该线段,只会在首尾出现 2 个绿色的点,如图 2-37 所示。一般默认选中该选项。

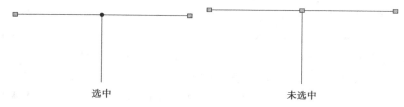

选中　　　　　　　　　　　　未选中

图 2-37　选中和未选中"Break Wires At Autojunctions"复选框效果

● Optimize Wires Buses(优化连线和总线):若选中该复选框,在进行导线和总线的连接时,系统将会自动地选择最优路径,并且能避免各种电气连线和非电气连线的相互重叠;若不选中该复选框,用户在画线时要注意不要发生重叠,以免出现错误。一般默认选中该选项。

● 元件割线:元器件切割导线,效果对比如图 2-38 所示。此复选框只有在选中 Optimize Wires Buses 复选框时才能进行选择。选中后,系统会启动元器件切割导线的功能,一般默认选中该选项。

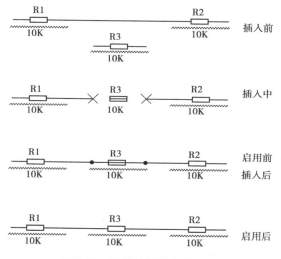

图 2-38　元器件切割导线效果

● 使能 In-Place 编辑(启用即时编辑功能):允许在线编辑。若选中该复选框,则可直接在绘图区中编辑原理图中的文字内容(如元器件的序号、标注等),而无须打开属性页面。鼠标左键单击圈内字先选中待修改文本内容,再次用左键单击选中文本内容,即可进入在线编辑状态。若未选中该选项,则必须在参数属性对话框中修改文本内容。一般默认选中该选项。

● Ctrl + 双击打开图纸:选中该复选框后,在层次电路图设计中按下 Ctrl 键,同时双击选定的图纸符号即可打开相关联的原理图图纸。

● 转换交叉点:若选中该复选框,在绘制导线时,创建的一个四路连接会被转换成两个相邻的三路连接;若不选择该复选框,当创建一个四路连接时,在交叉口处交叉的两根线不会电气连接。效果对比如图 2-39 所示。

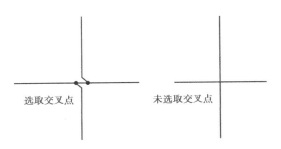

图 2-39   转换交叉点的效果

● 显示 Cross-Overs(显示交叉点)：以半圆弧的形式显示横跨状态。选中该复选框后，非电气连线的交叉处会以半圆弧的形式显示出横跨状态。

● Pin 方向(管脚说明)：管脚上的信号流向。选中该复选框后，在元器件的引脚上显示信号流向；若不选择该复选框，则不显示。效果对比如图 2-40 所示。

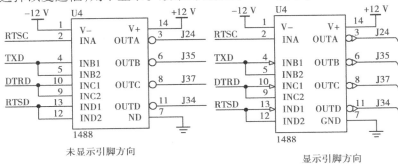

图 2-40   引脚方向显示效果

● 图纸入口方向：选中该复选框后，可以根据设定的类型显示图纸入口的方向，否则会无法显示方向。

● 端口方向：选中该复选框后，系统会根据用户设置的端口属性显示是输出端口、输入端口或其他性质的端口方向。

● 未连接的从左到右：选中该复选框后，在端口类型未设定时，端口指向右；未选中该复选框时，端口指向两侧。效果对比如图 2-41 所示。

图 2-41   选中和未选中的端口效果

● 使用 GDI + 渲染文本 +：选中该复选框后，可使用 GDI 字体渲染功能，具体到字体的粗细、大小等。

● 垂直拖拽：垂直方向拖动。若选中该复选框，在电路原理图上拖动元器件时，与元器件连接的导线只能保持垂直；若不选中该复选框，则与元器件相连的导线可以呈现任意角度。单击 Drag Step 旁的下拉箭头，可选择 4 种移动距离：Smallest、Small、Medium、Large。

(2)"包括剪切板"选项组

该选项组主要用于设置使用剪切板或打印时的参数。

● No-ERC 标记：忽略 ERC 符号。选中该复选框后，在复制、剪切到剪切板或打印时，对象的 No-ERC 标记将随对象被复制或打印；否则，复制和打印对象时，将不包括 No-ERC 标记。

• 参数集:参数集合。选中后,在使用剪贴板进行复制或打印时,对象的参数设置将随对象被复制或打印;否则,复制和打印对象时,将不包括对象参数。

• 注释:选中后,在使用剪贴板进行复制或打印时,注释将随对象被复制或打印。也可以选择隐藏注释。

(3)"放置时自动增加"选项组

该选项组用于设置元件标识序号及管脚号的自动增量数。

• 首要的:主增量,用来设置在原理图上连续放置某一种元器件时元器件序号的自动增量数。系统默认值为 1。

• 次要的:次增量,用来设置绘制原理图元器件符号时管脚数的自动增量数。系统默认值为 1。

(4)"默认空白纸张模板及尺寸"选项组

该选项组用来设置默认的模板文件。可以单击右边的"模板"下拉列表中选择模板文件,选择后模板文件名称将出现在"模板"文本框中。每次创建一个新文件时,系统将自动套用该模板。也可以单击"清除"按钮清除已经选择的模板文件。如果不需要模板文件,则"模板"文本框中显示"No Default Template Name(没有默认模板名称)"。

(5)"Alpha 数字后缀(字母和数字后缀)"选项组

该选项组用于设置多组件元器件标识后缀的类型。有些元器件内部是由多组元器件组成的,例如 74 系列元器件,74LS04 就是由 6 个非门组成的,可以通过"Alpha 数字后缀(字母和数字后缀)"区域设置元器件的后缀。若选择"字母"单选项,则后缀以字母表示,如 U1A,U1B 等。若选择"数字"单选项,则后缀以数字表示,如 U1:1,U1:2 或 U1.1,U1.2 这两种形式。因为用数字作后缀容易与前面的编号重叠,故一般都选字母作后缀。

以元器件 74LS04 为例,在原理图图纸放置 74LS04 时,会出现一个非门,如图 2-42 所示,而不是实际所见的双列直插器件。若需要连续放六个非门,则同一个 74LS04 的所有非门都会使用且按字母顺序递增。注意,前面编号相同即代表是同一元件。

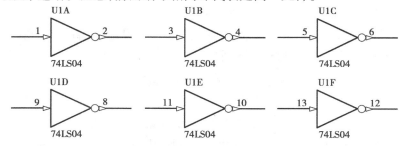

图 2-42 选择字母后缀的 74LS04 的 6 个非门

(6)"管脚余量"选项组

• 名称:用来设置元器件的引脚名称与元器件符号边缘之间的距离,系统默认值为 5 mil。

• 数量:用来设置元器件的引脚编号与元器件符号边缘之间的距离,系统默认值为 8 mil。

(7)"过滤和选择的文档范围"下拉列表

该下拉列表用来设置过滤器和执行选择功能时默认的文件范围,有两个选项。

• Current Document(当前文件):表示仅在当前打开的文档中使用。

• Open Documents(打开文件):表示在所有打开的文档中都可以使用。

(8)"端口交叉参考"选项组

该选项组用来设置默认的空白原理图的尺寸大小,可以单击下三角按钮进行选择设置,并在旁边给出了相应尺寸的具体绘图区域范围,帮助用户选择。

2.4.2　Graphical Editing(图形编辑器) 选项卡设置

如图 2-43 所示,图形编辑器选项卡主要是用来设置与绘图有关的一些参数。

图 2-43　Graphical Editing 选项卡

(1)"选项"组

● 剪切板参考:用于设置在执行元器件复制或剪切命令后,是否要用鼠标选择一个参考点,粘贴时再以该参考点为原点放置元器件。如果选定此复选项,进行复制或剪切操作时,系统会要求指定参考点。

● 添加模板到剪切板:加模板到剪切板上。若选定该复选项,当执行复制或剪切操作时,系统会把模板文件添加到剪切板上。若不选定该复选项,可以直接将原理图复制到 Word 文档中。建议用户取消选定该复选项。

● 转换特殊字符:用于设置将特殊字符串转换成相应的内容来显示。若选定此复选项,在电路原理图中使用特殊字符串时,显示时会转换成实际内容,否则将保持原样。

● 对象中心:选择该选项,光标捕捉的是元器件的参考点,否则光标捕捉的是鼠标按下时元器件上的任意位置。该选项与"对象电气热点"选项只能选一个。

● 对象电气热点：选定该复选项后，将可以通过距离对象最近的电气热点移动或拖动对象。建议用户选定该复选项。

● 自动缩放：用于设置在跳转某元件时，原理图是否自动缩放，以便将该元件以最佳的比例显示。建议用户选定该复选项。

● 单一"\"符号代表负信号：单一"\"表示否定，选定该复选项后，只要在网络标号的第 1 个字符前加一个"\"，就可以将该网络标号名称全部加上横线。

● 双击运行 Inspector 检视器：若选定该复选项，则在原理图上双击一个对象时，弹出的不是如图 2-44 所示的"Properties for Schematic Component in Sheet(原理图元件属性)"对话框，而是如图 2-45 所示"SCH Inspector"对话框。建议用户不选该复选项。

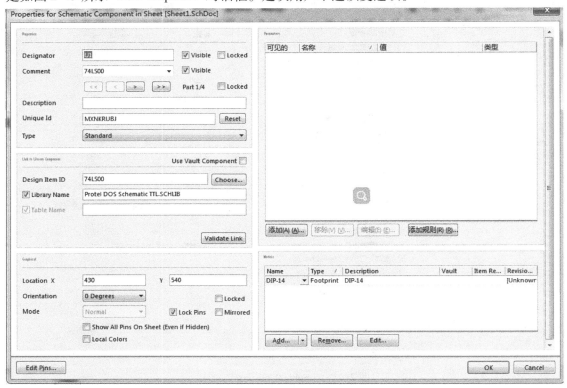

图 2-44 "Properties for Schematic Component in Sheet"对话框

● 选中存储块清空时确认：若选中该复选框，在清除选择存储器时，系统将会出现一个确认对话框；否则，确认对话框不会出现。通过这项功能可以防止由于疏忽而清除选择存储器，建议用户选定此复选项。

● 标记手动参数：用来设置是否显示参数自动定位被取消的标记点。

● 单击清除选中状态：用于设置单击原理图编辑窗口内的任意位置以取消对象的选取状态。不选定此项时，取消元器件被选中状态需要执行菜单命令"编辑"→"取消选中"→"所有打开的当前文件"，或单击工具栏图标按钮来取消元器件的选中状态。当选定该复选项后，取消元器件的选取状态可以有两种方法：其一，直接在原理图编辑窗口的任意位置单击鼠标左键，即可取消元器件的选取状态。其二，执行菜单命令"编辑"→"取消选中"→"所有打开的当前文件"，或单击工具栏图标按钮来取消元器件的选定状态，建议用户选定此复选项。

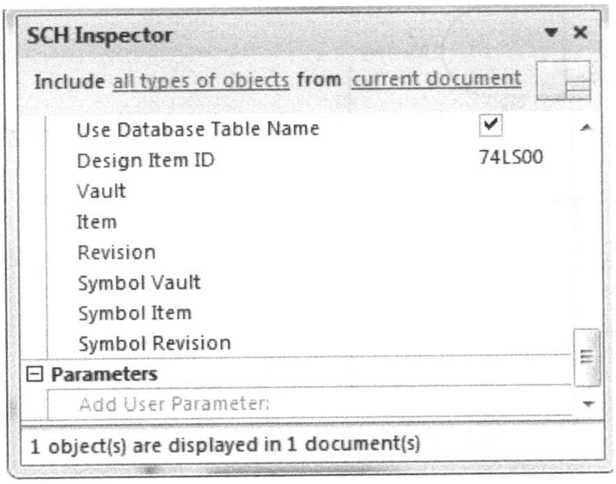

图 2-45　"SCH Inspector"对话框

● "Shift" + 单击选择：选中该复选框后，只有在按下 Shift 键时，单击鼠标才能选中元器件。使用此功能会使原理图编辑很不方便，建议用户不要选择。

● 始终拖拽：选中该复选框后，当移动某一元器件时，与其相连的导线也会被随之拖动，保持连接关系。

● 自动放置页面符入口：选中该选项，当有元器件连接至图纸符号时，图纸自动产生一个图纸入口，如图 2-46 所示；如不选中，则不会自动产生，需要手动添加。

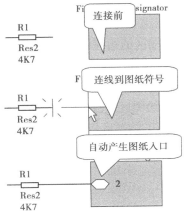

图 2-46　自动产生图纸入口

● 保护锁定的对象：选中该选项，系统会对锁定的对象进行保护，该对象不能进行拖动等操作；未选中该选项，则锁定对象移动时就会产生如图 2-47 所示的锁定对象操作确认对话框。

● 页面符入口和端口使用 Harness（线束）颜色：选择该选项，设定图纸入口和端口的颜色与 Signal Harness（信号线束）的颜色相同，否则，图纸入口和端口的颜色使用默认的颜色设置。

● 粘贴时重置元件位号：选择该选项，元件在粘贴到图纸上时，新元件的编号会重置为"?"，如图 2-48 所示。建议用户选定此选项。

● 网络颜色覆盖（Net Color Override）：选择该选项，用户可自行设定某个网络颜色。

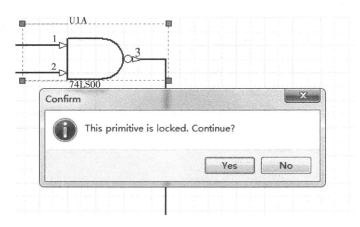

图 2-47　锁定对象确认操作对话框

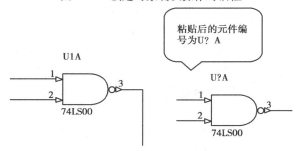

图 2-48　重置粘贴后的元件标号

（2）"自动平移选项"

它主要用于设置当光标移至绘图区的边缘时,图纸自动边移的样式。

Auto Pan Off:取消自动边移。当光标移至绘图区边缘时,图纸不自动移动。

Auto Pan Fixed Jump:当光标移至绘图区边缘时,图纸以固定的步长移动。

Auto Pan ReCenter:当光标移至绘图区边缘时,系统会将此时光标所在的图纸位置移至绘图区中央,即以光标所指的位置为新的绘图区中心。系统默认为 Auto Pan Fixed Jump。

- 速度:自动移动速度设置。滑块越向右,光标移动速度越快。

- 步进步长:自动移动时的步长。系统默认值为 30。此选项必须配合"Auto Pan Fixed Jump"设置。

- 移位步进步长:用来设置在按下 Shift 键时,原理图自动移动的步长。系统默认值为 100。选项必须配合"Auto Pan Fixed Jump"设置。

（3）"撤销/重做"选项区域

"撤销/重做"选项区域中的 Stack Size 框,用于设置"撤销/重做"指令的次数。

撤销选项组用来设置顺序进行的相似操作指令是否可以一次性全部撤销。选中该复选框,则可以一次性撤销之前顺序进行的相似操作;不选中,执行一次撤销指令只能撤销一个操作。若要撤销多个操作,就要多次使用撤销指令。

（4）"颜色选项"选项区域

该选项用来设置处于选中状态的元件的标识颜色。单击后面的颜色选择栏,即可自行设置。

（5）"光标"选项

该选项主要用来设置光标的类型。

"指针类型"下拉列表中有 4 种选择："Large Cursor 90"（长十字形光标）、"Small Cursor 90"（短十字形光标）、"Small Cursor 45"（短 45°交错光标）、"Tiny Cursor 45"（小 45°交错光标）。系统默认为"Small Cursor 90"。

2.4.3　设置编译器的环境参数

Altium Designer 17 提供了编译器这个强大的工具，在编译器对话框中可进行错误和警告的提示颜色设定以及节点大小的设定；在对整个电路图进行电气检查时，还可生成错误和警告的各种报表和统计信息，帮助用户进一步修改和完善自己的设计工作，如图 2-49 所示。

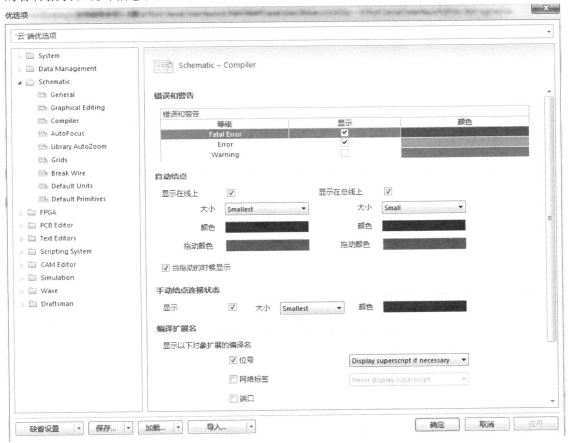

图 2-49　"Complier"选项卡

（1）"错误和警告"选项组

该区域设置不同等级的显示样式。错误信息分为 3 个等级：致命错误、错误和警告。在等级后的显示复选框设置该类型错误是否在绘图区显示，显示的颜色在颜色框里面选择。如图 2-50 就显示了器件由于输入管脚悬空导致的编译错误，将光标置于错误上并停留一段时间，系统便会自动显示错误的具体信息。

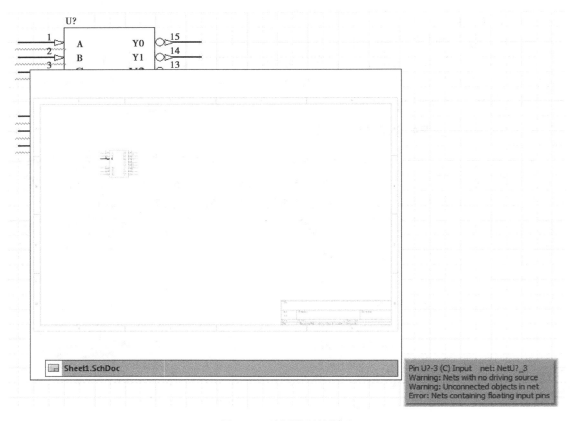

图 2-50　编译错误的提示

(2)"自动节点"选项组

该选项组用于设置布线时系统自动产生的节点的样式,分为线路上的节点(Display On Wires)和总线上的节点(Display On Buses),可以分别设置节点的大小和颜色。Large 型节点显示效果如图 2-51 所示,一般默认是 Smallest。

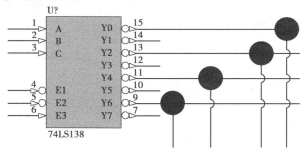

图 2-51　Large 型节点显示效果

(3)"手动节点连接状态"选项

如图 2-52 所示,可以通过"放置"→"手动节点"命令来手动添加电气节点,一般画 T 形连线会自动添加节点,画交叉线时不会自动添加节点。手动节点可以有电气连接,也可无电气连接,可通过设定有电气连接的节点外显示圆晕来区分有无电气连接。该选项用来设置这种状态圆晕的样式,图 2-52 是 Large 型。

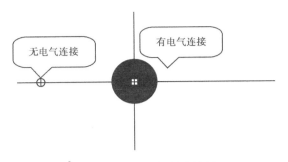

图 2-52　手动添加节点效果

（4）"编译扩展名"选项

该选项针对层次原理图设计或多通道设计时,将逻辑电路图展开为实际电路图的具体展开项目设置,还可以对编译后的文档以灰度的形式显示。

2.4.4　自动聚焦设定

自动聚焦功能是突出显示待编辑的图件,主要有三个方面自动聚焦的设置,如图 2-53 所示。

图 2-53　自动聚焦设置选项

● Dim Unconnected Objects（未链接目标变暗）:图 2-54 是淡化显示的效果。淡化显示其他未连接对象区域内有四个复选框:"On Place "是指放置图件时,淡化显示其他未与其连接的图件;"On Move"是指移动图件时淡化显示未与其连接的图件;"On Edit Graphically"是指在编辑图件的图形属性时淡化显示未与其连接的图件;"On Edit In Place"是指在线编辑图件的文字属性时淡化显示未与其连接的图件。还可以点击复选框下面的"All On"和"All Off"按钮来全部选择和全部取消选项;"Dim Level"滑动块用于设置淡化的效果,滑块越靠右,淡化效果越明显。

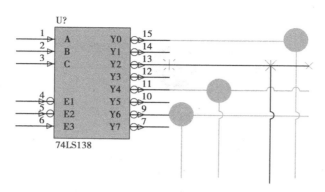

图 2-54 淡化效果

● Thicken Connected Objects（使连接物体变厚）：启用该功能后，放置对象时，系统将加粗显示和对象连接的导线和元件的管脚。"Delay"滑块用于设置连接导线加粗显示的时间。

● Zoom Connected Objects（缩放连接目标）：当放置、移动、编辑导线或器件时，放大显示所有与其连接的器件。区域内的"Restrict To Non-net Objects Only"是指自动放大功能仅限于无网络的图件。

2.4.5 元件库自动缩放设定

元件库的自动缩放选项如图 2-55 所示，用于设置编辑元件库时自动缩放，仅有简单的几项设置：

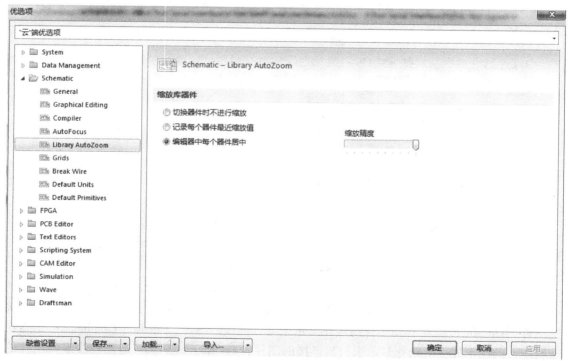

图 2-55 元件库自动缩放选项

● 切换元件时不进行缩放(Do Not Change Zoom Between Components):设定在元件库之间移动元件时是否缩放;

● 记录每个器件最近缩放值(Remember Last Zoom For Each Component):在元件库之间移动元件时按照上次比例显示;

● 编辑器中每个元件居中(Center Each Component In Editor):将元件置于元件编辑库中间显示,"缩放精度"(Zoom Precision)用于设置元件显示的比例。系统默认"元件居中"选项。

2.4.6　栅格设置选项

栅格设置选项用于设定栅格的显示方式以及捕获栅格、电气栅格和可视栅格的大小。

● 栅格选项(Grids Option):"可视化栅格(Visible Grid)"设置栅格显示的样式,可以选择"Dot Grid"点状栅格或"Line Grid"线状栅格,后面的颜色框可以设置栅格的显示颜色。

● 英制栅格预设(Imperial Grid Presets):该区域设置预置的栅格大小。从图 2-56 可以看到,栅格设置包括了"Snap Grid"捕捉栅格、"Electrical Grid"电气栅格和"Visible Grid"可视栅格。点击前面的 Altium预设 按钮弹出图 2-57 所示的选项框。其中包括了 6 组设置,可以选定其中的一组设置,系统会详细显示该组设置的具体栅格规格,在绘图时可按"G"键在不同的栅格规格之间切换。

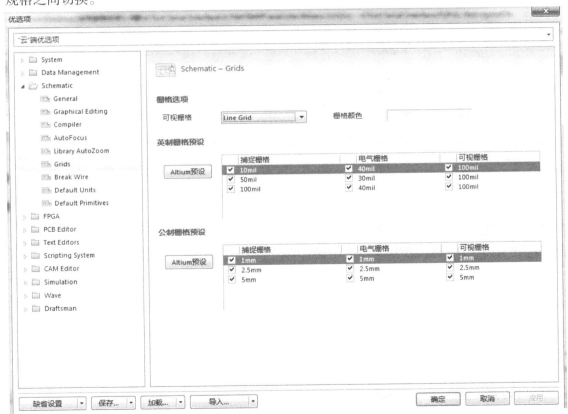

图 2-56　栅格设置选项

● 公制栅格预设(Metric Grid Presets):该区域的设置与英制栅格预设相同,只不过采用了公制单位。点击 Altium预设 按钮选定相应的设置,在绘图时就可以使用了。

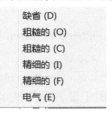

图 2-57　预设栅格选项

2.4.7　裁剪导线(Break Wire)设定

裁剪导线,顾名思义就是切断电气连线,选择"编辑"→"裁剪导线"就可以执行裁剪导线命令,在这里是对裁剪导线的尺寸以及样式进行设定,如图 2-58 所示。

图 2-58　裁剪导线设定选项

(1)切割长度(Cutting Length)

●捕捉段(Snap To Segment):切除光标所选择的一段电气走线。

●捕捉格点尺寸倍增(Snap Grid Size Multiple):切除网格大小的整数倍。在其后的文本框中设置网格大小的倍数,倍数为 2~10。

● 固定长度(Fixed Length):切除固定长度,在后面的文本框中设置切除的长度。

(2)**显示切刀盒**(Show Cutter Box)

可以设定"从不""总是"或者"导线上"时显示剪切框。

(3)**显示末端标记**(Show Extremity Markers)

可以设定"从不""总是"或者"导线上"时显示末端标记。

2.4.8　**默认单位**(Default Units)**设定**

系统的单位设定主要是指采用英制系统还是公制系统,可以在图 2-59 所示的选项页中选定英制系统或是公制系统,并在下拉框中选用系统的单位大小。"Unit System"显示了当前系统所采用的单位制。

图 2-59　默认单位设定选项

2.4.9　**默认图件**(Default Primitives)**参数设定**

默认图件参数设定是用来设置编辑原理图放置图件时图件的默认参数,如图 2-60 所示:"Primitives List"为图件的分类表,点击该下拉框可看到如图 2-61 所示的图件的分类。选择相应的分类,则在"Primitives"框中显示该分类所有的图件,"All"选项为显示全部图件。

在"Primitives"中选取相应的图件双击或点击"Edit Values"按钮打开图件默认属性设置对

话框,例如双击"总线"选项打开图 2-62 所示的导线默认属性对话框,该对话框与布线时按下"Tab"键所显示的属性对话框相同,只不过这里设置的是放置图件时的默认属性。

图 2-60　默认图件参数设定选项

图 2-61　图件的分类

　　"Reset"是复位选中图件,"Reset All"则是复位英制或者公制单位下所有图件属性。另外,还可以分别对"Mils"英制和"MMs"公制下的默认参数分别设定。

　　图 2-60 中的"信息"选项显示了图件操作的相关帮助信息。右方有三个按钮,"保存为"可将当前的图件默认属性设置保存为"＊.dft"文件;"装载"按钮可以载入现成的"＊.dft"图件默认属性设置文件;"重置全部"则是复位所有图件包括英制和公制的默认属性。

　　"Permanent"永久设置选框:设定默认参数的改变是否是在原理图的整个编辑过程中都有

效。若不选取该项,则在原理图中第一次放置该图件时,图件的属性与系统设置的默认属性相同,但若是在放置过程中按下"Tab"键修改图件属性后,下次放置同类的图件时,图件的默认属性就变成了修改后的值。选取该选项后,在原理图的绘制过程中不论修改图件的属性多少次,新放置的同类图件的属性均为系统设定的默认值。

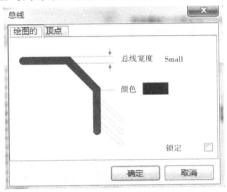

图 2-62　导线默认属性设置

第**3**章
原理图设计

本章将以一个 51 单片机工作系统为总体脉络详细介绍 Altium Designer 17 原理图的编辑操作和技巧。该单片机系统以 89C51 单片机为核心实现温度显示的功能,通过 MC14543 来驱动 4 个共阴极数码管显示温度,ADC0809 将温度对应的电压信号转换为数字信号,通过拨动开关来控制 4 个发光二极管的亮和灭。

请自行建立一个"MCU51. PrjPCB"来跟随本书循序渐进地学习 Altium Designer 17 的原理图绘制。

3.1　元件库的操作

在用 Altium Designer 17 绘制原理图时,首先要装载相应的元件库,只有这样,设计者才能从元件库中选择自己需要的器件并放置到原理图中。

与 Protel 等老版本不同,Altium Designer 17 使用的是集成元件库,扩展名为 ∗. IntLib。所谓集成元件库,就是将各元器件绘制原理图时的元件符号、绘制 PCB 时的封装、模拟仿真时的 SPICE 模型以及电路板信号分析时用的 SI 模型集成在一个元件库中,使得设计者在设计完成原理图后无须另外加载其他元件库就可以直接进行电路仿真或者 PCB 设计。当然,读者也可以根据自己的需要来设计单独的元件库,如原理图库(∗. SchLib)、PCB 封装库(∗. PcbLib)等。另外,Altium Designer 17 还可以通过"文件"→"导入向导"选择"99SE DDB(∗. DDB)"来完成 99SE DDB 文件转化为 Altium 所能识别的文件形式,从而兼容 Protel99 SE 的元件库(∗. Lib)。

3.1.1　元件库的加载与卸载

Altium Designer 17 的元件库非常庞大,但是分类明确,采用两级分类的方法来对元件进行管理。我们调用相应的元件时,只需找到相应公司的相应元器件种类就可方便地找到所需的元器件。

用鼠标单击弹出式面板栏的"库(Libraries)"标签,打开如图 3-1 所示的"库(Libraries)"元件库弹出式面板。如果弹出式面板栏没有"库(Libraries)"标签的话,可在绘图区底部的面板控制栏中选取"System"菜单,选中"Libraries"即可显示元器件库面板。

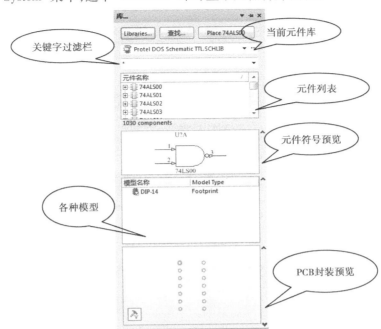

图 3-1　Libraries 面板

　　单击"已安装"的下拉框,可以看到系统已经装入好几个元件库,"Miscellaneous Devices. IntLib"通用元件库和"Miscellaneous Connectors. IntLib"通用插件库是原理图绘制时用得最多的两个库。选中"元件列表栏"中的某个器件,其下就会出现该器件的原理图符号预览,同时还会出现该器件的其他可用模型,如仿真分析、信号完整性和 PCB 封装;选中"Footprint",该器件的 PCB 封装就会以 3D 形式显示在预览框中,这时还可以用鼠标拖动旋转封装,以便全方位查看封装。

　　为了节省系统资源,针对特定的原理图设计只需加载少数几个常用的元件库文件就能满足需求,但有时往往在现有的库中找不到自己所需的文件,这就需要另外加载元件库文件。

　　单击"库"面板中的"Libraries"按钮,打开如图 3-2 所示的"可用库"对话框。"Installed"选项卡列出了当前所安装的元件库,在此可以对元件库进行管理操作,包括元件库的装载、卸载、激活以及顺序的调整。

　　图 3-2 列出了元件库的名称、是否激活、所在路径以及元件库的类型等信息。"上移"与"下移"按钮,就是在选中相应的元件库后可将元件库移上或者移下,"安装"按钮用来安装元件库,"删除"按钮则可移除选定的元件库。现在详细介绍元件库的加载:

　　单击"安装"按钮,系统弹出图 3-3 所示的打开元件库对话框,Altium Designer 17 的元件库全部放置在"C：\Program Files(x86)\Altium \Library"文件夹中,并且以生产厂家名分类放置,因此可以非常方便地找到自己所需要的元器件模型。

　　如果想要找到 Philips 公司生产的 89C51 单片机芯片,可以选中"Philips"文件夹,如图 3-4 所示。该文件夹内列出了 Philips 公司所生产的常见元件模型的分类,选择其中的"Philips Microcontroller 8-Bit. IntLib"元件库文件,该元件库包含了 Philips 公司生产的八位微处理器芯片。

单击"打开"按钮，该元件库就成功加载到系统中。如图 3-5 所示，该库文件里面包含了 89C51 等常见的单片机芯片。

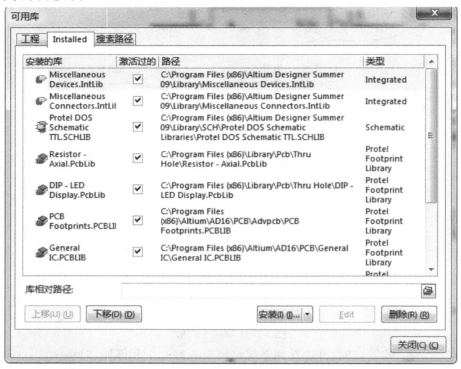

图 3-2 "Libraries"元件库文件操作

图 3-3 打开元件库对话框

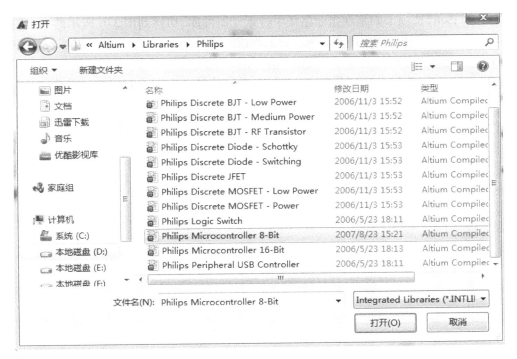

图 3-4　选择所需的元件库

以上元件库的加载与卸载是在图 3-2 所示的"可用库"对话框中的"Installed"选项卡中进行的,设计者也可以在该对话框的"工程"选项卡中加载或卸载元件库。如图 3-5 所示,"工程"选项卡与"Installed"选项卡类似,元件库的操作也相同,唯一的不同在于"Installed"选项卡中加载的元件库对 Altium Designer 17 打开的所有工程均有效,而"工程"选项卡中加载的元件库仅对本工程有效。

图 3-5　"工程"选项卡

"Search Path"选项卡则是在指令路径中搜索元器件库,切换到图 3-6 所示的"搜索路径"选项卡,单击"路径"按钮弹出图 3-7 所示的工程搜索路径选项卡,再单击"添加"按钮,弹出图 3-8 所示的"编辑搜索路径"选项卡,在其中的"路径"框中填入搜索的地址,在"过滤器"中填入搜索的文件类型,并单击"确定"按钮,即可在指定的目录中搜索有效的元件库文件。搜索到的库文件将自动加载到系统中。

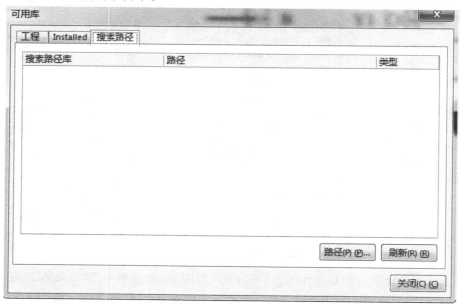

图 3-6　"搜索路径"选项卡

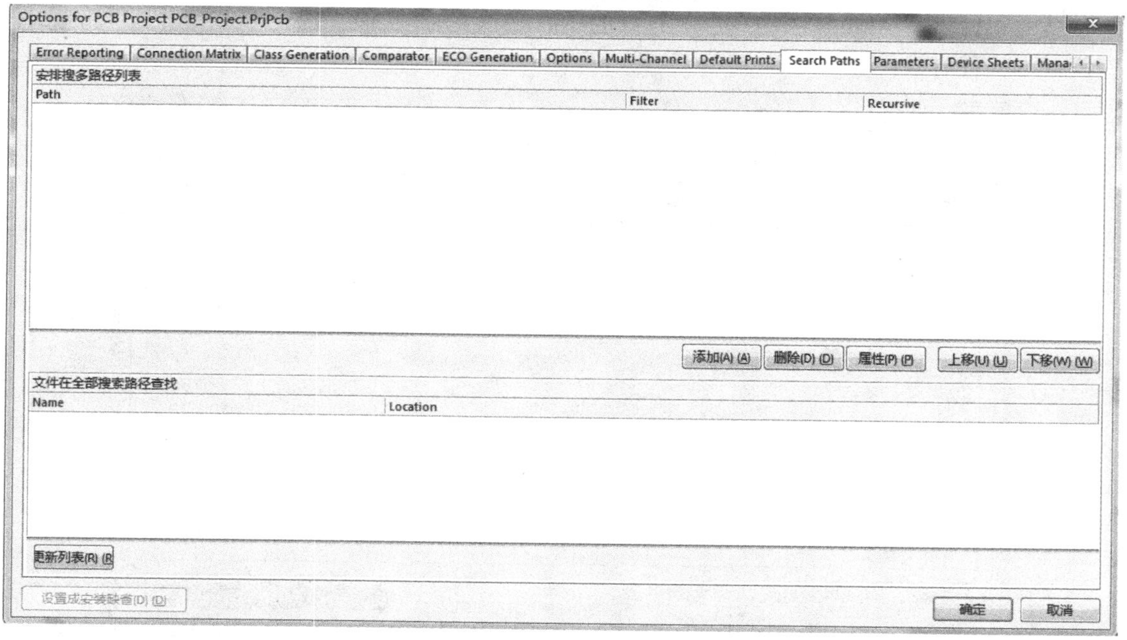

图 3-7　"Search Path"设置

图 3-8 "编辑搜索路径"选项卡

3.1.2 查找元器件

Altium Designer 17 提供的元件库十分丰富,有时候即使知道某芯片所在的元件库并且加载到系统中,也很难在众多的元件中找到它。这种情况下可以使用元件筛选的功能。例如要在前面所加载的"Philips Microcontroller 8-Bit. IntLib"元件库中快速找到89C51芯片,可以在图 3-1 所示界面中的关键字过滤栏中填入"＊89C51＊",系统马上过滤出该库文件中所有的89C51芯片,如图 3-9 所示。该元件库共有 472 个元件,但是只显示所有的名称中带有 89C51 字样的元件。过滤关键字支持通配符"?"和"＊","?"表示一个字符,而"＊"表示任意多个字符,例如"＊89C51＊"表示只要器件中带有89C51就符合过滤条件。

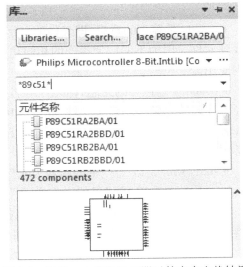

图 3-9 Philips 八位微处理器元件库内查找结果

在大多数情况下,设计者并不知道芯片的生产公司和分类,或者系统元件库中根本就没有该器件的原理图模型而读者可以寻找不同公司生产的类似元器件来代替,这就需要在系统元件库中搜寻自己所需的器件。单击"库"面板左上角的"查找"按钮,进入图 3-10 所示的元件库搜索对话框。

在元件库搜索对话框中可以设定搜索条件和搜索范围等内容,下面分别介绍:

(1)过滤器

元件库搜索对话框的过滤器有"域""运算符""值"三个待选区域,"域"的下拉箭头只有一个选项"Name","运算符"的下拉箭头打开有 4 个选项:equals、contains、starts with、ends with。

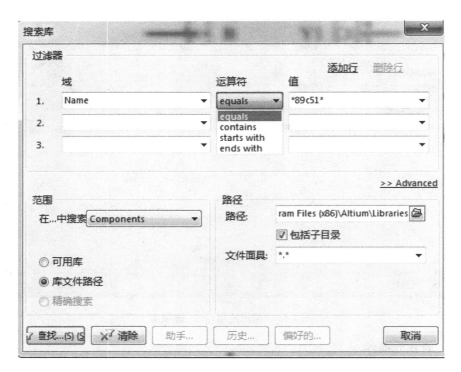

图 3-10　元件库搜索对话框

● equals 是等于的意思,即元件的名字与"值"里的内容完全相同才能在用户选择的路径下找到元件。因为不同厂家生产的相同功能的元件在名称上都有区别,所以 equals 这个选项很少使用。

● contains 是包含的意思,即元件的名字与"值"里的内容有部分相同就能在用户选择的路径下找到符合条件的多个元件,如图 3-10 所示,"∗89c51∗"就代表可以找到在指定路径下元件名称中有"89c51"的元件。这样搜索范围增加,容易找到符合条件的元件,因此这种选项经常用于查找元件。

● starts with 是以"值"里的内容为元件名称的开头来查找元件。

● ends with 是以"值"里的内容为元件名称的结束来查找元件。

"值"的右下方有"Advanced",即高级搜索,可以输入搜索条件表达式,还可以通过搜索帮助器来生成帮助条件。图 3-10 所示为"简单搜索",只需在搜索条件框中填入搜索内容即可。

(2) 范围

"在…中搜索"用来设定搜索类型,有"Components""Footprints""3D Models""Database Components"等。

"范围"是指设定搜索的范围,"可用库"指当前加载的元件库;"库文件路径"指在右边指定的搜索路径中;"精确搜索"指在上次搜索的结果中搜索。

(3) 路径

●"路径"设定搜索的路径,只有选择"库文件路径"在指定路径中搜索后才需要设置此项。通常将路径设置为"C:\PROGRAM FILES(x86)\ALTIUM\Library\",即 Altium Designer 17 的默认库文件夹。"包括子目录"是指在搜索过程中还要搜索子文件夹。"文件面具"用来设定搜索的文件类型,可以设定为"∗.PcbLib"PCB 封装库文件、"∗.SchLib"原理图元件库文件或"＊．＊"所有文件等。

- ●"查找"：设置好搜索条件后，单击该按钮系统将关闭元件搜索对话框，并显示搜索的结果。
- ●"清除"：清空搜索条件框中的搜索条件，以便进行下一次全新的搜索。
- ●"助手"：辅助生成搜索条件。

在选择"Advanced"后点击"助手"，出现"Query"搜索条件框：该框是用来填写搜索元器件的，可以直接在文本框中填入搜索条件，也可以利用工具生成搜索条件。搜索条件框有自动完成功能，输入某条命令的首字母后，系统会提示所有相关的命令和辅助函数，如图 3-11 所示，可以用鼠标选取或者将光标移到相应的命令上后按"Enter"键确认。

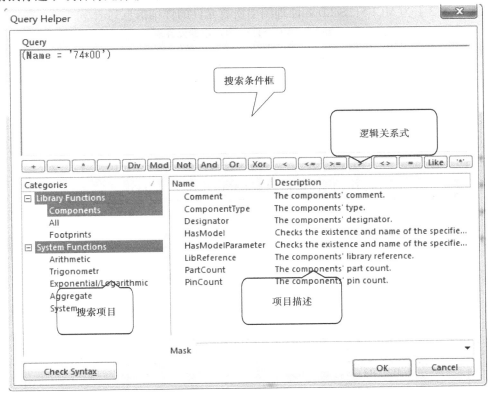

图 3-11　搜索助手对话框

"逻辑关系式"：包括了常见的逻辑关系式，如同计算器一样，使用时只需单击就可以选取，十分方便。

"Categories"搜索项目：包括了"Library Functions"和"System Functions"两个分类。"Library Functions"元件库函数提供了"Components""All"和"FootPrints"三大搜索项目，单击某一项目其右边会列出该项目的详细信息；"System Functions"系统函数则提供了搜索常用的表达式和数学函数。

"搜索表达式"：既包含了元器件的属性，还包含了各种逻辑表达式和数学函数，就如同一门编程语言般非常复杂。其实在绝大部分应用中并不需要这些复杂的条件编写，我们只需要利用"简单搜索"进行元件的查找就足够了。

Altium Designer 17 的元器件库十分丰富，新手往往对此难以适应，其实只要掌握了元件库的基本搜索功能,对元器件的操作就会得心应手。

3.2　元器件操作

请读者打开已经建立好的"MCU51.PrjPCB"工程,进入原理图编辑环境并打开"MCU51.SchDoc"文件。系统以 89C51 单片机为核心,通过 MC14543 来驱动 4 个共阴极数码管显示检测到的电压值,ADC0809 将模拟信号转换为数字信号,通过拨动开关来控制 4 个发光二极管的亮和灭。表 3-1 为 MCU51.SchDoc 原理图中所有元件的详细信息列表。

表 3-1　MCU51.SchDoc 中的元件表

Comment	Designator	Footprint	LibRef	Quantity
104	C1, C2, C3, C4, C6, C7, C8, C9, C14	RAD0.2	CAP	9
22μF	C5	RB.2/.4	ELECTRO1	1
30 pF	C10, C11	RAD0.2	CAP	2
2 200 uF	C12, C13	RB.3/.6	ELECTRO1	2
	D1, D2, D3, D4	FAGUANGLED	LED	4
	D5, D6, D7, D8	DIODE0.4	DIODE	4
	DS1, DS2, DS3, DS4	LEDXIANSHI	GONGYINXIANSHI	4
9 V	J1	SIP2	CON2	1
	J2	SIP4	CON4	1
1 k	J3	SIP9	9PIN	1
	K1, K2, K3, K4	KAIGUAN	SPDT	4
10 K	R1	AXIAL0.4	RES2	1
200	R2, R3, R4, R5, R6, R7, R8, R9, R10, R11, R12, R13, R14, R15, R16, R17, R18, R19, R20, R21, R22, R23, R24, R25, R26, R27, R28, R29, R32, R33, R34, R35, R40	AXIAL0.4	RES2	33
1 K	R30	VR3296	POT2	1
5.1 K	R31, R36, R37, R38, R39	AXIAL0.4	RES2	5
CPU_RST	S1	ANNIU	SW-PB	1

续表

Comment	Designator	Footprint	LibRef	Quantity
INT	S2	ANNIU	SW-PB	1
AT89C51	U1	DIP40	8031	1
ADC0809	U2	DIP28	ADC0808	1
74LS74	U3	DIP14	74LS74	1
74LS02	U4	DIP14	74LS02	1
7406	U5	DIP14	74LS05	1
MC14543	U6，U7，U8，U9	DIP16	MC14543	4
7805	U10	7805	VOLTREG	1
6 MHz	Y1	XTAL1	CRYSTAL	1

3.2.1 放置元器件

绘制电路原理图首先得找到绘制电路所需的所有元器件，89C51 单片机是系统的核心，因此我们先放置该器件，然后以单片机为中心再扩展其他的外围器件。在"Libraries"面板中载入"Protel DOS Schematic Intel. SchLib"元件库(该库是从 99SE 库中通过导入向导导入的，该库文件在书中所附光盘的 Library 文件夹中)，并选中其中的 8031 单片机模型，单击右上角的"Place 8031"按钮，就可以在绘图区放置 89C51 单片机了，因为 8031 的管脚和功能与 89C51 完全相同。

其实元器件的放置并不只通过"Libraries"面板这一种方法，还可以选取"放置(Place)"菜单的"器件(Part)"命令或是直接单击工具栏的 ⫸ Place Part 按钮来选取所需的器件。例如要放置共阴极数码管来显示时间，单击工具栏的放置器件对话框 ⫸，弹出如图 3-12 所示对话框。

图 3-12 放置器件对话框

对话框的"物理元件"下拉框中列出了最后一次放置的器件，单击下拉框还可以看到最近几次放置的器件，点击"历史"按钮则可以看到最近放置器件的详细信息。器件对话框还列出了最后一次放置器件的详细属性信息，这些属性信息将在下一节进行详细解说，在此就不再累述。

读者也许会感到困惑,在放置器件对话框中难道只能放置以前放置过的器件? 其实不然,单击放置器件对话框中的"选择"展开按钮,系统弹出"浏览库"对话框,如图 3-13 所示。

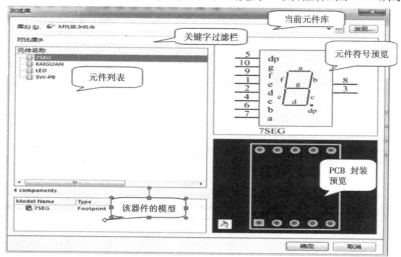

图 3-13　浏览库对话框

浏览库对话框中,"库"里列出了当前显示的元件库;"对比度"则是关键字过滤栏;"元件名称"列出了该元件库里所有的元件名,右边则显示了选中器件的 SCH 符号预览和 PCB 封装的 3D 或 2D 图像预览。

3.2.2　编辑元件属性

Altium Designer 里面所有的元器件都有详细的属性设置,包括器件的名称、标注、大小值、PCB 封装甚至生产厂家等,设计者在绘图时可根据自己的需要来设置器件的属性。打开元件属性设置对话框有两种方法:可以在选取器件后移动光标到绘图区,在器件图标还处在悬浮状态时按下键盘的"Tab"键;或在器件放置好后双击器件,即可打开如图 3-14 所示的器件属性设置对话框。属性设置对话框可分为几大区域,下面就来详细介绍器件的各属性设置。

"Properties"基本属性设置:该区域设置原理图中器件的最基本属性。

"Designator"元件标号:元件的唯一标号,用来标志原理图中不同的元器件,因此在同一张原理图中不可能有重复的元件标号。不同类型的元器件的默认标号以不同的字母开头,并辅以"?"号,像芯片类的默认标号为"U?",电阻类的默认标号为"R?",电容类的默认标号则为"C?"。读者可以单独在每个元件的属性设置对话框中修改元件的标号,也可以在放置完所有器件后再使用系统的自动编号功能来统一编号,还有一种方法就是在放置第一个器件时将器件标号属性中的"?"改成数字"1",则以后放置的器件标号会自动以 1 为单位递增。元件标号还有"Visible"和"Locked"属性:"Visible"设定该标号在原理图中是否可见;选取"Locked"后,器件的标号将不可更改。

"Comment"注释:通常可以设置为器件的大小值,例如电阻的阻值或电容的容值大小,读者可随意修改器件的注释而不会发生电气错误。

"Part":"Comment"属性设置下面还可以设置器件的"Part"属性。对于一些常见的数字逻辑芯片,像与门、非门等在 Altium Designer 里面是以其数字逻辑符号显示而不是具体芯片的管脚排列。在这一类芯片中,往往一片芯片含有多个逻辑器件,像非门 7406 就含有 6 个逻辑单元,如图 3-15 所示,因此可以设置该非门是 7406 芯片内的某个单元:单击 << 可以设置为芯片的第一个单元;单击 >> 可设置成芯片的最后一个单元;单击 < 和 > 则可设置为器件的前一个单元和后一个单元。图 3-16 所示为 7406 芯片的第二个单元放置在原理图中的效果。

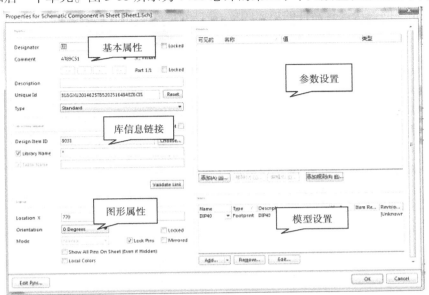

图 3-14　器件属性设置对话框

图 3-15　"Part"属性　　　　　　　　　图 3-16　多部件芯片

"Unique Id":唯一 ID,系统的标识码,读者无须理会,P89C51RC2HBP 的 ID 是 IIOEXNCE。

"Type"器件的类型:读者可以选择"Standard"标准元件,"Mechanical"机械元件,"Graphical"图形元件,"Net Tie"网络连接元件。在此,读者无须修改器件的类型。

"Library Link"元件库信息连接:在此列出了元件的元件库信息。"Designer Item ID"是元件所属的器件组;"Library Name"显示了器件所属的元件库,读者均不用修改。

"Sub-Design Links":子设计链接列出了元件所连接的内层设计项目。

"Graphical"元件的图形属性设置:元件模型的外观属性。

"Location X""Location Y":器件在图纸中位置的 X 坐标和 Y 坐标。

"Orientation":器件的旋转角度,有时候器件默认的摆放方向不便于绘图,读者可设置器件的旋转角度为 0°、90°、180°、270°。

"Locked"锁定:器件锁定后将不能移动或旋转。

"Mirrored"镜像:选中后,器件将左右方向翻转。

"Lock Pins"锁定器件引脚:若不选取该选项,则器件的引脚可在器件的边缘部分自由移动,选取后将锁定。

"Show All Pins On Sheet(Even if Hidden)":显示器件的所有引脚,包括隐藏的。

"Local Colors":使用自定义颜色,选取该项后会弹出如图 3-17 所示的自定义颜色色块,读者可以单击相应的色块设置器件的填充颜色、器件外框颜色和引脚颜色。

图 3-17　器件的自定义颜色

"Parameters"参数设置区域:用来设置器件的一些其他非电气参数,如器件的生产厂家、器件信息链接、版本信息等,这些参数都不会影响器件的电气特性。需要注意的是,对于电阻、电容等需要设定大小值的器件,还有 Value 值这一属性,默认其"Visible"属性是选中的,也就是在图纸中显示。读者可以双击相应的信息或者选定信息后单击"Edit"按钮在弹出的对话框(图 3-18)中修改相应的信息,也可自行添加其他信息,在此不再累述。一般情况下,电阻、电容的值还是在"Comment"中标注。

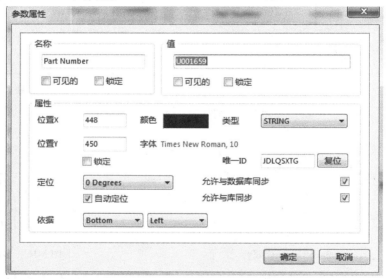

图 3-18　器件的参数信息

"Models for Component"器件模型:该区域列出了器件所能用的模型,其中包括"Footprint"PCB 封装模型、"Simulation"仿真模型、"PCB3D"PCB 立体仿真图模型和"Signal Integrity"信号完整性分析模型。如果图 3-19 中所列出的 PCB 封装模型与器件的实际尺寸不一样,读者可以选择其他封装。

(1)PCB 封装模型的编辑

双击图 3-19 所示界面中的封装模型,或是选中模型后单击"Edit"按钮,进入 PCB 封装模型对话框,如图 3-20 所示。读者可单击"浏览"按钮选择其他合适的封装也能改变器件的引脚与模型引脚之间的映射,单击"管脚映射(Pin Map)"按钮,系统会弹出如图 3-21 所示的引脚映射关系框。倘若器件的实际引脚与原理图模型的引脚顺序不一致,可以双击图 3-21 中"模型管脚号(Model Pin Designator)"栏中的相应数字直接进行编辑。

图 3-19　器件模型属性

（2）PCB 封装模型的预览

图 3-20 所示封装模型对话框的下部是器件的预览图，此时器件封装是以平面的模式显示的。倘若想观察器件的三维图像布局效果，可以单击预览框左下角的 3D 图标，选择"3D"显示，可以用鼠标拖动模型进行旋转。

图 3-20　PCB 封装模型对话框

（3）添加 PCB 封装模型

当系统默认的 PCB 封装模型与实际器件不一致时，最好的解决办法就是添加新的封装模型。例如我们绘制原理图中的蜂鸣器元件，其默认的封装模型是长方形的"PIN2"封装，而我们实际能够买到的蜂鸣器往往是圆柱形的封装和电解电容类似的封装,怎么办呢?用大小一样的电容封装来替换是一个不错的选择。单击图 3-19 器件模型属性区域中的"Add"按钮,选中"Footprint"选项,系统弹出跟图 3-20 封装模型一样的对话框。点击"Browse"按钮浏览 Altium Designer 的器件封装库,如图 3-22 所示。单击左边的器件名称,右边的浏览框显示器件的二维图像,读者可以自行找到如图 3-22 所示的圆柱形的 RB5-10.5 封装。若是找不到的话,同样可以单击 █ 按钮进行元件库加载操作或是单击"Find"按钮在 Altium Designer 丰富的封装库中寻找自己所需的封装,一切操作均与前面元器件查找相同。

图 3-21　器件引脚映射

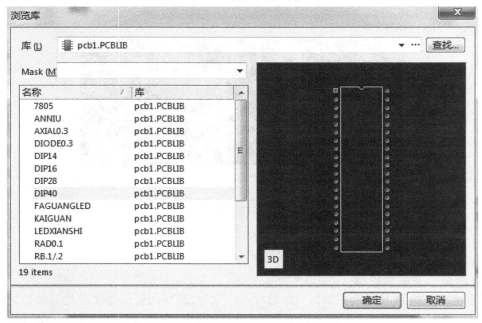

图 3-22　浏览封装库

3.2.3　元件的选取

元件的选取、复制、剪切与粘贴功能是原理图编辑过程中用得最多的操作,对于一名熟练的绘图者来说,使用鼠标和快捷键就能完成大部分的元件编辑操作,但是通过菜单的相关命令有时候却能大大提高绘图的效率,下面来分别详细讲解。

（1）单个元件的选取

元件的选取包括选取单个器件和选取多个器件。选取单个器件的操作很简单,用鼠标左键直接单击相关器件就能使器件处于选中状态。如图 3-23 所示,当元件处于选中状态时,元件周围将有绿色的方框,此时光标变成" + "字箭头的形状;若是保持光标停留在选中器件上一段时间不动的话,光标下将出现器件的提示信息。需要注意的是,不要把器件的选取与器件属性字符串的选取弄混了,单击元件的属性字符串后字符串将处于选中状态,此时该字符串被绿色的虚线框包围,而器件周围则是白色的方框,再次单击字符串则字符串处于在线编辑状态,可对其内容进行编辑。

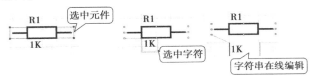

图 3-23　元件的选择

有时候会遇到两个元件重叠的现象,这就需要选取其中的某个器件并将其移走。如图 3-24所示,电阻 R1 与电容 C1 重叠了,我们用鼠标单击电阻,此时显示电容 C1 被选取了,拖动 C1 离开当前位置放到合适的位置。当有更多的元件重叠时,以此类推,不停点击,器件会轮流被选取。

（2）多个元件的选取

有时候需要对多个元件进行选取,怎么选? 很简单,用鼠标左键在绘图区内拖出一个矩形区域,在该区域内的元件将被选取,如图 3-25 所示。区域内的器件只有当整个器件都在区域内时才能被选中,如果某个元件只有一部分处在矩形选框内,则此元件将不会被选中。

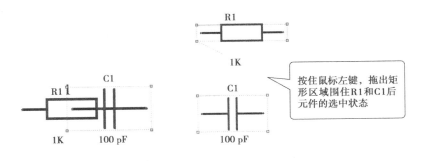

图 3-24　重叠元件的选择　　　　图 3-25　多个元件的选取

当需要选取的多个器件呈不规则分布时可以在按住键盘 Shift 键的同时单击选取各个器件,此时所有被单击的器件将全部被选取。同理,若要将处于选中状态的若干个器件中的一个去除选中状态,只需按住 Shift 键然后单击该器件。若要取消全部器件的选中状态,则只需将鼠标移到绘图区的空白位置单击左键即可。

（3）选取的菜单命令

是不是觉得器件的选取操作十分简单？其实还可以通过系统菜单来选择器件。单击"编辑（Edit）"｜"选择（Select）"，弹出图 3-26 所示的命令菜单：

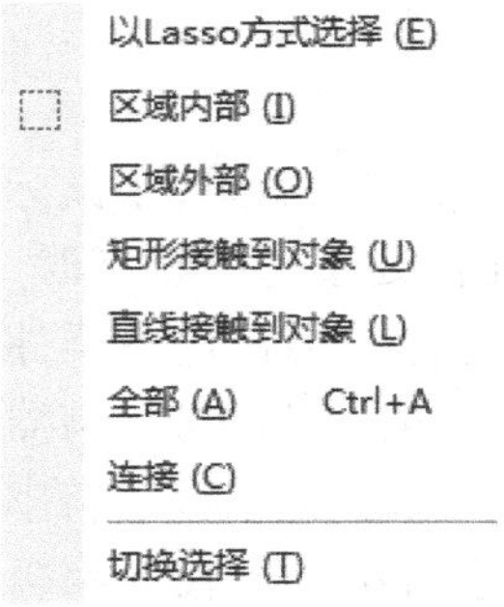

| 以Lasso方式选择 (E) |
| 区域内部 (I) |
| 区域外部 (O) |
| 矩形接触到对象 (U) |
| 直线接触到对象 (L) |
| 全部 (A)   Ctrl+A |
| 连接 (C) |
| 切换选择 (T) |

图 3-26　选择菜单命令

➤以"Lasso"方式选择：选取该命令后鼠标将呈现"×"形，读者可以在绘图区拖出一个类似套索的不规则图形区域来选取区域内的器件；

➤"Inside Area"区域内部：选取该命令后，鼠标将呈现"×"形，读者可以在绘图区拖出一个矩形区域来选取区域内的器件，相当于用鼠标拖出矩形区域来框选，快捷键为"S"＋"I"或单击工具栏的□按钮；

➤"Outside Area"区域外部：与区域内选择的区别是只有矩形区域外的器件才能被选中，其快捷键为"S"＋"O"；

➤"Touching Rectangle"矩形接触到对象：将选取选择长方形接触到的任何对象；

➤"Touching Line"直线接触到对象：将选取选择线接触的任何对象；

➤"All"全部：选择绘图区的所有器件，快捷键是"Ctrl"＋"A"；

➤"Connection"连接：包括与该连接相连的其他连接，如导线、节点以及网络标号等。选取该命令后，鼠标将呈现"×"形，单击某电气连接，则该电气连接处于选中状态并放大铺满绘图区显示，此时除了连接之外的所有器件均淡化显示，单击鼠标右键结束选取命令，单击绘图区右下方的 清除 按钮可取消淡化显示，该操作的快捷键为"S"＋"C"；

➤"Toggle Selection"切换选择：选取该命令后，鼠标将呈现"×"形，单击绘图区的器件，器件的选取状态将反转，以前处于选中状态的将取消转中状态，以前处于未选中状态的将转为选中状态，其快捷键为"S"＋"T"；

"Edit"菜单中还有一个专门的取消选择的命令菜单"DeSelect"，如图 3-27 所示。

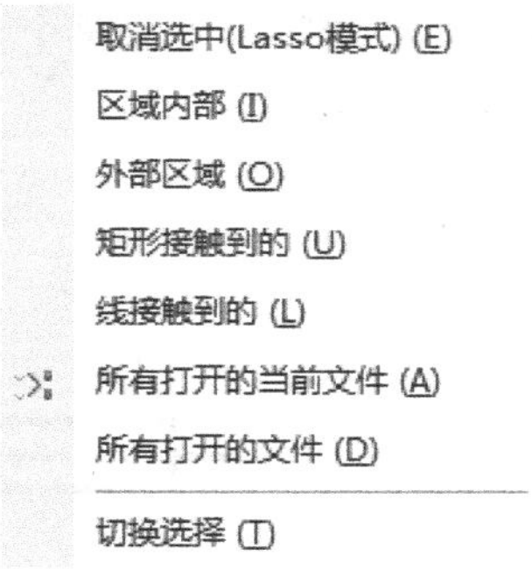

➤"取消选中（Lasso 模式）"：与套索内选择刚好相反，套索区域内的器件将被取消选择；

➤"Inside Area"区域内部：与区域内选择刚好相反，矩形区域内的器件将被取消选择；

➤"Outside Area"区域外部：与区域外选择刚好相反，矩形区域外的器件将被取消选择；

➤"Touching Rectangle"矩形接触到的：选取长方形接触到的任何对象将被取消选择；

| 取消选中(Lasso模式) (E) |
| 区域内部 (I) |
| 外部区域 (O) |
| 矩形接触到的 (U) |
| 线接触到的 (L) |
| 所有打开的当前文件 (A) |
| 所有打开的文件 (D) |
| 切换选择 (T) |

图 3-27　取消选择菜单命令

➤"Touching Line"线接触到的：选择线接触的任何对象将被取消选择；

➤"All On Current Document"所有打开的当前文件：取消当前文档上所有处于选中状态的器件与连线，可以选取工具栏的 按钮执行该命令；

➤"All Open Documents"所有打开的文件：在启动该命令后，所有先前选择的设计对象，在所有打开的（公开的和隐藏的）原理图和原理图库文档中将会被取消；

➤"Toggle Selection"：与"Select"菜单中的该命令相同。

3.2.4　元件的删除

当在电路原理图上放置了错误的元器件时，就要将其删除。在原理图上可以一次删除一个元器件，可以一次删除多个元器件，具体步骤如下：

执行"编辑（Edit）"→"删除（Delete）"命令，光标会变成十字形。将十字光标移到要删除的元件上，单击鼠标左键即可将其从电路原理图上删除。

此时，光标仍处于十字形状态，可以继续单击删除其他元件。若不需要删除元器件，单击鼠标右键或按 ESC 键，即可退出删除器件命令状态。

也可以用鼠标单击要删除的元器件，使元器件处于选中状态，然后按键盘上的 Delete 键可以将其删除。

若要一次性删除多个元器件，也可用鼠标选取要删除的多个元器件后，执行"编辑（Edit）"→"清除（Clear）"命令或按键盘上的 Delete 键，即可以将选取的多个元器件删除。

3.2.5　元件的剪切、复制和粘贴

用过 Word 编辑软件的读者都知道，Word 的剪切板功能十分强大，能够存储若干次剪切或复制到剪切板的内容，Altium Designer 17 也采用了这一功能。单击右边弹出式面板的"Clipboard"标签，弹出图 3-28 所示的剪切板面板。若是弹出式面板标签栏没有"Clipboard"标签的话可在绘图区右下方的"System"里面选择。

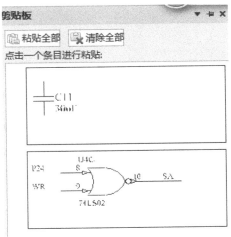

图 3-28　剪切板面板

● 元件复制：通过复制或是剪切操作可将选中的器件放入剪切板中。当元件处于选中状态时，可以执行"Edit"菜单栏的"Copy"命令或单击工具栏的 按钮，还可以使用快捷键"Ctrl"＋"C"来将器件复制。

● 元件剪切：当元件处于选中状态时，通过"Edit"菜单栏的"Cut"命令或单击工具栏的 ✂ 按钮，或使用快捷键"Ctrl"＋"X"就可以将器件剪切，此时原来的器件将不存在。

● 元件粘贴：可以通过"Edit"菜单栏的"Paste"命令或单击工具栏的 按钮，还可以使用快捷键"Ctrl"＋"V"将最近一次剪切或复制的内容粘贴。

其实在 Altium Designer 中不仅可以粘贴最后一次剪切或复制的内容，如图 3-28 所示，Altium Designer 的剪切板采用堆栈结构，可以存储多次剪切或复制内容，只不过每次粘贴都是使用的最后一次内容。要想粘贴以前的内容的话，可以单击相应的内容，若要想将剪切的器件全部粘贴，则单击剪切板面板上方的 按钮，将器件依

次粘贴到绘图区，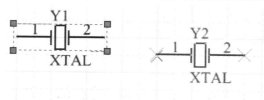可清除剪切板内的所有内容。

● 其他复制操作：要想快速地在绘图区放置相同的元件，方法是按住"Shift"键的同时用鼠标左键拖动相应的器件，如图 3-29 所示，此时元件的标号会自动增加。这种方法在首次放置好元件后(编号、名称和封装都设定好)，连续放置同类型的元件最方便。

图 3-29　拖动复制

如果读者不嫌麻烦的话也可以使用其他复制方法，如使用"Edit"菜单的"复制 Duplicate"("Ctrl" + "D")命令。使用该命令后，在原来选取器件的右下方会重叠出一个相同的器件，连编号都相同，读者再自行将其移至其他地方。

还可以用系统的橡皮章工具，选取器件后单击工具栏的 ▦ 按钮，光标上会附着一个新的器件，可在绘图区多次点击放置如同从"Libraries"面板放置器件一样，只不过无论放多少器件，编号仍然保持不变。

元器件的阵列式粘贴是指按照指定间距将同一个元器件重复粘贴到图纸上。

(1)启动阵列式粘贴

执行菜单命令"编辑(Edit)" → "智能粘贴(Smart Paste)"或使用快捷键 Shift + Ctrl + V，弹出"智能粘贴"对话框，如图 3-30 所示。

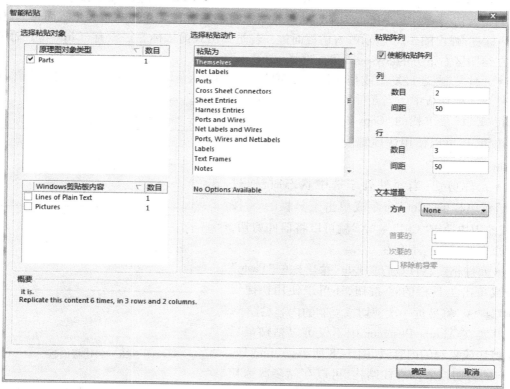

图 3-30　阵列式粘贴对话框

（2）阵列式粘贴对话框的设置

首先选中"使能粘贴阵列（Enable Paste Array）"复选框。

◆"Columns（行）"选项区域：用于设置行参数，"Count（计算）"用于设置每一行中所要粘贴的元器件个数；"Spacing（数目间距）"用于设置每一行中两个元器件的水平间距。

◆"Rows（列）"选项区域：用于设置列参数，"Count（计算）"——用于设置每一列中所要粘贴的元器件个数；"Spacing（数目间距）"——用于设置每一列中两个元器件的垂直间距。

（3）阵列式粘贴具体操作步骤

首先，在每次使用阵列式粘贴前，必须通过复制操作将选取的元器件复制到剪贴板中。然后，执行阵列式粘贴命令，在阵列式粘贴对话框中进行设置，即可以实现选定元器件的阵列式粘贴。如图 3-31 所示为放置的一组 3×2 的阵列式电阻。

3.2.6　撤销与重做

撤销操作：如果误删除了不该删除的器件或连线怎么办？不用急，执行"Edit"菜单的"Undo"命令或单击工具栏的 ↖ 按钮就可以撤销上次操作，可以多次单击 ↖ 按钮来撤销上几次的操作。该操作的快捷键是"Ctrl"+"Z"。

图 3-31　阵列式粘贴电阻

重做操作：有撤销就必定有重做，执行"Edit"菜单的"Redo"命令或单击工具栏的 ↗ 按钮就可以撤销上次操作，可以多次单击 ↗ 按钮来重复上几次的操作。该操作的快捷键是"Ctrl"+"Y"。

3.2.7　元件的移动与旋转

一张漂亮的电路原理图当然要求元器件排列整齐，布线得当，这就涉及元件的移动、旋转和排列。系统提供的器件位置调整工具十分丰富，下面分别介绍。

在 Altium Designer 17 中，元件的移动靠鼠标就能快捷地完成。

● 移动的鼠标操作：首先用鼠标左键单击需移动的器件，使器件处于选中状态，再用鼠标左键按住器件不放，光标会移到最近的管脚上并呈"×"形悬浮状，此时就可以抓住器件随意移动了。若是觉得用鼠标单击两次太麻烦，没关系，直接用鼠标左键抓住器件就能移动。

要是同时移动多个元件怎么办？例如图 3-32 中，要移动左右两边的器件，但要保持中间数码管的位置不变。很简单，照着上面介绍的方法，按着

图 3-32　拖动多个元件

"Shift"键的同时选中两个器件，再次单击其中的一个器件就能将选中的两个器件进行移动了。

● "Move"菜单命令的操作：选取"Edit"菜单的"Move"项，弹出图 3-33 所示的"Move"命令菜单。下面来详细介绍各个命令功能：

图 3-33　"Move"菜单选项

➢"Drag"拖动：保持元件之间的电气连接不变，移动元件位置。如图 3-34 所示，选取该命令后，光标上浮动着"×"形光标，然后就可以拖动元件移动了，拖动完成后单击鼠标右键退出拖动状态。其实，拖动器件最简单的方法就是按住"Ctrl"键的同时用鼠标拖动器件，可实现不断线拖动。

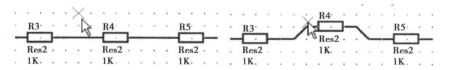

图 3-34　元件的拖动

➢"Move"移动：元件的移动与拖动类似，但移动时不再保持原先的电气关系，如图 3-35 所示。

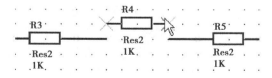

图 3-35　元件的拖动

➢"Move Selection"移动选中对象：与"Move"操作类似，只不过先要使移动的元件处于选中状态，然后再执行该命令，单击器件就可以移动了，该操作主要用于多个器件的移动。

➢"Move Selection by X，Y"通过 X，Y 移动选中对象：执行该命令首先要选中需要移动的器件，选取该命令后会弹出图 3-36 所示的对话框，在框中填入所需移动的距离，如 X 表示水平移动，右方向为正，Y 表示垂直移动，上方向为正，确认后，器件即移动到指定位置。

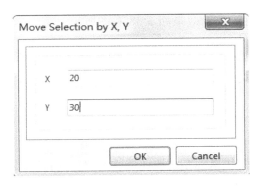

图 3-36　"Move Selection by X, Y"对话框

➤ "Drag Selection"拖动选择：该操作与"Move Selection"类似,在移动过程中保持电气连接不变。

➤ "Move To Front"移到前面：该操作是针对非电气对象的,如图 3-37 所示,椭圆的图形与矩形相重叠,矩形置于顶层,要将椭圆移至绘图区的顶层。选取"Move To Front"命令,单击椭圆,椭圆就移至绘图区的最顶层,此时椭圆仍处于浮动状态,可移动鼠标将椭圆移动到绘图区的任何位置。

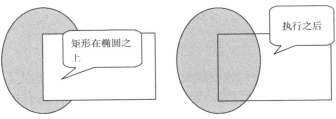

图 3-37　移至最顶层操作

➤ "Rotate Selection"逆时针旋转选中器件：首先选中对象,然后执行该命令,则选中的元件逆时针旋转 90°。每执行一次该命令,器件便旋转 90°,可多次执行。该命令的快捷键为键盘空格键,可用鼠标按住待旋转元件,光标上浮动着"×"形光标,按空格键即可实现旋转。

➤ "Rotate Selection Clockwise"顺时针旋转选中对象：首先选中对象,然后执行该命令,则选中的元件顺时针旋转 90°。每执行一次该命令,器件便旋转 90°,可多次执行。该命令的快捷键为"Shift"+ 空格键。

➤ "Bring To Front"移到前面：与"Move To Front"命令类似,该命令只能将非电气图件移至最顶层,移完后对象不能水平移动。

➤ "Send To Back"移到后面：与"Bring To Front"类似,只不过是移至所有对象的最下面。

➤ "Bring To Front Of"移到……的前面：当有多个非电气图件重叠时,需要调整个图件的层次关系,如图 3-38 左图所示,矩形在最底层,扇形在最顶层,椭圆处在中间。现要将矩形移至椭圆之上,可执行"Bring To Front Of"命令,待光标变成"×"形悬浮状后,先单击要移动的矩形,再单击参考对象椭圆,移动效果如图 3-38 中间所示。

➤ "Send To Back Of"移到……的后面：与"Bring To Front Of"类似,现将图 3-38 左图的扇形移至椭圆之下,可执行"Bring To Back Of"命令,待光标变成"×"形悬浮状后,先单击要移动的扇形,再单击参考对象椭圆,移动效果如 3-38 右图所示。

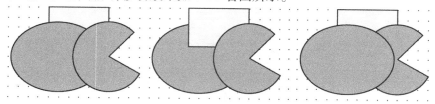

图 3-38　图件的层移

元件的水平与垂直翻转:用鼠标左键按住器件不放,此时器件处于悬浮状态,如图 3-39 左图所示;再按键盘"X"键则元件水平镜像翻转,如图 3-39 中图所示;按键盘"Y"键则垂直镜像翻转,如图 3-39 右图所示。

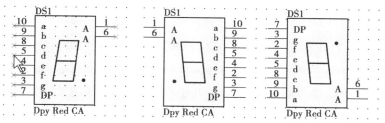

图 3-39　元件的翻转

3.2.8　元件的排列与对齐

放置好器件后还要将元件排列整齐以便连线,Altium Designer 提供了一系列的元件排列对齐命令,使元件的布局更加方便快捷。元件的排列都是针对选中的对象,所以在执行排列命令前要选取一组对象。可以通过两种方式来执行排列命令:选取"Edit"→"Align"弹出图 3-40 左边所示的元件排列命令;或是直接单击工具栏的 🖳▾ 按钮,弹出图 3-40 右图所示命令。两者之间的命令是相互对应的,现以菜单命令为例详细介绍各排列操作。

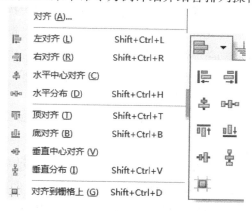

图 3-40　元件的排列命令

"Align"对齐:选中需要对齐的器件后执行该命令,则弹出图 3-41 所示的对齐操作设置命令,该设置可分为三个部分:

- "Horizontal Alignment"水平排列:用于设置图件水平方向的对齐方式。

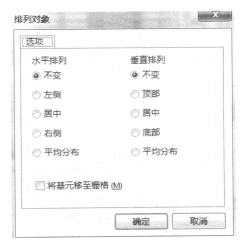

图 3-41 对齐设置

➤"No Change"不变：保持原图件在水平上的排列顺序不变。

➤"Left"左侧：所有图件水平方向靠左对齐。

➤"Centre"居中：所有图件水平方向居中对齐。

➤"Right"右侧：所有图件水平方向靠右对齐。

➤"Distribute equally"平均分布：水平方向等距离均匀分布。

• "Vertical Alignment"垂直排列：与水平对齐相对应，用于设置图件竖直方向的对齐方式。

➤"No Change"不变：保持原图件在竖直上的排列顺序不变。

➤"Top"顶部：所有图件竖直方向靠上对齐。

➤"Centre"居中：所有图件竖直方向居中对齐。

➤"Bottom"底部：所有图件竖直方向靠下对齐。

➤"Distribute equally"平均分布：竖直方向等距离均匀分布。

• "Move Primitives to Grid"将基元移至栅格：移动图件时，将图件对齐到附近的网络。

• "Align Left"左对齐：执行该命令后，所有器件以最左边的器件为基准靠左对齐。

• "Align Right"右对齐：执行该命令后，所有器件以最右边的器件为基准靠右对齐。

• "Align Horizontal Centers"水平居中对齐：执行该命令后，所有器件以垂直方向的中线为基准水平居中对齐。

• "Distribute Horizontally"水平分布：执行该命令后，所有器件水平上方向等距离分布。

• "Align Top"顶对齐：执行该命令后，所有器件以最上面的器件为基准向上对齐。

• "Align Bottom"底对齐：执行该命令后，所有器件以最下面的器件为基准向下对齐。

• "Align Vertical Centers"垂直中心对齐：执行该命令后，所有器件以水平方向的中线为基准垂直居中对齐。

• "Distribute Vertically"垂直分布：执行该命令后，所有器件垂直上方向等距离分布。

• "Align To Grid"对齐到栅格：执行该命令后，所有器件对齐到附近的网络。

水平和垂直对齐操作的效果图分别如图 3-42 和图 3-43 所示。

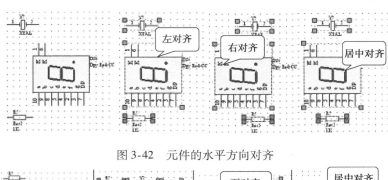

图 3-42　元件的水平方向对齐

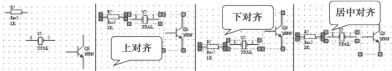

图 3-43　元件的垂直方向对齐

3.2.9　元件编号管理

原理图设计中每一个元件的编号都是唯一的,倘若标注重复或是未定义的话,系统编译都会报错。但是 Altium Designer 17 在放置元件时元件的默认都是未定义状态,即"字母 + ?",例如芯片的默认编号为"U?"、电阻为"R?"、电容为"C?",用户需要为每个元件重新编号。当然用户可以为每一类的第一个元件编号,然后其他同类的元件系统会自动递增编号,但难免也会出现错误。其实,最好的解决方法是在原理图编辑完成后利用系统的"Annotate"工具统一为元件编号。

Altium Designer 17 提供了一系列的元件编号命

Annotate Schematics...

Reset Schematic Designators...

Reset Duplicate Schematic Designators...

Annotate Schematics Quietly...

Force Annotate All Schematics...

Back Annotate Schematics...

Number Schematic Sheets...

Board Level Annotate...　　　　Ctrl+L

Annotate Compiled Sheets...

图 3-44　元件编号命令

令,单击"Tools"菜单栏,在展开的命令中有各种方式的元件编号功能,如图 3-44 所示,其实各命令都是以"Annotate Schematic"命令为基础,并在此基础上进行简化或者应用于不同的范围。下面先详细介绍"Annotate Schematic"命令的应用。

执行"Tools"菜单下的"Annotate Schematics"命令,弹出如图 3-45 所示的元件编号工具对话框,下面来分别介绍各选项的意义。

- "Order of Processing"排序执行顺序:即元件编号的上下左右顺序。Altium Designer 17 提供了四种编号顺序:

➤ "Up Then Across":先由下而上,再由左至右;

➤ "Down Then Across":先由上而下,再由左至右;

➤ "Across Then Up":先由左至右,再由下而上;

➤ "Across Then Down":先由左至右,再由上而下。

四种排序的顺序如图 3-46 所示。

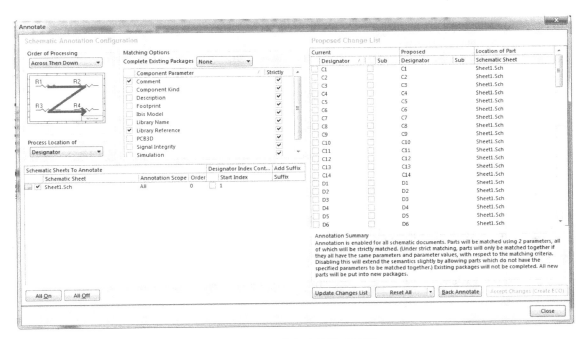

图 3-45　元件自动编号对话框

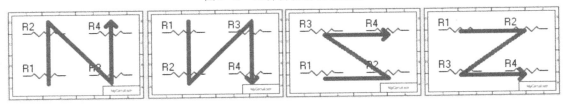

图 3-46　四种排序顺序

- "Matching Options"匹配选项:在此主要设置复合式多模块芯片的标注方式。Altium Designer 17 提供了 3 个选项:

➤"None":全部选用单独封装,若原理图中有 5 个非门,则放置 5 个 74LS04;

➤"Per Sheet":同一张图纸中的芯片采用复合封装,若工程中一张图纸中有 3 个非门,另一张图纸中有 5 个非门,则在这两张图纸中均各采用一个复合式封装。

➤"Whole Project":整个工程都采用复合封装,若工程中一张图纸中有 3 个非门而另一张图纸中有 5 个非门,则整个工程采用一个 74LS04。

- "Component Parameter":提供了属于同一复合元件的判断条件。左边的复选框用于设定判断条件,系统默认的条件是元件的"Comment"和"Library Reference"属性相同就可判断为同一类元件;"Strictly"选项设定是否严格匹配。

- "Schematic Sheets To Annotate":该选项用来设定参与元件编号的文档,如图 3-47 所示,系统默认是工程中所有原理图文档均参与元件自动标注,可以单击文档名前的复选框来选中或取消相应的文档。

➤"Annotate Scope":各图纸中参与标注的元件范围。单击文本框内容会拉出一个下拉框,供选择的内容有:"All"该图纸中所有器件均参与标注;"Ignore Selected Parts":忽略选中的元件;"Only Selected Parts":仅有选中的元件参与标注。

Schematic Sheets To Annotate				Designator Index Cont...	Add Suffix
Schematic Sheet	Annotation Scope	Order		Start Index	Suffix
☐ 4 Port UART and Line Drivers.SchDoc	All	0		☐ 1	
☐ ISA Bus and Address Decoding.SchD	All	1		☐ 1	
☑ Sheet1.SchDoc	All	2		☐ 1	

图 3-47　元件标注作用范围设定

➤"Order":定义了工程中参与标注的图纸的顺序,可以对字段中的具体内容直接进行编辑。

➤"Start Index":用来定义各图纸中器件的起始标号,若某张图纸需要从特定的值开始编号,则要勾选前面的复选框,然后在"Start Index"文本框中填入具体的起始值。

➤"Suffix":用来设定是否对某张图纸的元件标号加上特定的后置,后缀可以是字母或符号。

● "Proposed Change List"变更列表:列出了元件的当前标号和执行标注命令后的新标号,如图 3-48 所示。

Current			Proposed		Location of Part
Designator /		Sub	Designator	Sub	Schematic Sheet
☐ R1	☐		R1		Sheet1.SchDoc
☐ R4	☐		R4		Sheet1.SchDoc
☐ R?	☐		R?		Sheet1.SchDoc
☐ U12	☐	1	U12	1	Sheet1.SchDoc
☐ U12	☐	2	U12	2	Sheet1.SchDoc
☐ U12	☐	3	U12	3	Sheet1.SchDoc
☐ U12	☐	4	U12	4	Sheet1.SchDoc
☐ U12	☐	5	U12	5	Sheet1.SchDoc
☐ U12	☐	6	U12	6	Sheet1.SchDoc

图 3-48　元件标号的对比

➤"Current":当前栏中列出了前面所设置的所有参与标注的元件的当前标号。若要设置其中的某些元件不参与标注,可勾选其前面的复选框;若要设置某些元件的标号后面不带后缀,可勾选元件后面的复选框。

➤"Proposed":显示执行标注命令后元件的新标号。

➤"Location of Part":列出了元件所属的原理图文档。

● "Update Changes List"执行变化列表:单击该按钮后,将弹出图 3-49 所示的确认对话框,提示将有多少个元件的标号发生变化。再次单击确认会发现原先如图 3-48 所示的区域内的"Proposed Designer"发生了变化,这时显示的是即将被修改的标注,不过还只是列表显示,并没有在原理图中改动。

● "Reset All":复位所有元件标号,将所有元件的标号都复位到未编号状态,即"字母 + ?"的初始状态。同样,执行该命令后会弹出图 3-49 所示的更改数量对话框;该按钮右边的下拉框可以选择"Reset All"全部重新设置,还是"Reset Duplicates"仅仅重置标号有重复的元件。

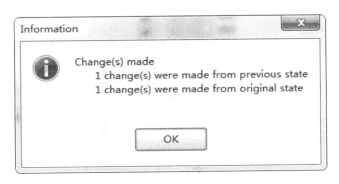

图 3-49　提示即将改动的数目

● "Back Annotate" 重新标注:单击该按钮会弹出一个文件框,用来选择现成的 ∗.was 或 ∗.eco文件来给元件标注。

● "Accept Changes" 执行改变:前面的操作仅仅是对元件标注的预操作,产生了标注前后的对比列表供用户参考,而并没有真正地修改原理图。单击该按钮后将弹出图 3-50 所示的工程变更单对话框,该对话框中显示了所有将发生的变化。单击下面的 "Validate Changes" 将对所做的变化进行验证,倘若所有变化都通过验证,则右方的 "Check" 栏显示全为绿色的 "√",单击 "Execute Changes" 更新所有标注。

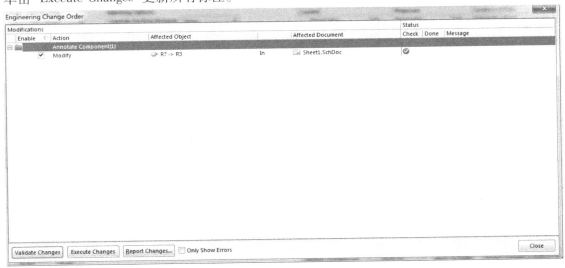

图 3-50　工程变更单

需注意的是,元件在标号变更后会在新的标号旁边以很浅的颜色显示变更前的标号,如图 3-51 所示,便于设计者对比。

● "Reset Schematic Designators":重新设置所有的器件标号,执行该命令后,原理图中所有的元件均恢复到原始的未编号状态。

● "Reset Duplicate Schematic Designators":重新设置所有重复器件的标号,该命令仅仅是对有重复标号的器件标号初始化。

● "Annotate Schematic Quietly":快速标注原理图,对原理图中未编号的器件进行快速编号。

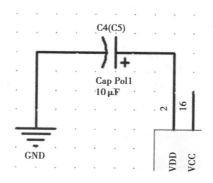

图 3-51　编号变更后

- "Forces Annotate All Schematics"：强制执行所有原理图的元件标号。
- "Back Annotate Schematics"：根据现有的 ∗.was 或 ∗.eco 文件来更改元件的标号。
- "Number Schematic Sheets"：给工程文件中所有原理图文件进行图纸和文档编号。执行该命令后，弹出图 3-52 所示的对话框，其中列出了当前工程中的所有原理图文件以及各个文件的文档编号和图纸编号。

图 3-52　工程图纸编号设置对话框

➤"Auto Sheet Number"：单击该按钮，则对对话框中列出的所有原理图进行图纸编号。单击按钮旁边的箭头则弹出图 3-53 上图所示的设置框，在此可以选取图纸编号的算法："Display Order"图纸显示的顺序、"Depth First"深度有限算法或"Breadth First"广度优先算法。右边的复选框则设置编号的方法，可以选择"Increasing"递增或"Decreasing"递减。

➤"Auto Document Number"：单击该按钮，则系统对对话框中列出的所有原理图进行文档编号，具体设置如图 3-53 下图所示，编号方法与图纸编号类似。

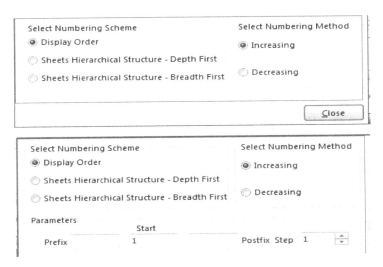

图 3-53　图纸编号与文档编号

➤"Update Sheet Count"：更新图纸数量，单击后在"SheetTotal"栏中显示当前总的图纸数。

➤"Move Up"：将选中的原理图文件顺序上移。

➤"Move Down"将选中的原理图文件顺序下移。

执行图纸编号和文档编号的效果如图 3-54 所示，采用默认的排序方法。

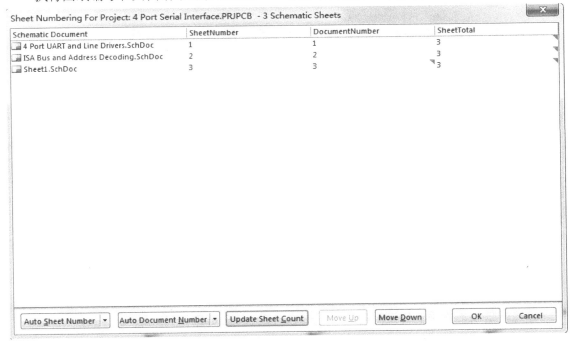

图 3-54　原理图图纸编号和文档编号的效果

➤"Board Level Annotate"：电路板级元件标注。

➤"Annotate Compiled Sheets"：仅仅标注编译过的图纸。

3.3 绘制电路原理图

排列好元器件,对所有元件进行自动编号后,紧接着就得将具有电气关系的器件端口或管脚连接起来。绘制电气连接包括:绘制导线、绘制总线、放置网络标号、放置电源和地以及放置端口等操作。

3.3.1 绘制原理图的工具

启动电路图绘制工具的方法有两种。

(1)使用布线工具栏

执行"View(视图)"→"Toolbars(工具栏)"→"Wiring(布线)"命令,即可打开"布线"工具栏,如图 3-55、图 3-56 所示。

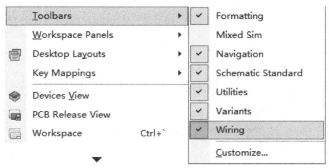

图 3-55 启动布线工具栏的菜单命令

图 3-56 "布线"工具栏

(2)使用菜单命令

执行菜单命令"Place(放置)"或在电路原理图纸上单击鼠标右键并选择"Place(放置)"选项,系统将弹出"Place(放置)"菜单下的绘制电路图菜单命令,如图 3-57 所示。这些菜单命令与布线工具栏中的各个按钮相互对应,功能完全相同。

3.3.2 绘制导线

(1)绘制导线

导线就是用来连接电气元件的具有电气特性的连线,可以执行"Place"菜单的"Wire"命令或单击菜单栏的 ≈ 按钮进入导线绘制状态,光标移入绘图区后会变成"×"状的白色光标,此时可在绘图区的任意区域单击鼠标左键绘制导线的起始点,起始点可以是元件的引脚。当光标移至元件的引脚时,光标会自动捕捉到元件的引脚,此时光标变成红色的"米"字状,单击即可选取器件引脚为起始点,如

图 3-57 "放置"菜单命令

图 3-58 所示。选取起始点后便可拖动光标绘制导线,当光标移至另外一个器件引脚时,光标变成红色的"×"状,单击引脚就完成了一段导线的绘制。此时光标仍处在绘制导线状态,可以继续连接其他引脚,也可以按"ESC"键或单击鼠标右键退出绘制导线状态。

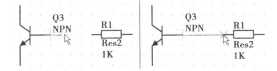

图 3-58 选择起始点与终点

当绘制的导线起点和终点不在一条水平或垂直线上时,导线会转弯以便垂直走线,但是在一条导线的绘制过程中,系统只会自动转弯一次,要想多次转弯可在转弯处单击鼠标左键形成一个节点。系统有多种走线模式,其中有垂直水平直角模式、45°布线模式、任意角度模式和自动布线模式,各种模式之间可按"Shift" + 空格键切换,在使用其中一种模式布线时又可按空格键改变转弯的方向。

● 系统默认的走线方式是垂直走线,如图 3-59 所示,可以按空格键改变直角转弯方向。

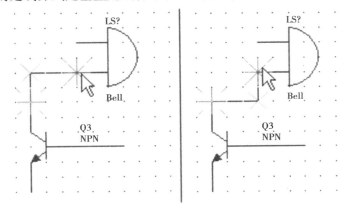

图 3-59 直角转弯

● 走线模式,转弯处可以是 90°或者 45°角,如图 3-60 所示,按空格键改变转角方向。

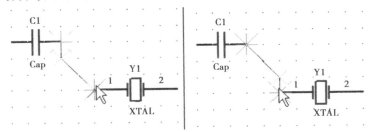

图 3-60 45°转弯模式

● 图 3-61 是任意角度和自动布线模式。任意角度模式下,系统布线是直接连接两个连线的引脚;自动布线模式则是系统自动寻找水平和垂直走线模式下的最佳路径,先选出需连接的两个器件引脚,此时路径呈虚线,如图 3-61 中图所示,确认后系统将自动连线,结果如图3-61右图所示。在自动布线时可以按"Tab"键进入图 3-62 所示的自动布线设置框:"Time Out After(s)"是指系统计算最佳走线路径时的最多允许计算时间,超过此时间则停止自动走线;

"Avoid cutting wires"：设定自动走线时避免切除交叉走线的程度。

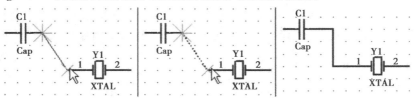

图 3-61　任意角度和自动布线模式

（2）导线的属性与编辑

和元器件一样，导线也有自己的属性，可以在绘制导线时按"Tab"键或是绘制完成后双击相应的导线打开如图 3-63 所示的导线属性对话框。在"Graphic"选项卡中可以设置导线的线宽和颜色，导线默认的颜色是深蓝色，用户可单击"Color"颜色框自定义颜色。系统提供了四种线宽：Smallest（最小）、Small（小）、Medium（中）、Large（大），单击"Wire Width"右边的线宽可弹出线宽的选项及其预览。

图 3-62　自动布线模式设置

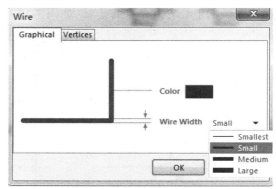

图 3-63　导线属性编辑对话框

导线还可以锁定，勾选右下角的"Locked"复选框后，每当对该导线进行编辑操作时就会弹出图 3-64 所示的确认对话框，可以防止误操作。

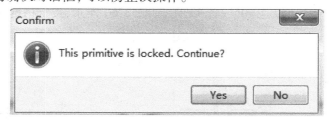

图 3-64　导线锁定确认

导线可以在绘图区直接用鼠标进行拖拽编辑。首先来认识一下导线的组成，倘若一段导线有转弯现象则该端导线由若干小节即若干直线组成，每个转弯的拐点就是一个节点，其中整段导线的起始节点和终止节点又称为端点。在用鼠标对导线进行编辑前，首先要选中导线，使导线呈绿色的选中状态，将光标移至导线的端点或节点上，当光标呈右斜的双箭头状后就可以用鼠标左键拖动端点或节点进行移动了。

3.3.3　绘制总线

总线是一系列导线的集合,是为了方便布线而设计的一种线路,其实总线本身是没有任何电气意义的,只有和总线入口、网络标号组合在一起才能起到电气连接的作用(总线入口不是必须要有,主要是为了美观,但网络标号必须要有,且网络标号下面必须配合一段导线连到相应的管脚上)。总线通常用在元件的数据总线和地址总线上,利用总线和网络标号进行元器件之间的连接不仅可以简化原理图,还可以使整个原理图更加清晰明了,如图3-65所示。

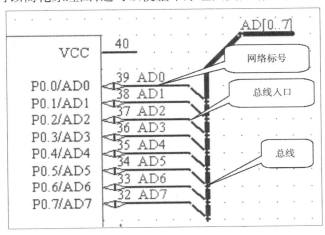

图 3-65　总线使用示例

- 绘制总线:选择"Place"菜单的"Bus"命令,或单击工具栏的 ![icon] 图标进入总线绘制状态。读者会发现总线其实就是较粗的线段,因此总线的绘制方法和属性设置与导线一样,在绘制总线过程中可以按下"Tab"键设置总线属性。

- 放置总线入口:顾名思义,总线入口就是总线与其组成导线之间的接口,选择"Place"菜单的"Bus Entry"命令,或单击工具栏的 ![icon] 按钮进入总线入口放置状态,放置过程中可以按空格键改变总线入口的状态,即总线入口的四个方向。

- 放置网络标号:放置网络编号是总线系统所必需的,没有网络编号的总线没有任何实际的电气意义。总线所连接的两端器件具有相同网络标号的引脚将具备电气连接关系。由于总线系统常常用来表示芯片的地址总线和数据总线,因此与总线相连的各导线通常命名为 AD0 ～ AD8 等。在放置第一个网络标号时按"Tab"键将网络名改为 AD0,则以后放置的网络标号会自动递增。

3.3.4　放置网络标号

网络标号是一种无线的导线,具有相同的网络标号的电气节点在电气关系上是连接在一起的,不管它们之间是否有实际的导线连接。对于复杂的电路设计要将各种有电气连接的节点用导线连接起来是一件很不容易的事,往往会使电路变得难以阅读,而网络标号正好能够解决这个问题。

在放置网络标号前,先将元件引脚与一段导线相连,然后将网络标号放到导线上。执行"Place"菜单的"Net Label"命令或单击工具栏的 ![icon] 按钮进入网络标号放置状态。此时鼠标会变成白色"×"形光标,上面附带着一个网络标号。倘若网络标号中带有数字则每放置一次网络标号中的数字将会自动增加。移动光标到导线上,光标捕获到导线时会变成和网络标号一样的"×"状,此时单击鼠标左键就成功放置了网络标号,同时该导线网络名也更名为网络标号名。

在 Altium Designer 17 的电路设计中,每一条实际的电气连线都有一个网络名,当光标停留在导线上一段时间,系统就会自动提示该导线所属的网络名,如图 3-66 左图所示。图中,NetC3_1 是指该网络是连在电容 C3 的第一脚上的,当放置名称为 AD1 的网络标号后,该条网络的网络名就变成了 AD1。

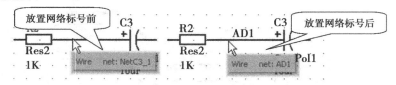

图 3-66　导线网络名的变化

网络标号最重要的属性就是所属网络的网络名称,在放置网络标号时按"Tab"键或双击好的网络标号会弹出图 3-67 所示的网络标号属性设置对话框。可以在"Net"文本框中填入网络标号的名称,或者下拉文本框选择已经存在的网络标号名称,使之属于同一网络。另外,还可以设置网络标号的颜色、位置、旋转角度和字体等,与前面所讲的导线和元件的属性设置一致,这里就不再详述了。

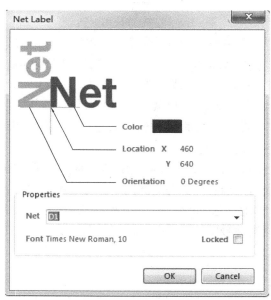

图 3-67　网络标号属性设置

3.3.5　放置电源和地

Altium Designer 17 提供了专门的电源和接地符号,统称电源端口。电源和接地其实是一种特别的网络标号,只不过提供了一种比较形象的表示方法而已,电源和接地符号的网络名其实可以随便更改,连接到任意网络。

选取"Place"菜单的"Power Port"命令,或单击工具栏上的⊥或˅ᶜᶜ按钮进入电源端口放置状态。前者表示放置接地符号,后者表示电源符号,其实两者功能均一样,只是外形不同而已。Altium Designer 还提供了一个专门的电源端口放置,单击实体工具栏的按钮,打开如图3-68 所示的电源端口菜单,这里提供了常见的电源和地符号,读者可以方便地选择。

图 3-68　各式各样的电源端口

电源端口有着自己的属性设置,在设置时按"Tab"键或双击后的电源端口进入电源端口属性设置对话框,如图 3-69 所示。和网络标号的属性设置一样,电源端口可以设置自身的颜色、位置、旋转角度等。除此之外,电源端口还可以选择自己的外形形状,单击"Style"右边的下拉框可以看到有 11 种外形形状可供选择,各种符号的意义如下:

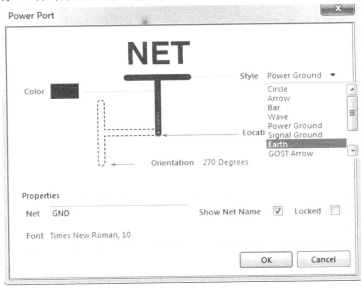

图 3-69　电源端口属性设置

- Bar:条形端口,通常用来放置电源供电接口,还提供了不同的电压等级供选择。
- Wave:波浪端口。

- Arrow：三角箭头形端口。
- Circle：圆形接口。
- Power Ground：电源地。
- Signal Ground：信号地。
- Earth：大地。
- GOST Arrow：GOST 标准三角箭头形端口。
- GOST Power Ground：GOST 标准电源地。
- GOST Earth：GOST 标准大地。
- GOST Bar：GOST 标准条形端口。

GOST 认证标准，是一套技术标准，是欧洲、亚洲委员会(欧洲理事会)的标准化、计量和认证(EASC)维护的区域标准，这些标准由各个独立州(独联体)的设计师们所坚持。其实，不论电源接口选择什么样的形状，起决定作用的还是电源端口的 Net，即网络标号属性。

电源端口还有"Show Net Name"显示网络名属性，即在电源接口上面显示自身所属的网络。通常需要选取这一项，因为前面已经讲过，电源端口所属网络并不取决于端口的形状，而是由 Net 属性决定，若不显示的话很容易造成误读。

3.3.6　放置节点

当两条导线相交并要确定电气连接时就需要放置电气节点(Junction)，一般情况下绘制导线时，用鼠标左键单击相交的导线，系统就能自动生成电气节点(Auto-Junction)，但是自动节点在导线移动时可能会消失，所以有时候需要自己手工放置电气节点(Manual-Junction)。图 3-70 所示分别为自动节点和手动节点，自动节点默认为蓝色的实心原点，而手工节点则为暗红色的十字纽扣状，其中有电气连接的手工节点外还有蓝色的圆晕。关于节点的相关默认设置可参考 2.4.3"Compiler"编译器设定。

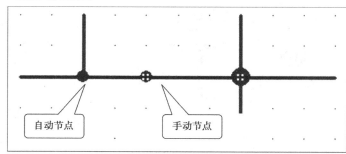

图 3-70　节点

要放置手动节点可选取"Place"菜单的"Manual Junction"命令，或使用快捷键"P""J"。节点的放置与其他对象的放置一样，放置过程中按"Tab"键可编辑节点的属性。

如图 3-71 所示，手工节点的设置包括节点的颜色、位置、大小和锁定选项。单击"Color"旁的颜色框可以选取自定义颜色；"Location"的坐标值可以直接编辑，从而改变节点位置；"Size"则可以选定节点的大小，系统默认是最小的。"Locked"复选框可以锁定节点以防误操作。

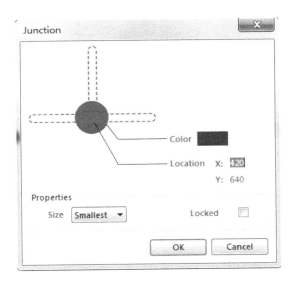

图 3-71　节点的属性

3.3.7　放置输入输出端口

在设计电路原理图时,一个电路网络与另一个电路网络的电气连接有两种形式:可以直接通过导线相连;也可以通过设置相同的网络标号来实现两个网络之间的电气连接,即相同网络标号的输入输出端口,在电气意义上也是连接的。输入输出端口是层次原理图设计中不可缺少的组件。

(1)启动放置输入输出端口的命令

启动放置输入输出端口主要有 4 种方法:

①单击布线工具栏中的 按钮。

②执行菜单命令"放置"→"端口"。

③在原理图图纸空白区域单击鼠标右键,在弹出的菜单中执行"放置"→"端口"命令。

④使用快捷键 P + R。

(2)放置输入输出端口

放置输入输出端口步骤如下:

①启动放置输入输出端口命令后,光标变成十字形,同时一个输入输出端口图示悬浮在光标上。

②移动光标到原理图的合适位置,在光标与导线相交处会出现红色的"×",这表明实现了电气连接。单击鼠标即可定位输入输出端口的一端,移动鼠标使输入输出端口大小合适,单击鼠标完成一个输入输出端口的放置。

③单击鼠标右键退出放置输入输出端口状态。

(3)输入输出端口属性设置

在放置输入输出端口状态下,按 Tab 键,或者退出放置输入输出端口状态后,双击放置的输入输出端口符号,弹出"端口属性"对话框,如图 3-72 所示。

输入输出端口属性对话框主要包括如下属性设置:

● 高度(Height):用于设置输入输出端口外形高度。

81

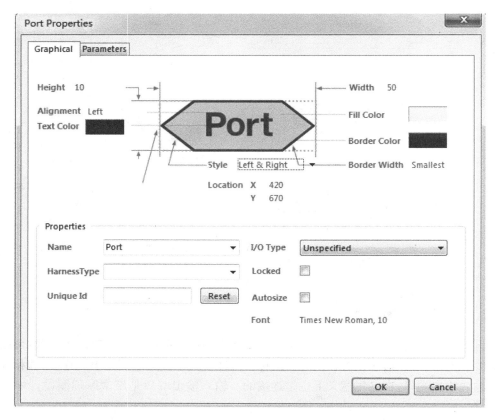

图 3-72　输入输出端口属性对话框

图 3-73　Style 下拉对话框

- 队列(Alignment):用于设置输入输出端口名称在端口符号中的位置,有 3 种选择,可以设置为 Left、Right 和 Center。
- 文本颜色(Text Color):用于设置端口内文字的颜色。单击后面的色块,可以进行设置。
- 类型(Style):用于设置端口的外形,有 8 种选择,如图 3-73 所示。系统默认的设置是 Left&Right。
- 位置:用于定位端口的水平坐标和垂直坐标。
- 宽度:用于设置端口的长度。
- 填充颜色:用于设置端口内的填充色。
- 边界颜色:用于设置端口边框的颜色。
- "名称"下拉列表:用于定义端口的名称,具有相同名称的输入输出端口在电气意义上是连接在一起的。
- "I/O 类型"下拉列表:用于设置端口的电气特性,为系统的电气规则检查(ERC)提供依据。端口的类型设置有 4 种:Unspecified(未确定类型)、Output(输出端口)、Input(输入端口)、Bidirectional(双向端口)。
- 唯一 ID:在整个项目中,该输入输出端口的唯一 ID 号用来与 PCB 同步。这一般由系统随机给出,用户一般不需要修改。

3.3.8　放置忽略 ERC 检测点

Electrical Rule Check,电路规则检查,简称 ERC,是电路设计完成后必不可少的一步。

ERC 可以帮助设计者找出电路中常见的连接错误。但有时候,设计者并不需要对所有的器件或连接进行 ERC 检查,只要在不需要进行 ERC 的器件引脚上放置 No ERC 标记就能避开检查。如图 3-74 所示,单片机系统中的 CD4011 芯片 BI 和 LT 两个输入引脚并没有信号输入导致了系统编译报错,我们可以放置 No ERC 标记来避免这种错误。选择“Place”|“Directives”下的“No ERC”命令,将鼠标上粘附的红色“×”标记放置在报错的引脚上再次编译,系统就不再报错了。

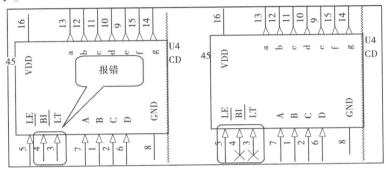

图 3-74　No ERC 效果

双击 No ERC 标记进入 No ERC 标记属性设置对话框,如图 3-75 所示,只需设置标记的颜色和位置即可。

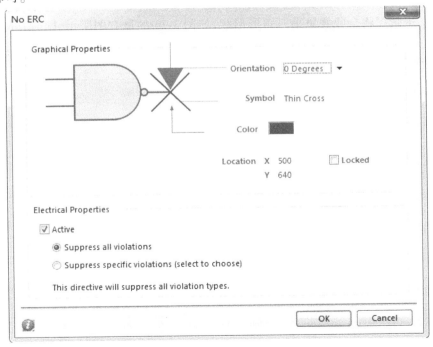

图 3-75　No ERC 标记属性设置

No ERC 标记可以对单个器件的引脚错误规则检查进行屏蔽,当有大量不同器件的不同错误需要屏蔽检查怎么办? 这时可以使用编译屏蔽"Compile Mask"工具,它可以告诉编译器在指定的区域内不进行规则检查。

如图 3-76 所示的电路中,用于单片机与上位机通信的 MAX232 有管脚未连接和未定义标号等多种错误,若要用 No ERC 标记来屏蔽检查显然不可能。选取"Place"|"Directives"下的"Compile Mask"命令,此时光标上会粘附一个矩形选框,用光标在所要屏蔽的区域拉出合适大小的屏蔽区域,则选框内所有的错误都将被屏蔽,同时选框内所有被屏蔽的元件和导线连接等都呈暗灰色显示。

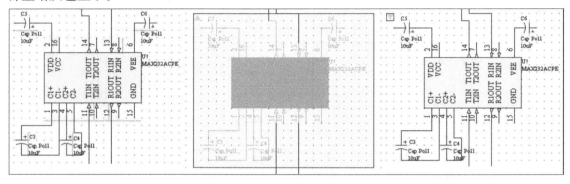

图 3-76　编译屏蔽效果

双击暗灰色的屏蔽层,在弹出的属性对话框中设置编译屏蔽的属性,如图 3-77 所示。在此可以设置屏蔽层的填充颜色(默认为暗灰色)和边框颜色,以及矩形的对角点位置。

编译屏蔽还有一个特殊的属性设置,那就是"Collapsed and Disabled",即取消编辑屏蔽。选取此项后,屏蔽层将会收叠呈小三角形形状,如图 3-76 的最右图所示,同时,屏蔽功能也失效。其实,在编辑区内直接点击屏蔽层左上角的小三角形就能使屏蔽层消失,取消编译屏蔽;再次点击则恢复屏蔽功能。

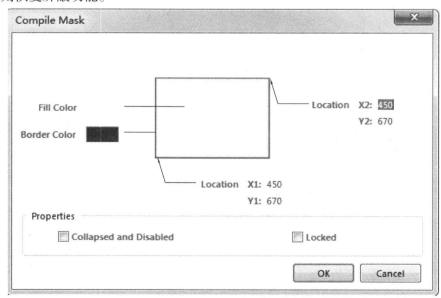

图 3-77　编译屏蔽属性设置

3.3.9 放置 PCB 布线标志

电路原理图设计中可能要对特定的电气连线进行特殊的 PCB 布线,对此我们可以使用 PCB Layout 工具。PCB Layout 工具不仅能对特定的线路起到提示作用,更可以将规则添加到 PCB 设计的规则中去,因此对下一步的 PCB 设计是非常有用的。

选取"Place"|"Directives"下的"PCB Layout"命令,光标变成白色的"×"状,并带有一个 PCB Rule 标记,将光标上的 PCB Rule 图标放到合适的线路上,当光标变成红色的"×"状时就可以放置 PCB 布线规则工具了,如图 3-78 所示。

图 3-78 放置 PCB Layout

PCB 布线规则工具的应用关键是其属性的设置,双击 PCB Rule 图标进入 PCB 布线规则工具属性设置对话框,如图 3-79 所示,新放置的 PCB Layout 标志是没有任何规则的,可以单击左下角的"Add"按钮添加提示信息(并不会设置为 PCB 布线规则)或单击"Add as Rule"添加 PCB 布线规则。

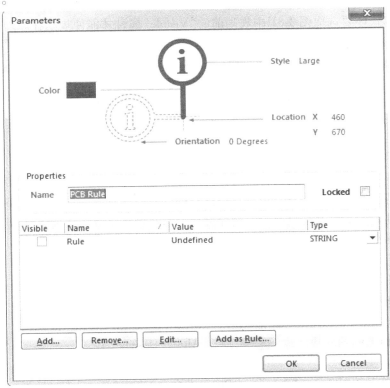

图 3-79 PCB Layout 属性设置

单击"Add as Rule"按钮弹出图 3-80 所示的规则属性对话框,在此可以设置规则的外观属性和具体的布线规则,单击图中的"Edit Rule Values"编辑具体的规则值。有关 PCB 规则的详细设置可参见第 5 章电路板设计的基本规则。

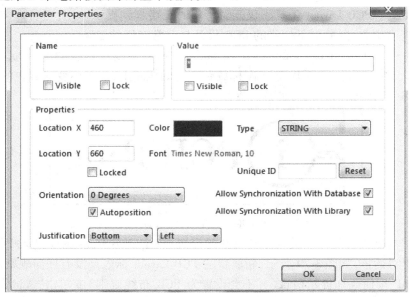

图 3-80　PCB Layout 规则属性设置

添加规则后,还要选取图 3-81 中规则前的"Visible"属性才能使规则在原理图上显示。

图 3-81　添加规则后的 PCB Layout 标记

3.4　实　例

为了让读者对原理图的绘制有一个比较完整的印象,下面将通过一个完整的原理图设计实例,使读者进一步了解电路原理图的设计过程。本实例将完成看门狗电路,最终完成的电路原理图如图 3-82 所示。

3.4.1　新建项目文档

在进行原理图设计之前需要新建一个 PCB 项目文档,步骤如下:

①双击桌面上的图标快捷键，启动 Altium Designer 17。

②执行菜单上的"File"→"New"→"Project"命令,进入"Project"对话框,选择"PCB Project",并确定名称(其默认名为"PCB_Project. PrjPcb")和文件存放位置,单击"OK"就可生成一

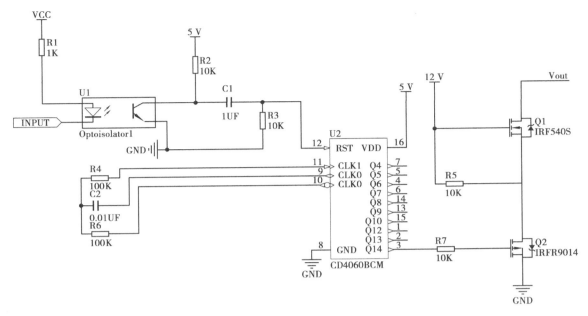

图 3-82　看门狗电路原理图

个新的"PCB_Project.PrjPcb",或单击工作区左侧的"Project"标签,选择"Add New Project"→"PCB Project",也可生成一个新的"PCB_Project.PrjPcb",如图 3-83所示。

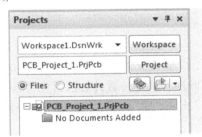

图 3-83　新建工程文件

③在主菜单中选择"File"→"Save Project As…"命令,打开"Save［PCB_Project.PrjPcb］As…"对话框,在弹出的保存文件对话框中输入"看门狗电路.PrjPcb",并保存到指定位置。此时项目名称就变为"看门狗电路.PrjPcb"。

④单击"Projects"工作面板中的"Project"按钮,在弹出的菜单中选择"Add New to Project"→"Schematic"命令或单击菜单上的"File"→"New"→"Schematic",在新建的 PCB 项目中添加一个默认名为"Sheet1.SchDoc"的原理图文件。

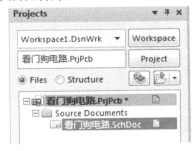

图 3-84　创建原理图文件

⑤在主菜单中选择"File"→"Save"命令,或者单击工具栏中的保存工具按钮,打开"Save［Sheet1.SchDoc］As…"对话框。在"Save［Sheet1.SchDoc］As…"对话框的"文件名"编辑框中输入"看门狗电路",单击"保存"按钮,将原理图文件存为"看门狗电路.SchDoc",如图 3-84 所示。

⑥设置图纸参数。执行"设计"→"文档选项"命令,或在编辑窗口内单击鼠标右键,执行右键菜单"选项"→"文档选项"命令,弹出"文档选项"对话框,如图 3-85 所示。

在此对话框中对图纸参数进行设置。这里图纸的尺寸设置为 A4,放置方向设置为 Landscape,图纸标题栏设为 Standard,其他采用默认设置,单击"确定"按钮,完成图纸属性设置。

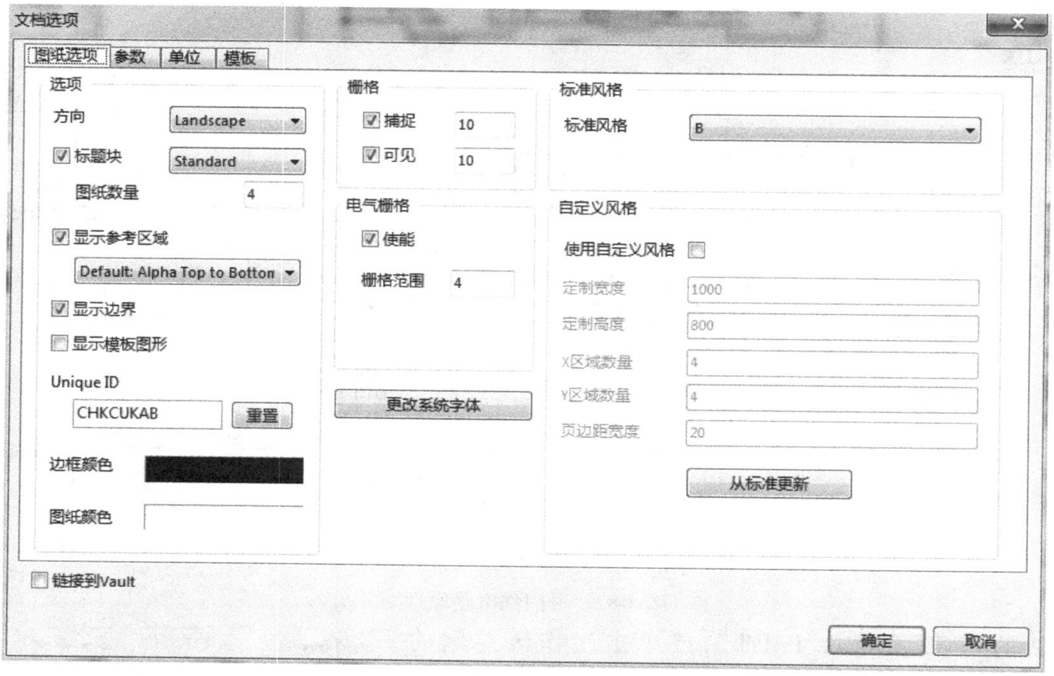

图 3-85　"文档选项"对话框

⑦查找元器件,并加载其所在的库。由于我们不知道设计中所用到的 CD4060 芯片和 IRF 540S 所在的库位置,因此,首先要查找这两个元器件。

打开"库"面板,单击"查找"按钮,在弹出的查找元器件对话框中输入"CD4060",如图 3-86 所示。

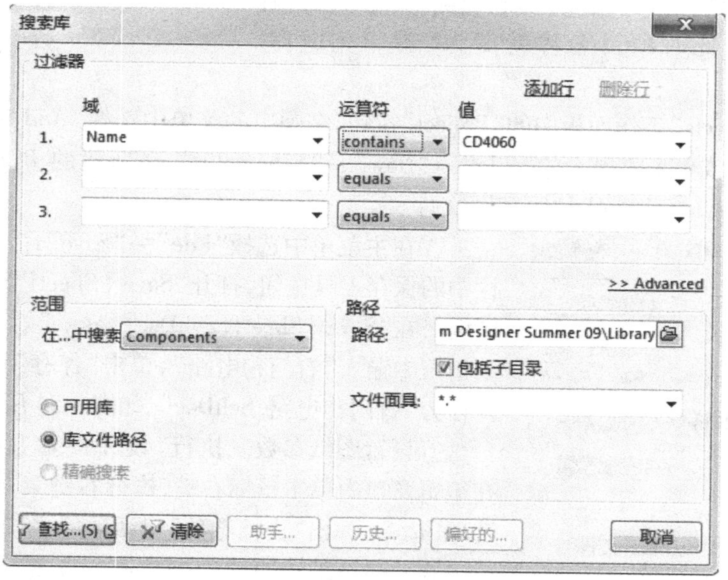

图 3-86　查找元件 CD4060

单击"查找"按钮后,系统开始查找此元器件,查找到的元器件将显示在"库"面板中。用鼠标右键单击查找到的元器件,选择执行"添加或删除库"命令,加载元器件"CD4060"所在的库。用同样的方法可以查找元器件"IRF540S",并加载其所在的库。

3.4.2　放置元器件

在绘制电路原理图的过程中,放置元器件的基本依据是信号的流向,即从左到右或从右到左。首先放置电路中关键的元器件,之后放置电阻、电容等外围元器件。本例按照从左到右放置元器件。

①放置 Optoisolator1 。打开"库"面板 ,在当前元器件库名称栏中选择 Miscellaneous Devices.IntLib、在元器件列表中选择 Optoisolator1 ,如图 3-87 所示。

双击元器件列表中 Optoisolator1,或者单击 Place Optoisolator1 按钮,将此元器件放置到原理图的合适位置。

②采用同样的方法放置 CD4060、IRF540S 和 IRFR9014。放置了关键元器件的电路原理图,如图 3-88 所示。

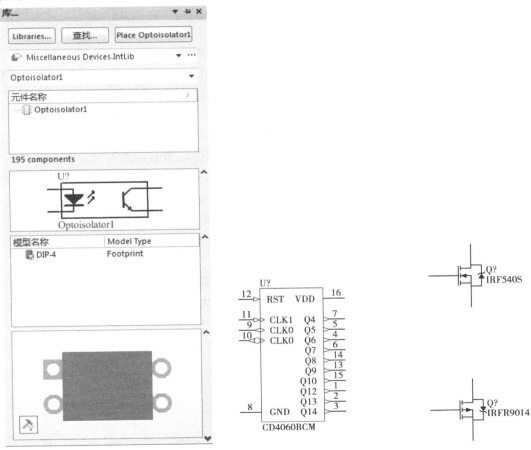

图 3-87　选择元器件　　　　　　　　　图 3-88　关键元器件放置

③放置电阻、电容。打开"库"面板,在当前元器件库名称栏中选择 Miscellaneous Devices.

IntLib,在元器件列表中分别选择电阻和电容进行放置。

④编辑元器件属性。在图纸上放置完元器件后,用户要对每个元器件的属性进行编辑,包括元器件标识符、序号、型号等。设置好元器件属性的电路原理图如图 3-89 所示。

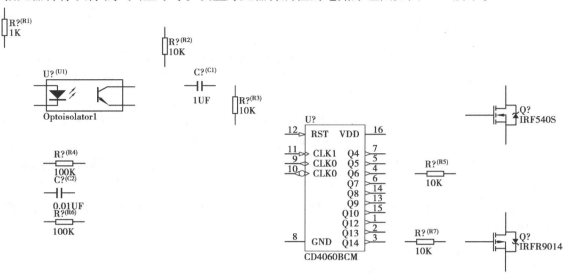

图 3-89　设置元件属性后的元件布局

⑤连接导线。根据电路设计的要求,将各个元器件用导线连接起来。单击"布线"工具栏中的"放置线"按钮,完成元器件之间的电气连接。在必要的位置执行菜单命令"放置"→"手工节点",放置电气节点。

⑥放置电源和接地符号。单击"布线"工具栏中的放置"VCC 电源"按钮，在原理图的合适位置放置电源;单击"布线"工具栏中的放置"GND"按钮，放置接地符号。

⑦放置网络标号、忽略 ERC 检查测试点以及输入输出端口。单击"布线"工具栏中的放置网络标号按钮，在原理图上放置网络标号;单击"布线"工具栏中的放置忽略 ERC 检查按钮，在原理图上放置忽略 ERC 检查测试点;单击"布线"工具栏中的放置输入输出端口按钮，在原理图上放置输入输出端口。

⑧绘制完成的看门狗电路原理图如图 3-82 所示。

在绘制完电路图后,还需进行编译,单击"工程"→"Compile PCB Project",这相当于 99SE 里的 ERC 检查,编译后查看"Messages",无错误后生成网络表,为后续绘制 PCB 电路板图打下基础,这些内容会在第 4 章进行详细讲解。

第4章
原理图的后续处理

第 3 章对 Altium Designer 17 的原理图设计进行了详细讲解,本章将讲解一些 Altium Designer 17 原理图设计系统的必要后续操作和高级应用。这些高级应用并不是原理图设计所必需的,但是倘若读者掌握了这些技能则可以使绘图的效率大大提高。

4.1　原理图的全局编辑

Altium Designer 17 提供了强大的全局编辑功能,可以对打开的文件进行整体操作,下面将介绍元件属性和字符的全局编辑。

4.1.1　元件属性的全局编辑

Altium Designer 提供了 Find Similar Objects 命令来对属性相似的元件进行整体操作,该功能类似于 Protel 99SE 里面"Global"属性的应用,但是功能却强大得多。

选取"Edit"菜单的"Find Similar Objects"命令,光标变成"×"状,移动光标在绘图区待编辑的对象上单击鼠标左键,弹出如图 4-1 所示的"Find Similar Objects"对话框,在此设置需要进行全局编辑的元件的属性匹配条件。例如要对所有的"CD4511"芯片的 PCB 封装进行修改,首先得选中所有的 CD4511 芯片,在"Find Similar Objects"对话框中将"Symbol Reference"这一选项后面的"Any"关系改成"Same"。下面再来看看对话框下部的复选框区,如图 4-2 所示,这里有一排操作选项:

➤"Zoom Matching"放大显示:选取该项后,所有匹配符合的元件将放大到整个绘图区显示。

➤"Select Matching"选中符合:选取该项后,所有符合条件的元件都将被选中,必须选中该选项,否则匹配后不能进行下一步编辑操作。

➤"Clear Existing"清除当前选定:在执行匹配之前处于选中状态的元件将清除选中状态。

➤"Create Expression"创建表达式:选取该项后,将在原理图过滤器(SCH Filter)面板中创建一个搜索条件逻辑表达式。

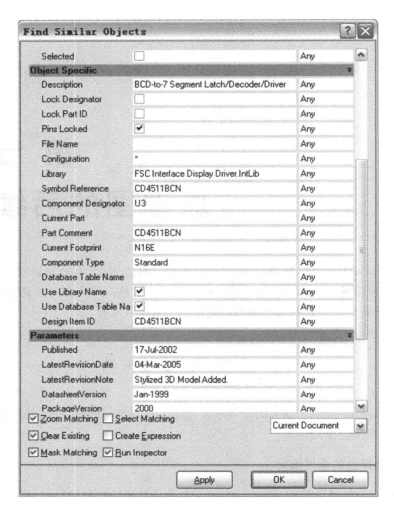

图 4-1　元件属性的全局编辑

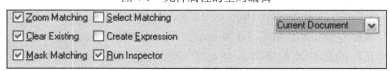

图 4-2　匹配操作设置

➤"Mask Matching"掩膜显示：选取该项后，除了符合条件的元件外其他的元件都呈浅色显示。

➤"Run Inspector"启动检查器面板：选取该项后，执行完匹配将启动检查器面板。

➤"Current Document"匹配范围：可以选择"Current Document"当前文档，或"Open Documents"所有打开的文档。

设置好匹配选项后单击"OK"按钮则显示图 4-3 所示的匹配结果，同时会弹出"SCH Inspector"面板。编辑区内除了符合匹配条件的元件外，其余元件都呈浅色显示，可以单击编辑区右下角的"Clear"按钮取消这种掩膜显示。

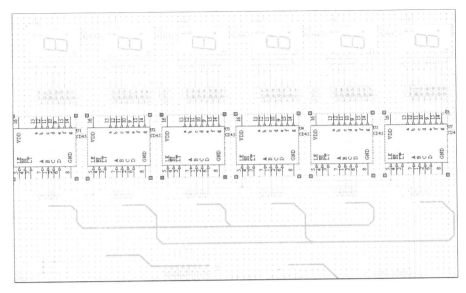

图 4-3　匹配结果

元件属性的整体修改可以在"SCH Inspector"面板中进行,如图 4-4 所示,这里列出了元件

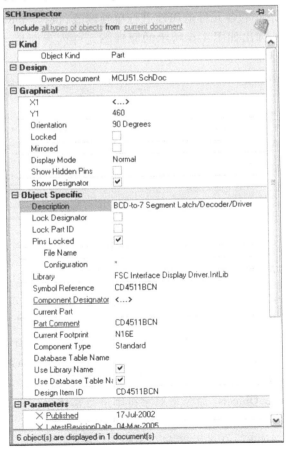

图 4-4　原理图检查器面板

93

所有可供修改的共同属性。若要修改"Description"属性,可以单击"Description"选项右边的具体内容,直接在文本框中填入自己需要的内容,或单击右边的"…"按钮,在弹出的智能编辑"Smart Edit"对话框中进行编辑,如图4-5所示。

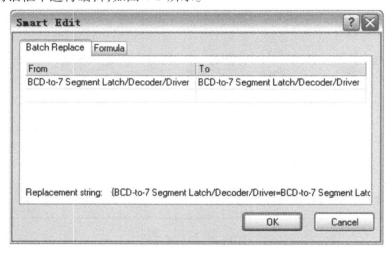

图 4-5　智能编辑器面板

也可以对符合匹配条件的各元件的属性进行单独修改,执行"View"|"Workspace Panels"|"SCH"|"SCH List"命令,弹出如图4-6所示的原理图元件列表面板,双击需要修改的器件就可以弹出其属性设置对话框。

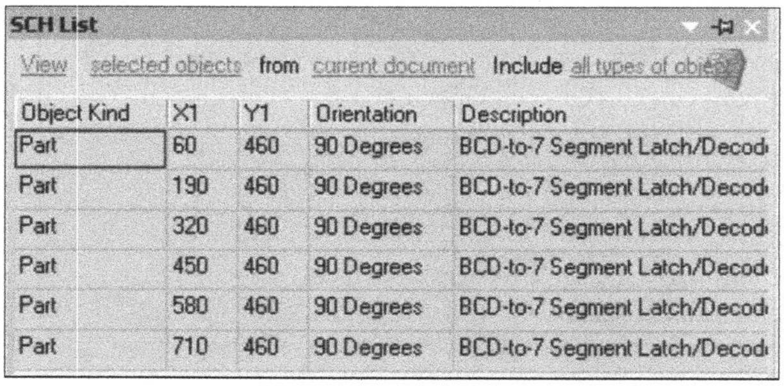

图 4-6　原理图列表

4.1.2　字符串的全局编辑

"Find Similar Objects"命令除了对元件属性进行全局编辑外,还可以对原理图中的字符串进行隐藏、对字体进行设置等。在需要编辑的字符串上单击右键,选取"Find Similar Objects"命令,或在"Edit"菜单中选取"Find Similar Objects"命令后单击字符串,均可打开如图4-7所示的"Find Similar Objects"设置匹配条件对话框。确认后同样可在"SCH Inspector"面板中修改选中字符串的属性,如图4-8所示。

除了使用"Find Similar Objects"命令来对字符串进行整体操作外,还可以使用"Edit"菜单的"Find Text"命令查找字符串,或用"Replace Text"命名替换字符串。执行查找字符串和替换字符串后弹出的窗口分别如图4-9的左图和右图所示,两者内容相似,下面来对各选项进行详细介绍:

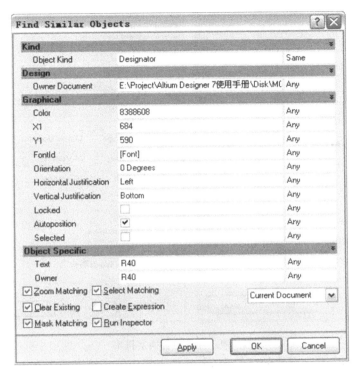

图 4-7　设置匹配条件

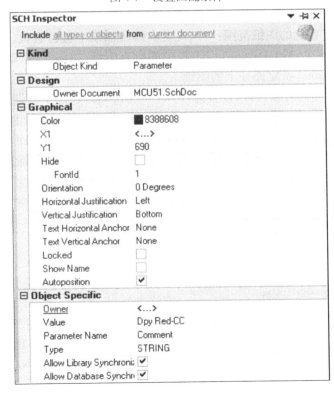

图 4-8　属性全局修改

图 4-9　查找与替换字符串

● "Text To Find"需要查找的字符串:在此填入相应的字符串或者在下拉框中选取以前搜索过的字符串。

● "Replace With"将要替代的字符串:在此填入替代后的内容。

● "Sheet Scope"查找的图纸范围:可以设定在哪些图纸中进行查找,四个选项是"Current Document"当前图纸、"Project Document"工程中的所有图纸、"Open Document"所有打开的图纸、"Documents On Paths"指定路径上的图纸。

● "Selection"选择的对象:可以设置为"Selected Objects"在选中的器件中进行查找、"De-Selected Objects"在未选中的器件中进行查找、"All Objects"在所有器件中进行查找。

● "Identifiers"筛选的内容:设置需要查找哪些字符串,可以选择"All Identifiers"所有的字符串、"Net Identifiers Only"仅仅筛选网络标号、"Designators Only"仅仅筛选元件标号。

● "Case sensitive"大小写敏感:是否要求大小写完全相同。

● "Whole Words Only"全字匹配:设定目标内容与查找内容是否必须完全一致。

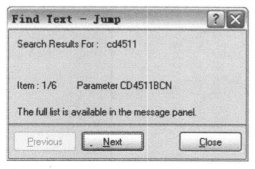

● "Jump to Results":找到查找的目标后自动跳转到相应目标。

设置完毕后单击"OK"按钮开始搜索,若搜索到单个匹配选项屏幕会自动跳转到搜索到的字符串处,若搜索到多个匹配选项,系统会跳转到第一个匹配字符串处并弹出如图 4-10 所示的查找结果对话框,并提示共有多少个匹配结果,可以单击"Previous"和"Next"按钮查看前后的结果。

图 4-10　查找的结果

4.2　编译与查错

在电路原理图设计完毕后,需要对原理图进行检查,Altium Designer 17 用编译这一功能代替了原先版本中的 ERC(电气规则检查),同时 Altium Designer 17 还提供了在线电气规则检查功能,即在绘制原理图的过程中提示设计者可能出现的错误。

4.2.1　错误报告设定

在编译工程前,首先要对电气检查规则进行设定,以确定系统对各种违反规则的情况作出何种反应,以及编译完成后系统输出的报告类型。

执行菜单命令"Project"|"Project Options"命令,弹出图 4-11 所示的工程选项设置对话框,在这里可以对"Error Reporting"电气检查规则、"Connection Matrix"连接矩阵以及"Default Prints"默认输出等常见的项目进行设置。

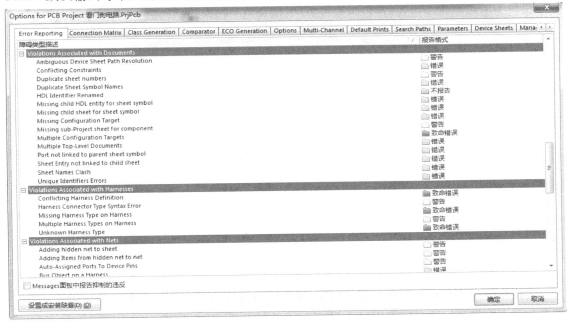

图 4-11　工程选项设置对话框

系统默认打开的是错误报告设定选项卡,它提供了以下几大分类的电气规则检查:

- "Violations Associated with Buses"总线相关的电气规则检查;
- "Violations Associated with Code Symbols"代码符号相关的电气规则检查;
- "Violations Associated with Components"元件相关的电气规则检查;
- "Violations Associated with Configuration Constraints"配置相关的电气规则检查;
- "Violations Associated with Document"文件相关的电气规则检查;
- "Violations Associated with Harness"线束相关的电气规则检查;
- "Violations Associated with Nets"网络相关的电气规则检查;

- "Violations Associated with Others"其他电气规则检查;
- "Violations Associated with Parameters"参数相关的电气规则检查。

读者可以对每一类电气规则中的某个规则的报告类型进行设定,如图 4-12 所示,在需要修改的电气规则上用鼠标右键单击,弹出规则设置选项菜单,各选项的意义如下:

- "All Off"关闭所有:关闭所有电气规则检查的条款;
- "All Warning"全部警告:所有违反规则的情况均设为警告;
- "All Error"全部错误:所有违反规则的情况均设为错误;
- "All Fatal"严重错误:所有违反规则的情况均设为严重错误;
- "Selected Off"关闭选中:关闭选中的电气规则检查条款;
- "Selected To Warning"选中警告:违反选中条款的情况提示为警告;
- "Selected To Error"选中错误:违反选中条款的情况提示为错误;
- "Selected To Fatal"选中严重警告:违反选中条款的情况提示为严重警告;
- "Default"选中警告:关闭选中条款的电气规则检查。

读者亦可单击某条电气检查规则右边的"Report Mode"区域,弹出报告类型设置下拉框,其中绿色为不产生错误报告;黄色为警告提示;橘黄色为错误提示;红色则为严重错误提示。

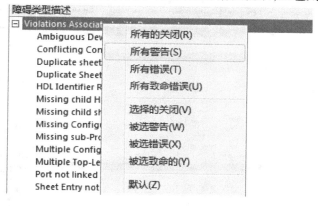

图 4-12　修改电气规则报告类型

4.2.2　连接矩阵设定

连接矩阵是用来设置不同类型的引脚、输入输出端口间电气连接时系统给出的错误报告种类。在工程选项设置对话框中单击"Connection Matrix"标签,进入连接矩阵设置选项卡,如图 4-13 所示。

各种引脚以及输入输出端口之间的连接关系用一个矩形表示,矩阵的横坐标和纵坐标代表着不同类型的引脚和输入输出端口,两者交点处的小方块则代表其对应的引脚或端口直接相连时系统的错误报告内容。错误报告有四种等级,与其他的电气规则检查一样,其中绿色为不产生错误报告;黄色为警告提示;橘黄色为错误提示;红色则为严重错误提示。要想改变不同端口连接的错误提示等级,只需用鼠标单击相应的小方块,其颜色就会在红、橘黄、黄和绿色之间轮流变换。

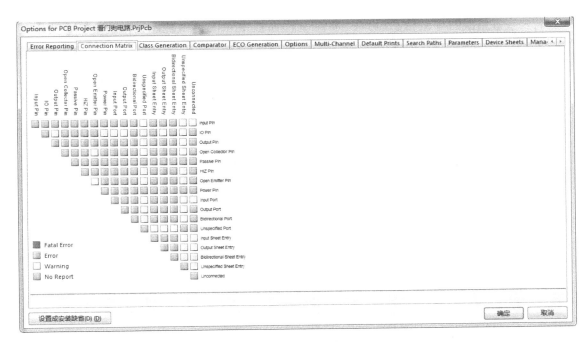

图 4-13 连接矩阵提示

4.2.3 编译工程

电气规则编辑完成后就可以按照自己的要求对原理图或工程进行编译,执行菜单命令
"Project" | "Compile PCB Project 看门狗电路. PrjPCB"对整个工程中所有的文件进行编译,或
执行"Project" | "Compile Document 看门狗电路. PrjPCB"命令仅仅对选中的原理图文件进行编
译。编译完毕后,若电路原理图存在错误,系统将会在"Messages"面板中提示相关的错误信
息,如图 4-14 所示,"Messages"面板中分别列出了编译错误所在的原理图文件、出错原因以及
错误的等级。

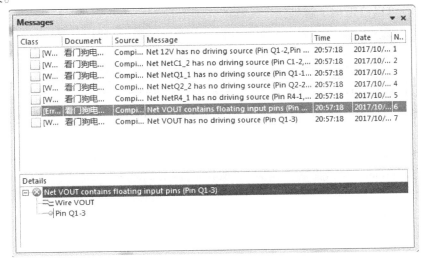

图 4-14 编译错误信息提示

若要查看错误的详细信息,可在"Messages"面板中双击错误提示,弹出图 4-15 所示的"Compile Errors"编译错误面板,同时界面将跳转到原理图出错处,产生错误的元件或连线高亮显示,便于设计者修正错误。

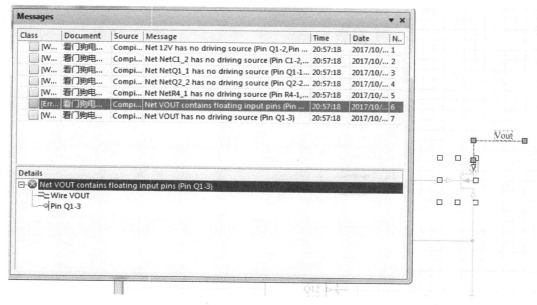

图 4-15　编译错误的详细信息

4.3　生成各种报表

为了方便原理图的设计、查看以及在不同的电路设计软件之间的兼容,Altium Designer 17 提供了强大的报表生成功能,能够方便地生成网络表、元件清单以及工程结构等报表。通过这些报表,设计者可以清晰地了解到整个工程的详细信息。

4.3.1　生成网络表

在电路设计过程中,电路原理图是以网络表的形式在 PCB 电路板以及仿真电路之间传递电路信息的,在 Altium Designer 17 中,用户并不需要手动生成网络表,这是因为系统会自动生成网络表在各编辑环境中传递电路信息。但是当要在不同的电路设计辅助软件之间传递数据时,就需要设计者首先生成原理图的网络表。

Altium Designer 17 可以为单张原理图或整个设计工程生成网络表,选择"Design"菜单,下面有"Netlist for Project"生成工程网络表和"Netlist For Document"生成设计文档网络表两个子菜单,两者提供的网络表类型相同,如图 4-16 所示。Altium Designer 17 提供了丰富的不同格式的网络表,可以在不同的设计软件之间进行交互设计。

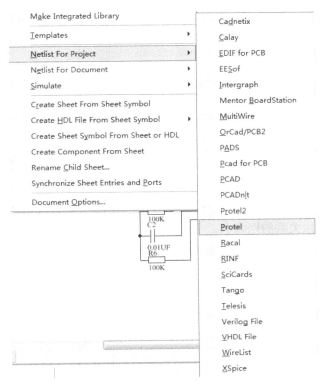

图 4-16　Altium Designer 17 支持的各种网络表

(1)设置网络报表选项

执行菜单命令"Project"|"Project Options",在弹出的工程选项设置对话框中选择"Options"选项,如图 4-17 所示。下面分别介绍网络表设置的相关内容:

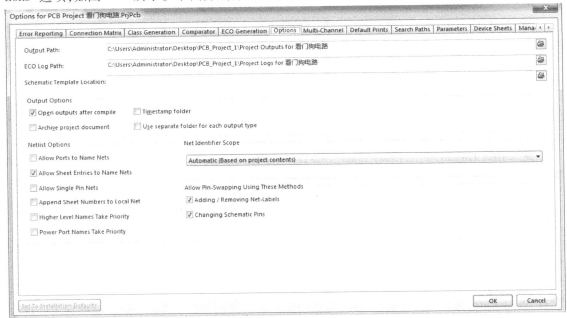

图 4-17　网络表设置

●"Output Path"输出路径:设置生成报表的输出路径,系统默认路径为当前工程所在的文件夹中创建的"Project Outputs for ＊＊"文件夹。单击右侧的▣图标,可以对默认路径进行修改。

●"ECO Log Path"ECO 日志路径:用于设置 ECO Log 文件的输出路径,系统会根据当前项目所在的文件夹自动创建默认路径。单击右侧的▣图标,可以对默认路径进行修改。

●"Output Options"输出选项:用于设置网络表的输出选项,一般保持默认设置即可。

●"Netlist Options"网络表选项:用来设置创建网络报表的条件。

➤"Allow Ports to Name Nets"允许端口命名网络:允许系统产生的网络名代替与电路输入/输出端口相关的网络名。

➤"Allow Sheet Entries to Name Nets"允许方块电路入口命名网络:允许用系统产生的网络名代替与图纸入口相关联的网络名。

➤"Allow Single Pin Nets"允许单独的管脚网络:用于设置生成网络表时,是否允许系统自动将管脚号添加到各个网络名称中。

➤"Append Sheet Numbers to Local Nets"附加方块电路数目到本地网络:产生网络表时,系统自动把图纸编号添加到各网络名称中,用以识别网络所在的图纸。

➤"Higher Level Names Take Priority"高水平名称取得优先权:用于设置生成网络表时排序优先权。勾选该项,系统以名称对应结构层次的高低决定优先权。

➤"Power Port Names Take Priority"电源端口名称取得优先权:用于设置生成网络表时排序优先权。勾选该项,系统将对电源端口的命名给予更高的优先权。一般保持默认设置即可。

●"Net Identifier Scope":该选项区域用来指定网络标号的范围,单击右边的下拉框有五个选项。

➤"Automation(Based on Project contents)":系统自动在当前工程项目中判别网络标识。

➤"Flat(Only ports global)":工程各个图纸之间直接使用全局输入/输出端口来建立连接关系。

➤"Hierarchical(Sheet entry < - > port Connections)":通过原理图符号入口和原理图子图中的端口来建立连接关系。

➤"Hierarchical(Sheet entry < - > port connections,power ports global)":通过原理图符号入口和原理图子图中的端口或全局电源端口来建立连接关系。

➤"Strict Hierarchical(Sheet entry < - > port Connections,power ports local)":严格通过原理图符号入口和原理图子图中的端口或本地电源端口来建立连接关系。

➤"Global(NetLabels and Ports global)":工程中各个文档之间用全局的网络标号和输入输出端口来建立连接关系。

"Automatic"是缺省选项,表示系统会检测项目图纸内容,从而自动调整网络标识的范围。检测及自动调整的过程如下:

如果原理图里有 Sheet Entry 标识,则网络标识的范围调整为 Hierarchical。如果原理图里没有 Sheet Entry 标识,但是有 Port 标识,则网络标识的范围调整为 Flat。如果原理图里既没有 Sheet Entry 标识,又没有 Port 标识,则 Net Label 的范围调整为 Global。

"Flat"代表扁平式图纸结构,这种情况下,Net Label 的作用范围仍是单张图纸以内。而 Port 的作用范围扩大到所有图纸。各图纸只要有相同的 Port 名,就可以发生信号传递。

"Hierarchical"代表层次式结构,这种情况下,Net Label,Port 的作用范围是单张图纸以内。当然,Port 可以与上层的 Sheet Entry 连接,以纵向方式在图纸之间传递信号。

"Global"是最开放的连接方式,这种情况下,Net Label,Port 的作用范围都扩大到所有图纸。各图纸只要有相同的 Port 或相同的 Net Label,就可以发生信号传递。

（2）生成网络表

打开例子里的"看门狗电路.SchDoc"原理图文件,执行菜单命令"Design"|"Netlist For Document"|"Protel",系统会生成当前文档的网络表,并在"Project"面板的工程菜单中生成 "Generated"|"Netlist Files"|"看门狗电路.NET"层次式目录,如图 4-18 所示。

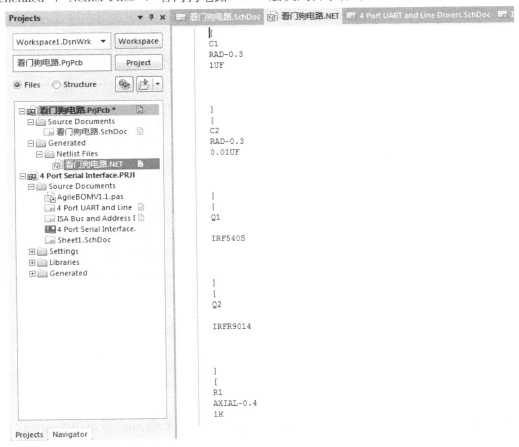

图 4-18　生成的网络表

从生成的网络表内容可知道,网络表由两部分组成:元件的声明和电气网络的定义。两者分别用不同的符号表示,其中［ ］之间定义的是电气元件,（ ）之间定义的则是电气网络。下面对网络报表的规则进行简单的介绍。

```
[                      //元件声明开始
C1                     //元件的编号（Designator）
RAD-0.3                //元件的 PCB 封装（FootPrint）
```

1UF	//元件的标注(Comment)
]	//元件声明结束
(	//元件网络声明开始
5V	//网络名称
R2-2	//编号 R2 的元件第 2 脚与网络相连
U2-16	//编号 U2 的元件第 16 脚与网络相连
)	//电气网络声明结束

4.3.2　生成元件表

Altium Designer 17 可以很方便地生成元件报表(Bill of Materials),即电路原理图中所有元件的详细信息列表。执行菜单命令"Reports"|"Bill of Materials",弹出如图 4-19 所示的工程元件列表对话框。下面分别对对话框的操作进行详细介绍。

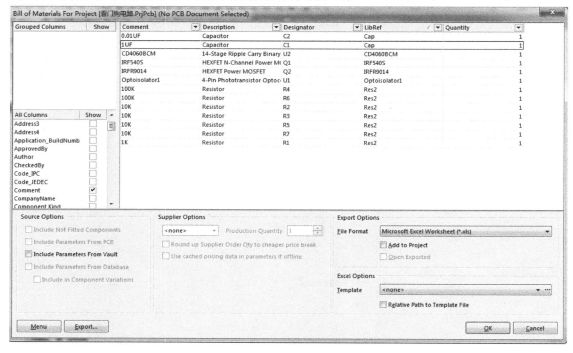

图 4-19　工程元件列表对话框

①图 4-19 对话框的左半部分包括了两个区域:"Grouped Columns"分组设置和"All Columns"所有字段。

●"All Columns"中列出了元件所有可供列表显示的属性字段,若需选择相应的字段,只需将该字段的"Show"复选框选中。

●"Grouped Columns"字段分组设置用来设置元件的信息是否按照某属性进行分类显示,若不采用分类显示的话,则所有的元件信息都是单条列出显示。图 4-19 中的元件信息列表就没有分类,图 4-20 中的元件信息列表按照"Comment"和"Footprint"属性来分类。若要将元件信息按照某条属性分类,只需在"All Columns"选中相应的属性,然后拖拽到"Grouped Columns"选项区域中去。同理,若要取消属性分类,则要将"Grouped Columns"选项区域中的相应属性拖拽到"All Columns"中去。

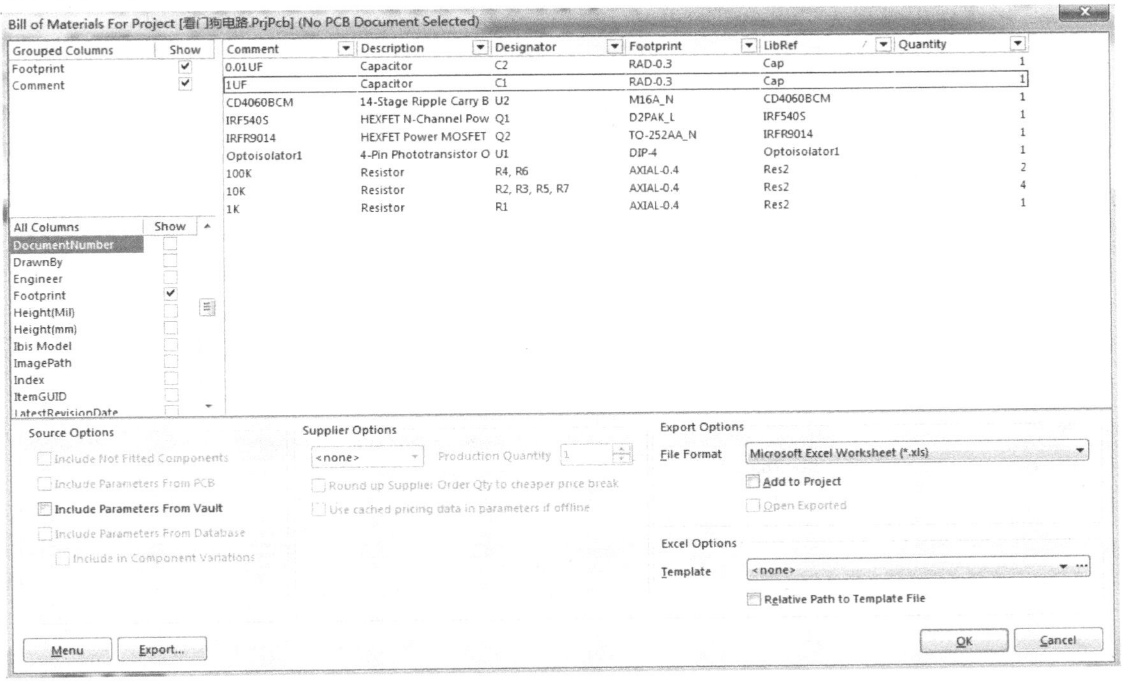

图 4-20　元件清单按属性分类

②元件清单的操作。对话框的右部为元件信息列表显示区域,其中列出了原理图中所有元件的详细信息,在此也可以对列表元件进行排序筛选,方便读者找到自己所需元件的信息。

元件清单区域的上部为属性字段列表,单击某条属性字段可将元件信息按照该属性进行排列。属性字段右方的□是对元件信息进行筛选选项,例如要对"LibRef"进行筛选,单击□按钮弹出筛选字段列表,如图 4-21 所示,里面列出了该电路图中所有"LibRef",选取某一标号,则元件清单里仅仅显示该类元件。还可以自定义筛选条件,如要筛选电路图中的所有电阻元件,单击□按钮并选取"Custom"选项,弹出图 4-22 所示的筛选对话框,填入"res2"并确认,筛选结果如图 4-23 所示,共有 7 个元件标号为"res2"的电阻。

图 4-21　筛选字段

图 4-22　筛选对话框

③生成元件报表。"Export Options"导出选项:用来设置导出文件的相关设置。"File Format"用来设置导出文件的格式,Altium Designer 17 所支持的导出文件格式如图 4-24 所示。系统默认是导出 Excel 格式的电子表格,读者也可以在下拉列表框中自行选取。"Add to Project"加

入工程:若选取该选项,则生成的元件清单将加入本项目中;"Open Exported"打开导出:若选取该项,系统在生成报表后将自动打开报表。

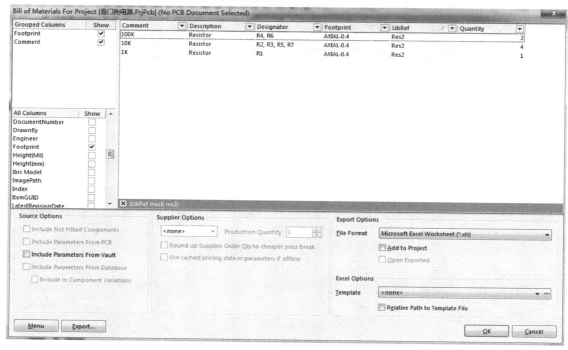

图 4-23　元件属性筛选结果

图 4-24　Altium Designer 17 所支持的文件报表格式

"Excel Options"Excel 选项设置:当输出格式为 Excel 文档时,还可以在此设置相应选项,"Template"用来设定输出 Excel 格式文件所采用的模板;"Relative Path to Template File"指定模板的路径,若不选取该项,则读者需要自己设定模板所在的路径。

单击"Menu"按钮在弹出的菜单项中选取"Export"命令或直接单击"Export"按钮可以将元件报表导出,在弹出的对话框中填入保存的文件名并确认即可生成元件报表。

生成元件报表之前还可以对报表进行预览,单击"Menu"按钮,在弹出的菜单项中选取"Report"项,弹出图 4-25 所示的报表预览框。在此对话框中可以单击"Export"按钮保存报表或单击"Print"按钮打印报表。

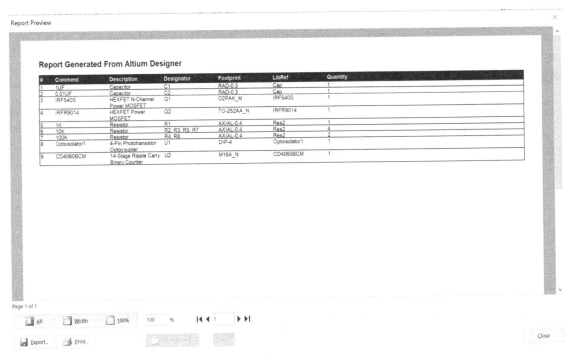

图 4-25　元件报表预览

4.3.3　生成简单元件表

如果觉得上面所介绍的生成元件报表的步骤比较复杂,那么可以试试 Altium Designer 17 所提供的生成简单元件报表的功能。执行菜单命令"Reports""Simple BOM",系统会自动生成两个不同格式的简单元件表清单,如图 4-26 和图 4-27 所示,并在"Project"面板的工程目录中生成一个"Generated"文件夹,其中就有生成的文件表。

其中,CSV 文件格式是最通用的一种文件格式,它可以非常容易地被导入各种 PC 表格及数据库。在 CSV 格式文件中,数据一般用引号和逗号隔开。

图 4-26　BOM 格式元件清单

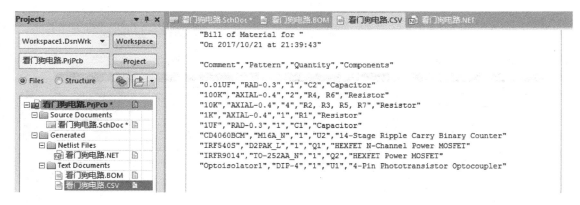

图 4-27　CSV 格式元件清单

4.4　打　印　输　出

原理图设计完成后往往需要通过打印机输出或以通用的文件格式保存,便于技术人员参考或交流,下面将介绍电路原理图的打印输出和以 PDF 格式保存。

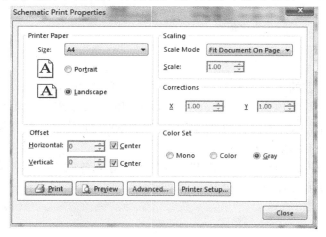

图 4-28　原理图打印属性设置对话框

4.4.1　打印电路图

与其他文件打印一样,打印电路原理图最简单的方法就是单击工具栏的打印按钮,系统会以默认的设置打印出原理图。当然,读者要是想按照自己的方式打印原理图还得对打印的页面进行设置。执行菜单命令"File"|"Page Setup",弹出如图 4-28 所示的原理图打印属性设置对话框,下面来介绍各参数的意义:

● "Printer Paper"打印纸张设置:在此设置纸张的大小和打印方式。"Size"下拉列表框中选定纸张的大小。选取"Portrait"选项,则图纸将竖着打印;选取"Landscape",则图纸将横着打印。

● "Offset"页边距设置:可以分别在"Horizontal"和"Vertical"文本框中填入打印纸水平和竖直方向的页边距,也可选取后面的"Center"选项,使图纸居中打印。

● "Scaling"打印比例:读者可以在"Scale Mode"下拉框中选择打印比例的模式,其中"Fit Document On Page"是把整张电路图缩放打印在一张纸上;"Scaled Print"则是自定义打印比例,这时还需在下面的"Scale"文本框中填写打印的比例。

● "Corrections"修正打印比例:可以在"X"文本框中填入横向的打印误差调整,或是在"Y"文本框中填入纵向的打印误差调整。

● "Color Set"颜色设定:可以选择"Mono"单色打印、"Color"彩色打印或"Gray"灰度打印。

单击"Advanced"按钮进入打印高级设置页面。如图 4-29 所示,在此可以设置在打印出的原理图中是否显示"No-ERC"标记、"Parameter Sets"等非电气图件。

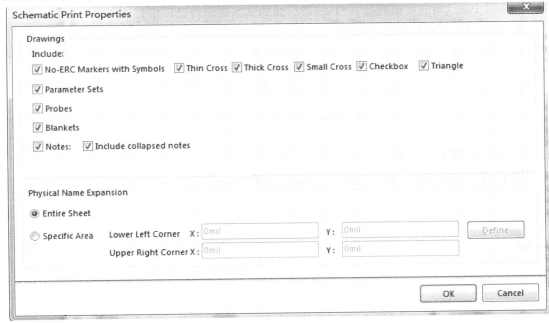

图 4-29　原理图打印高级设置

打印之前还要对打印机的相关选项进行设置,执行菜单命令"File" | "Print",如图 4-30 所示。各主要参数设置项的意义如下:

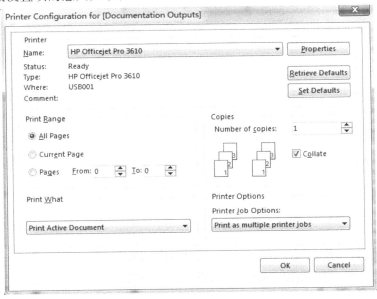

图 4-30　打印机配置对话框

- "Printer"打印机选项：这里列出了所有本机可用的打印机及其具体的信息，读者可以选用相应的打印机并设置属性。
- "Print Range"打印范围：在这里设置打印文档的范围，可以设定为"All Pages"所有页面、"Current Page"当前页面或是在"Pages"后面的文本框中自己设定打印图纸的范围。
- "Print What"打印什么：在这里选择打印的对象，可以选择"Print All Valid Document"打印所有的原理图；"Print Active Document"打印当前原理图；"Print Selection"打印当前原理图中的选择部分；"Print Screen Region"打印当前屏幕的区域。
- "Copies"复制：在此可以设置打印的原理图的份数。

以上的选项设置完成之后就可以打印电路图了，不过在打印之前最好预览一下打印的效果，执行菜单命令"File"｜"Print Preview"或是直接在主界面的工具栏中单击 按钮，弹出打印预览窗口，如图 4-31 所示。预览窗口的左边是缩微图显示窗口，当有多张原理图需要打印时，均会在这里缩微显示。右边则是打印预览窗，整张原理图在打印纸上的效果将在这里形象地显示出来。

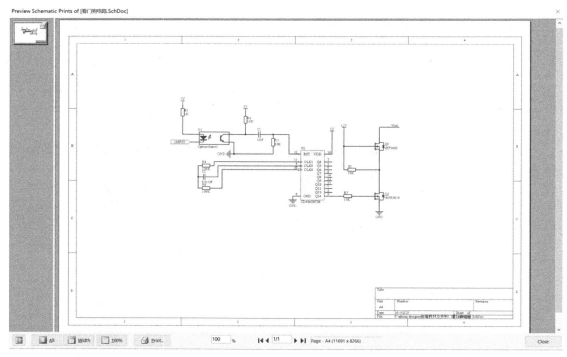

图 4-31 打印预览窗口

若原理图预览的效果与理想的效果一样，读者就可以执行"File"｜"Print"命令打印了。

4.4.2 输出 PDF 文档

PDF 文档是一种广泛应用的文档格式，将电路原理图导出成 PDF 格式可以方便设计者之间参考交流。Altium Designer 17 提供了一个强大的 PDF 生成工具，可以非常方便地将电路原理图或 PCB 图转化为 PDF 格式。

- 执行菜单命令"File"｜"Smart PDF"，弹出图 4-32 所示的智能 PDF 生成器启动界面。

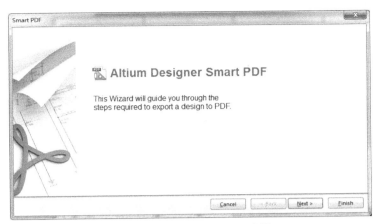

图 4-32　启动智能 PDF 生成器

● 单击"Next"按钮,进入 PDF 转换目标设置界面,如图 4-33 所示。在此选择转化该工程中的所有文件还是当前打开的文档,并在"Output File Name"中填入输出 PDF 的保存文件名及路径。

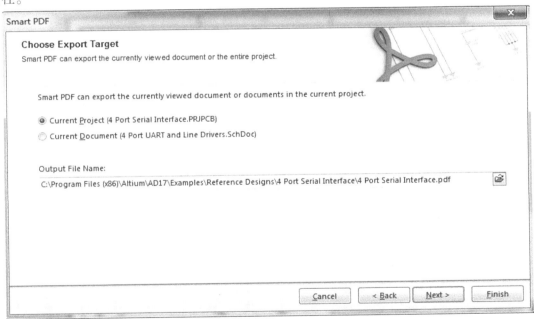

图 4-33　设置转换目标

● 单击"Next"按钮进入图 4-34 所示的选择目标文件对话框,这里选取需要 PDF 输出的原理图文件,在选取的过程中可以按住"Ctrl"键或"Shift"键再单击鼠标进行多文件的选择。

● 单击"Next"按钮进入图 4-35 所示的是否生成元件报表对话框,和前面生成元件表的设置一样,读者在这里设置是否生成元件报表以及报表格式和套用的模板。

● 单击"Next"按钮进入图 4-36 所示的 PDF 附加选项设置对话框,下面介绍各设置项的意义:

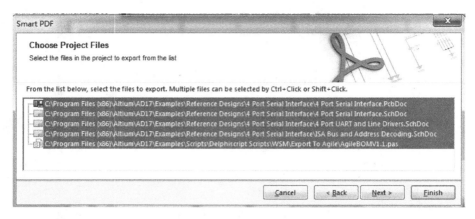

图 4-34　选择项目文件对话框

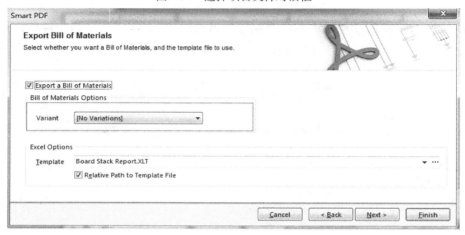

图 4-35　是否生成元件报表对话框

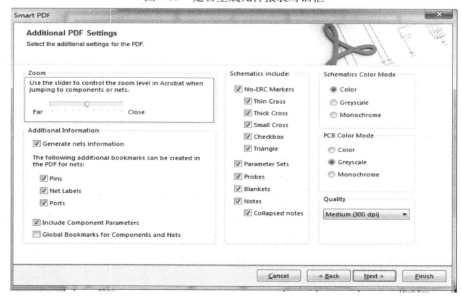

图 4-36　PDF 附加选项设置对话框

➤"Zoom"区域缩放：该选项用来设定生成的 PDF 文档窗口缩放的大小，当在书签栏中选中元件或网络时，可以拖动下面的滑块来改变缩放的比例。

➤"Additional Bookmark"生成额外的书签：当选定"Generate nets information"时设定在生成的 PDF 文档中产生网络信息。另外，还可以设定是否产生"Pin"引脚、"Net Labels"网络标签、"Ports"端口的标签。

➤"Schematics"原理图：可以设定是否将"No-ERC Markers"忽略 ERC 检查、"Parameter Sets"参数设置以及"Probes"探针工具放置在生成的 PDF 文档中。还可以设置 PDF 文档的颜色模式，有"Color"彩色、"Greyscale"灰度、"Monochrome"单色模式可供选择。

➤"PCB"PCB：在此可以设置 PCB 设计文件转化为 PDF 格式时的颜色模式，可以设置为"Color"彩色、"Greyscale"灰度、"Monochrome"单色模式。因为该工程中没有 PCB 文件，所以该选项为灰色。

● 单击"Next"按钮进入图 4-37 所示的结构设置对话框，该功能是针对重复层次式电路原理图或 Multi-Channel 原理图设计的，一般情况下用户无须更改。

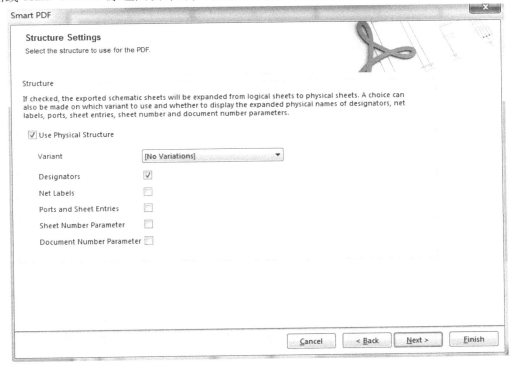

图 4-37　结构设置对话框

● 单击"Next"按钮进入图 4-38 所示的 PDF 设置完成对话框，在此生成 PDF 文档的设置已经完毕，读者还可以设置一些后续操作，如生成 PDF 文档后是否立即打开，以及是否生成"Output Job"文件等。

● 单击"Finish"按钮完成 PDF 文件的导出，系统会自动打开生成的 PDF 文档，如图 4-39 所示。左边的标签栏中层次式地列出了工程文件的结构，包括每张电路图纸中的元件、网络以及工程的元件报表。可以点击各标签跳转到相应的项目，非常方便。

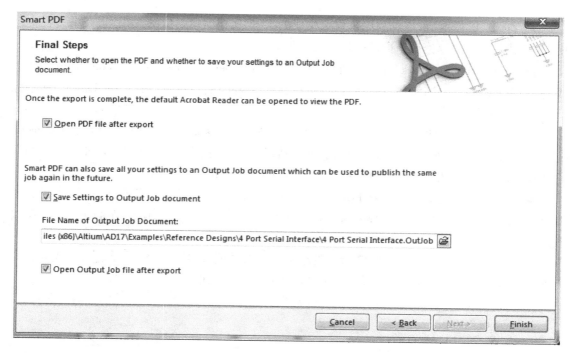

图 4-38　完成 PDF 生成设置

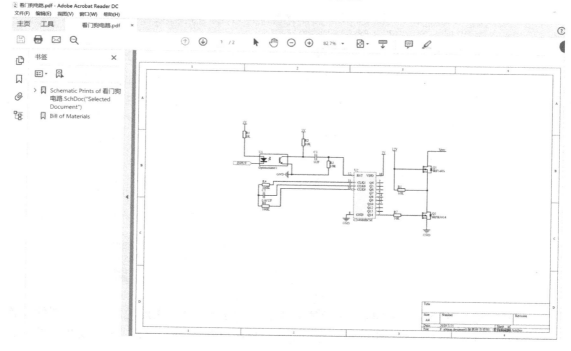

图 4-39　生成的 PDF 文档

第5章
层次化原理图的设计

前面已介绍了一般电路原理图的基本设计方法,将整个系统的电路绘制在一张原理图纸上。这种方法适用于规模较小、逻辑结构比较简单的系统电路设计。而对于大规模的电路系统来说,由于所包含的对象数量繁多,结构关系复杂,很难在一张原理图纸上完整地绘出,即使勉强绘制出来,其错综复杂的结构也非常不利于电路的阅读分析与检测。

因此,对于大规模的复杂系统,应该采用另外一种设计方法,即电路的模块化设计,将整体系统按照功能分解成若干个电路模块,每个电路模块能够完成一定的独立功能,具有相对的独立性,可以由不同的设计者分别绘制在不同的原理图纸上。这样,电路结构清晰,同时也便于多人共同参与设计,加快工作进程。

5.1 层次电路原理图的基本概念

对应电路原理图的模块化设计,Altium Designer 17 中提供了层次化原理图的设计方法,这种方法可以将一个庞大的系统电路作为一个整体项目来设计,而根据系统功能所划分出的若干个电路模块则分别作为设计文件添加到该项目中。这样就把一个复杂的大型电路原理图设计变成多个简单的小型电路原理图设计,层次清晰,设计简便。

层次电路原理图的设计理念是将实际的总体电路进行模块划分,划分的原则是每一个电路模块都应该有明确的功能特征和相对独立的结构,而且还要有简单、统一的接口,便于模块彼此之间的连接。

针对每一个具体的电路模块,可以分别绘制相应的电路原理图,该原理图一般称为"子原理图"。而各个电路模块之间的连接关系则是采用一个顶层原理图来表示,顶层原理图主要由若干个方块电路即图纸符号组成,用来展示各个电路模块之间的系统连接关系,描述了整体电路的功能结构。这样,把整个系统电路分解成了顶层原理图和若干个子原理图来分别进行设计。

在层次原理图的设计过程中还需要注意一个问题。如果在对层次原理图进行编译之后"Navigator"面板中只出现一个原理图,则说明层次原理图的设计中存在着很大的问题。另外,在一个层次原理图的工程项目中只能有一个总母图,一张原理图中的方块电路不能参考本张图纸上的其他方块电路或其上一级的原理图。

5.2　层次原理图的基本结构和组成

Altium Designer 17 系统提供的层次原理图设计功能非常强大,能够实现层次化设计功能。用户可以将整个电路系统划分为若干个子系统,每一个子系统可以划分为若干个功能模块,而每一个功能模块还可以再细分为若干个基本的小模块,这样依次细分下去,就把整个系统划分为多个层次,电路设计由繁变简。

图 5-1 所示是一个二级层次原理图的基本结构图,由顶层原理图和子原理图共同组成,是一种模块化结构。

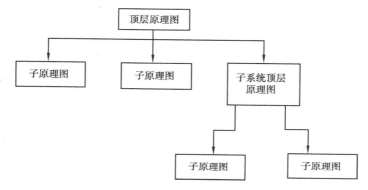

图 5-1　二级层次原理图结构

其中,子原理图就是用来描述某一电路模块具体功能的普通电路原理图,只不过增加了一些输入输出端口作为与上层进行电气连接的通道口。

顶层电路图(即母图)的主要构成元素却不再是具体的元器件,而是代表子原理图的图纸符号,如图 5-2 所示是一个电路设计实例采用层次结构设计的顶层原理图。

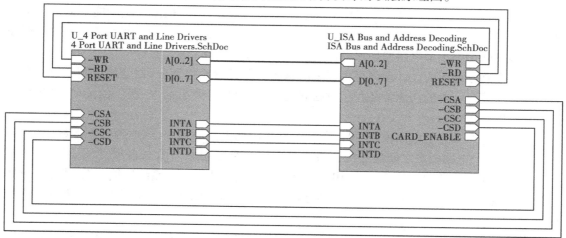

图 5-2　顶层原理图的基本组成

该顶层原理图主要由 2 个图纸符号组成,每一个图纸符号都代表一个相应的子原理图文件,共 2 个子原理图。图纸符号的内部给出了一个或多个表示连接关系的电路端口,对于这些端口,在子原理图中都有名称相同的输入输出端口与之相对应,以便建立起不同层次间的信号通道。

图纸符号之间也是借助于电路端口,可以使用导线或总线完成连接。而且,同一个项目的所有电路原理图(包括顶层原理图和子原理图)中,名称相同的输入输出端口和电路端口之间,在电气意义上都是相互连接的。

5.3　层次原理图的设计方法

基于上述设计理念,层次电路原理图设计的具体实现方法有两种,一种是自上而下的设计方式,另一种是自下而上的设计方式。

自上而下的设计方法是在绘制电路原理图之前,要求设计者对这个设计有整体上的把握,然后把整个电路设计分成多个模块,确定每个模块的设计内容,对每一模块进行详细设计。在 C 语言中,这种设计方法被称为自顶向下、逐步细化。该设计方法要求设计者在绘制原理图之前就对系统有比较深入的了解,对电路的模块划分比较清楚。

自下而上的设计方法是设计者先绘制子原理图,根据子原理图生成原理图符号,进而生成上层原理图,最后完成整个设计。这种方法比较适用于对整个设计不是很熟悉的用户,这也是一种适合初学者选择的设计方法。

5.3.1　自上而下的层次原理图设计

自上而下,顾名思义,就是根据电路原理将电路划分为若干个组成模块,先在顶层原理图中绘制出各个方块图对应的子原理图,以及电气连线,然后由系统生成各方块图的实际电路图并绘制实际电路。

下面以系统提供的 Examples/ Reference Designs/ 4 Port Serial Interface 为例,介绍自上而下的层次原理图设计的具体步骤。

(1)绘制顶层原理图

①创建新的电路原理图工程,执行"File"→"New"→"Project"命令,在对话框中选择"PCB Project",模板根据需要选择合适类型。若无模板需求,可选择"Default",并命名为"4 Port Serial Interface. PrjPCB",并添加原理图文件"4 Port Serial Interface. SchDoc",用来绘制顶层原理图。

②执行"Place"→"Sheet Symbol"命令或单击布线工具栏中的 按钮,放置方块电路图。此时光标变为十字形,并带有一个方块电路。

③移动光标到指定位置,单击鼠标左键确定方块电路的一个顶点,然后拖动鼠标,在合适位置再次单击鼠标左键确定方块电路的另一个顶点,如图 5-3 所示。此时系统仍处于绘制方块图状态,用同样的方法绘制另一个方块图。绘制完成后单击鼠标右键退出绘制状态。

④双击绘制完成的方块电路图或在放置方块图过程中按下 Tab 键,弹出方块电路属性设置对话框,如图 5-4 所示,在该对话框中设置方块图属性。

"属性"选项卡:

➤"Designator"标号:图纸符号的标号与元器件的标号一样是唯一的,可以设置为对应电路原理图的文件名,便于理解。

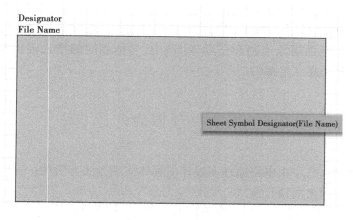

图 5-3　放置方块图

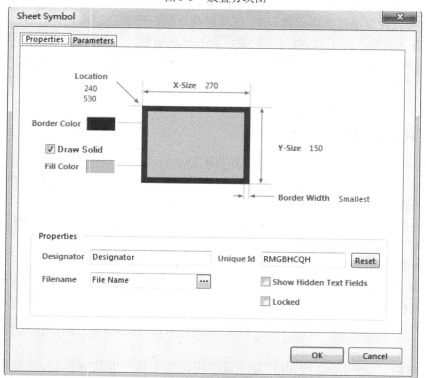

图 5-4　方块电路属性设置对话框

➤"Filename"文件名:图纸符号所对应的电路原理图的文件名,这一属性是原理图符号最重要的属性,读者可以自己在后面的文本框中填入原理图文件名,或是单击"…"按钮在弹出的引用文件选择对话框中选择对应的原理图文件。如图 5-5 所示,该对话框中列出了当前工程文件中所有可供使用的原理图文件,需注意的是,这里的元件名并不支持中文。

➤"Unique Id"ID 号:该编号由系统自动产生,不用修改。

➤"Show Hidden Text Field"显示隐藏文本:显示隐藏的文字字段。

➤"Locked"锁定:锁定该原理图符号,防止误修改。

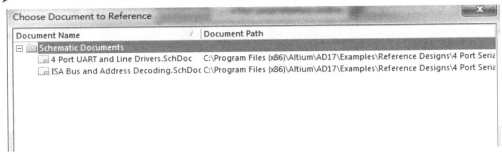

图 5-5　引用文档选择对话框

设置好属性的方块电路如图 5-6 所示。

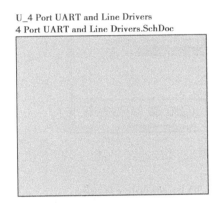

U_4 Port UART and Line Drivers
4 Port UART and Line Drivers.SchDoc

U_ISA Bus and Address Decoding
ISA Bus and Address Decoding.SchDoc

图 5-6　设置好属性的方块电路

⑤执行"Place"→"Add Sheet Entry"命令或单击布线工具栏中的 🖼 按钮,放置方块图的图纸入口。此时光标变成十字,在方块图的内部单击鼠标左键后,光标上出现一个图纸入口符号。移动光标到指定位置,单击鼠标左键放置一个入口,此时系统仍处于放置图纸入口状态。单击鼠标左键继续放置需要的入口,在放置入口期间,最好习惯在放置入口前先按下 Tab 键进入"方块入口"对话框,对入口的相关内容进行设定,再单击鼠标左键放置。如果未按 Tab 键进行"方块入口"属性设置,也可双击方块入口弹出其对话框进行设置,如图 5-7 所示。

➤"Side"靠边:图纸入口符号所在的位置,可以选择为"Left"靠左、"Right"靠右、"Top"靠上和"Bottom"靠下;

➤"Style"样式:该选项用来设置图纸入口处在不同位置时箭头方向。

➤"Kind"种类:Altium Designer 17 提供了四种箭头,即"Block & Triangle"方块加三角形、"Triangle"三角形、"Arrow"箭头状、"Arrow Tail"带箭尾的箭头。默认为"Block & Triangle"类型。

➤"Name"名称:这里的名称即为图纸入口的网络名。

➤"I/O Type"I/O 类型：该类型即为内层电路的信号流向，可以设置为"Unspecified"未定义的、"Output"输出、"Input"输入以及"Bidirectional"双向的。需注意的是该项属性设置不当的话会影响到原理图编译的结果。

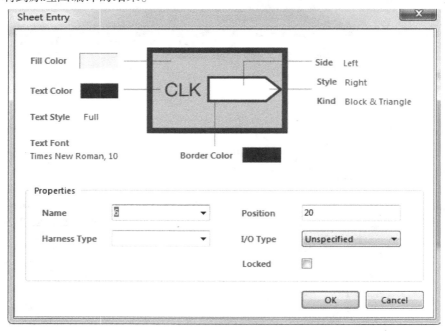

图 5-7　图纸入口属性设置对话框

完成属性设置的原理图如图 5-8 所示。

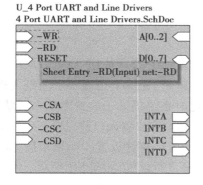
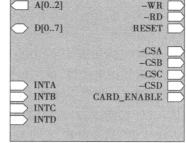

图 5-8　完成属性设置的原理图

⑥使用导线将各个方块图的图纸入口连接起来，并绘制图中所需的其他部件，绘制完成的顶层原理图如图 5-9 所示。

（2）绘制子原理图

完成顶层原理图绘制后，就可以把顶层原理图中每个方块对应的子原理图绘制出来。执行"Design"菜单的"Create Sheet From Sheet Symbol"命令，光标变成十字状，将光标移至名称为"4 Port UART and Line Drivers"的图纸符号上单击确认，系统会自动建立一个"4 Port UART and Line Drivers. SchDoc"的原理图文件，并且会生成与图纸入口相对应的端口，如图 5-10所示。

绘制子原理图跟绘制一般原理图方法相同,绘制后的子原理图如图 5-11 所示。同理,可将另一子原理图绘制好。

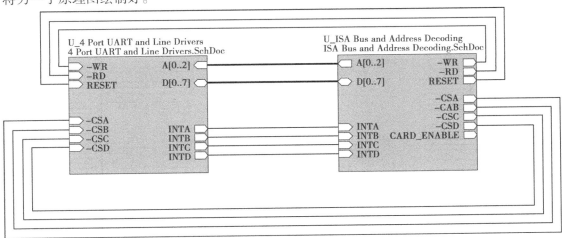

图 5-9　绘制完成后的顶层原理图

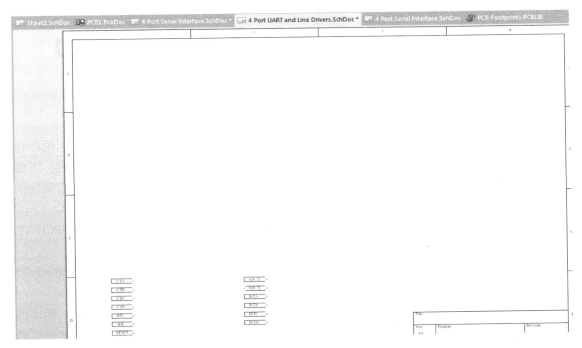

图 5-10　自动生成的子原理图

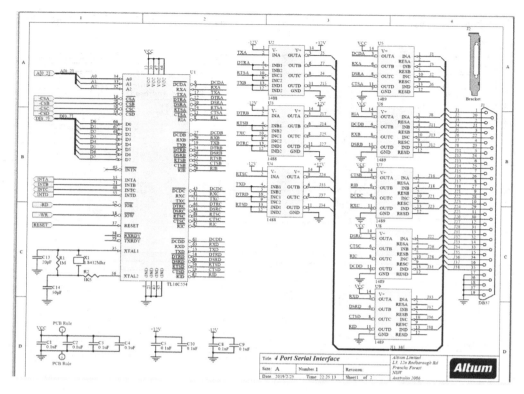

图 5-11　绘制好的子原理图

5.3.2　自下而上的层次原理图设计

自下而上的层次式原理图设计方法与自上而下的设计方法刚好相反。在自下而上的原理图设计中,设计者首先设计好各部分的电路原理子图,然后再由子图来生成顶层原理图。下面以上一节的例子来介绍自下而上的层次原理图的设计步骤。

①新建一个工程文件,命名为"4 Port Serial Interface. PrjPCB"并保存。

②将上例所绘制的层次式原理图各子图复制并添加到"4 Port Serial Interface. PrjPCB"工程中。

③新建一个顶层原理图,不用添加其他元件和图纸符号,命名为"4 Port Serial Interface. SchDoc"并保存。

④在顶层原理图中,执行"Design"菜单的"Create Sheet from Symbol or HDL"命令,弹出图5-12 所示的引用文档选择对话框,对话框中列出了工程中所有可以用来创建子图的电路原理图,选中"4 Port UART and Line Drivers. SchDoc"文档确认。同理可创建"ISA Bus and Address Decoding. SchDoc"。

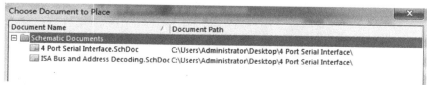

图 5-12　选择文件放置对话框

⑤此时光标变成十字状并粘附一个图纸符号,图纸符号的图纸入口与原理图中的端口是相对应的,移至合适的位置后单击确认,并修改图纸入口的位置和图纸符号的大小。用导线将方块图连接,完成的顶层原理图如图 5-13 所示。

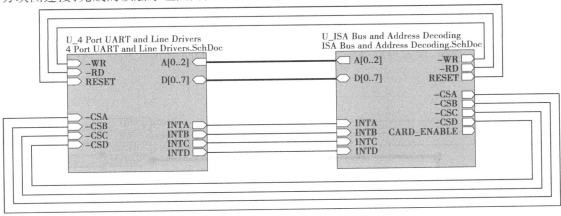

图 5-13　绘制完成的顶层原理图

⑥编译工程。编译后工程面板中的原理图文件由原先的并列显示变为层次式显示状态。

5.4　层次原理图的切换

Altium Designer 17 提供的"Up/Down Hierarchy"层次间查找命令功能强大,可以很方便地查看电路原理图的结构和原理图之间信号的流向。

在层次式原理图母图中执行"Tool"|"Up/Down Hierarchy"命令或单击工具栏的 ⇕ 按钮进入层次间查找状态,此时光标会变成十字状。在需要查看的图纸符号上单击鼠标左键,则系统会自动打开相应的电路原理图,如图 5-14 所示。打开的电路原理子图将铺满显示编辑区。

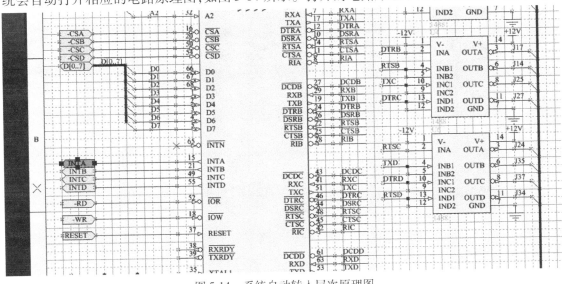

图 5-14　系统自动转入层次原理图

使用"Up/Down Hierarchy"命令还可以追踪原理图中信号的走向。例如要追踪显示功能模块中 D[0..7]总线信号的走向,则选取"Up/Down Hierarchy"命令后将光标移至 ISA Bus and Address Decoding 模块的 D[0..7]图纸入口上单击,系统会弹出图 5-15 所示的原理子图,此时 D[0..7]端口是呈放大高亮显示的。再次单击 D[0..7]端口则界面会回到顶层原理图中,并将 ISA Bus and Address Decoding 模块的 D[0..7]图纸入口高亮显示。顺着层次式母图中 D[0..7]的母线连接,读者可以继续进入 4 Port UART and Line Drivers 模块中查看信号的走向,非常方便。

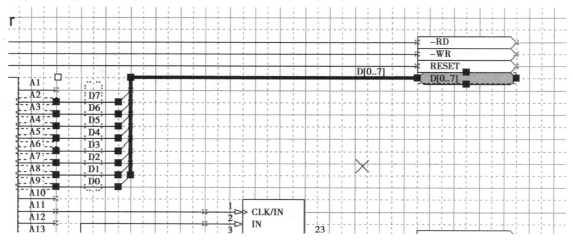

图 5-15　子图中对应端口高亮显示

第 **6** 章
PCB 图设计

电路原理图设计就是为了最终生成满足生产需要的 PCB 印制电路板。利用 Altium Designer 17 可以非常简单地从原理图设计转到 PCB 设计流程。Altium Designer 17 的 PCB 设计远不止绘制 PCB 这么简单，它是一个集成了板层管理、自动布线、信号完整性分析等强大功能的设计系统。下面将详细介绍 Altium Designer 17 的 PCB 设计系统以及利用该系统设计 PCB 印制电路板的过程。

6.1　PCB 编辑器环境

"工欲善其事，必先利其器"，在具体绘制 PCB 之前，先认识一下 PCB 印制电路板的设计步骤以及开发环境。

6.1.1　PCB 印刷电路板设计步骤

①绘制原理图和生成网络表。

②规划电路板：在进行设计之前先对电路板的板层和物理尺寸、栅格尺寸进行规划。

③载入网络表：网络表是原理图与电路板设计之间的桥梁，载入网络表后电路图将以元件封装和预拉线的形式存在。

④元件布局：电路板元件较少且无特殊需求的情况下可以使用 Altium Designer 17 提供的自动布局器，不过在实际应用中多需要自己手工布局。

⑤指定设计规则：设计规则包括布线宽度、导孔孔径、安全间距等规则，在自动或手动布线过程中，系统会对布线过程进行在线检查。一般在设计过程中还需要根据实际情况不断修改规则。

⑥布线：这是 PCB 设计过程中最关键的一步。布线包括自动布线和手工布线，一般是由设计者先对关键或重要的线路进行手工布线，然后启用系统的自动布线功能布线，最后再对布线的结果进行修改。

⑦DRC 校验：PCB 设计完成后还要对电路板进行 DRC 校验，以确保没有违反设计规则的错误发生。

⑧信号完整分析:对于高速电路板设计,在设计完成后还要进行信号完整性分析。

至此,印制电路板的设计就完成了,读者可以按照 PCB 制板厂家的要求生成相应格式的文件来生产实际的电路板。

6.1.2 创建新的 PCB 设计文档

PCB 设计文档的创建非常简单,与原理图设计文档一样可以通过"File"菜单或"File"面板来创建。

- 通过"File"菜单建立一个新的 PCB 设计文档,在"File"菜单中选择"New"|"PCB"创建一个新的 PCB 设计文档,如图 6-1 所示。
- 通过"File"面板建立一个新的 PCB 设计文档,在标签式面板栏的"File"面板中直接选取"PCB File"来创建新的 PCB 设计文档,如图 6-2 所示。

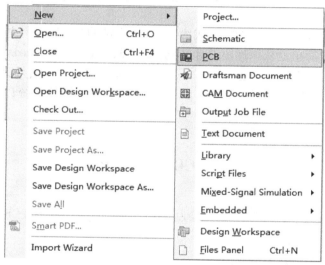

图 6-1　通过"File"菜单创建新的 PCB 设计文档

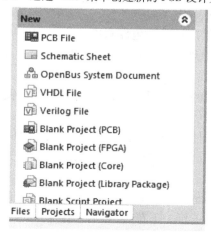

图 6-2　通过"File"面板创建新的 PCB 文档

6.1.3　打开已有的 PCB 设计文档

打开现有的 PCB 设计文档可在"File"菜单中选择"Open"命令,在弹出的选择文件对话框中选择相应的 PCB 设计文档打开。也可以在"File"面板的"Open a document"区域中打开最近打开的 PCB 设计文档,如图 6-3 所示。

图 6-3　打开现有 PCB 设计文档

6.1.4　PCB 编辑器界面

无论是新建 PCB 设计文档还是打开现有的 PCB 设计文档,系统都会进入 PCB 编辑器设计界面。如图 6-4 所示,整个界面可以分为若干个工具栏和面板。下面就简单介绍一下常用的工具栏的功能。

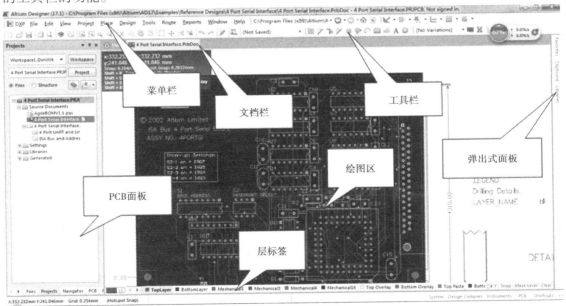

图 6-4　PCB 编辑器界面

● 菜单栏:编辑器内的所有操作命令都可以通过菜单命令来实现,而且菜单中的常用命令在工具栏中均有对应的快捷按钮。

➢ "DXP"菜单:提供了 Altium Designer 17 中的系统高级设定。

➢"File"文件菜单:提供常见的文件操作命令,如新建、打开、保存以及打印等功能。

➢"Edit"编辑菜单:提供电路板设计的编辑操作命令,如选择、剪切、粘贴、移动等功能。

➢"View"查看菜单:提供 PCB 文档的缩放、查看以及面板的操作等功能。

➢"Project"工程菜单:提供工程整体上的管理功能。

➢"Place"放置菜单:提供各种电气图件的放置命令。

➢"Design"设计菜单:提供设计规则管理、电路原理图同步、电路板层管理等功能。

➢"Tool"工具菜单:提供设计规则检查、覆铜、密度分析、补泪滴等电路板设计的高级功能。

➢"Auto Route"自动布线菜单:提供自动布线时的具体功能设置。

➢"Reports"报告菜单:提供各种电路板信息输出,以及电路板测量的功能。

➢"Window"窗口菜单:提供主界面窗口的管理功能。

➢"Help"帮助菜单:提供系统的帮助功能。

• 工具栏:Altium Designer 17 的 PCB 编辑器提供了标准工具栏"PCB Standard"、布线工具栏"Wiring"、公用工具栏"Utilities"、导航栏"Navigation"等,其中有些工具栏的功能是 Altium Designer 17 中所有编辑环境所共用的,这里仅介绍 PCB 设计所独有的工具栏。

➢布线工具栏:如图 6-5 所示,与原理图编辑环境中的布线工具栏不一样,PCB 编辑器中的工具栏提供了各种各样实际电气走线功能。该工具栏中各按钮的功能如表 6-1 所示。

图 6-5　布线工具栏

表 6-1　布线工具栏各按钮功能

按　钮	功　能	按　钮	功　能
	选中对象自动布线		交互式布线
	交互式布多根线		差分对布线
	放置焊盘		放置过孔
	放置圆弧		放置填充区
	放置覆铜	A	放置文字
	放置元件		

➢公用工具栏:如图 6-6 所示,与原理图编辑环境中的公用工具栏类似,主要提供电路板设计过程中的编辑、排列等操作命令,每一个按钮均对应一组相关命令。具体功能如表 6-2 所示。

图 6-6　公用工具栏

表 6-2 公用工具栏各按钮功能

按 钮	功 能	按 钮	功 能
	提供绘图及阵列粘贴等功能		提供图件的排列功能
	提供图件的搜索功能		提供各种标示功能
	提供元件布置区间功能		提供网格大小设定功能

● 层标签栏：如图 6-7 所示，层标签栏中列出了当前 PCB 设计文档中所有的层，各层用不同的颜色表示。可以单击各层的标签在各层之间切换，具体的电路板板层设置将在后面详细介绍。

图 6-7 层标签栏

6.1.5 PCB 设计面板

Altium Designer 17 PCB 编辑器提供了一个功能强大的 PCB 设计面板，如图 6-8 所示。在标签式面板中选中 PCB 设计面板，该面板可以对 PCB 电路板中所有的网络、元件、设计规则等进行定位或设置其属性。在面板上部的下拉框中可以选择需要查找的项目类别，单击下拉框可以看到系统所支持的所有项目分类，如图 6-9 所示。

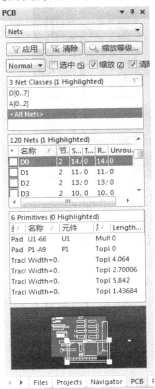

图 6-8 PCB 设计面板

图 6-9 项目选择

129

如果要对 PCB 电路板中某条网络的某条走线进行定位,首先在项目选择下拉框中选择"Nets"网络项,则网络类列表框中列出了该 PCB 电路板中的所有网络类。选择其中一个网络类,则中间的网络列表框中列出了该网络类中所有的网络。选择其中一条网络,则下面的列表框中列出了该网络中所有的走线及焊盘。

在上面的选择过程中,选取任何一个网络类、网络、走线或焊盘,系统的绘图区均会自动聚焦到该选取的项目;若是用鼠标双击该项目,系统则会打开该项目的属性设置对话框,对该项目的属性进行设置。

6.1.6 PCB 观察器

细心的读者会发现,当光标在 PCB 编辑器绘图区移动时,绘图区的左上角会显示出一排数据,如图 6-10 所示。没错,这就是 Altium Designer 17 提供的 PCB 观察器,可以在线显示光标所在处的网络和元件信息。下面来介绍一下 PCB 观察器所提供的信息。

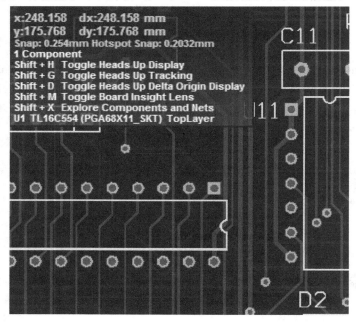

图 6-10 PCB 观察器

- "x""y":当前光标所在的位置。
- "dx""dy":当前光标位置相对于上次单击鼠标时位置的位移。
- "Snap""Hotspot Snap":当前的捕捉栅格和捕捉到目标热点值。
- "1 Component or 1 Net":光标所在点有一个元件或一个电气网络。
- "Shift + H Toggle Heads Up Display":按"Shift + H"快捷键可以设置是否显示 PCB 观察器所提供的数据,按一次关闭显示,再按一次即可重新打开显示。
- "Shift + G Toggle Heads Up Tracking":按"Shift + G"快捷键可以设置 PCB 观察器所提供的数据是否随光标移动,还是固定在某一位置。
- "Shift + D Toggle Heads Up Delta Origin Display":按"Shift + D"快捷键设置是否显示 dx 和 dy。

• "Shift ＋ M Toggle Board Insight Lens"：按"Shift ＋ M"快捷键可以打开或关闭放大镜工具。执行该命令后，绘图区出现一个矩形区域，该区域内的图像将放大显示，如图 6-11 所示。这个功能在观察比较密集的 PCB 文档时比较有用。当处在放大镜状态时，再次执行"Shift ＋ M"可退出放大状态。

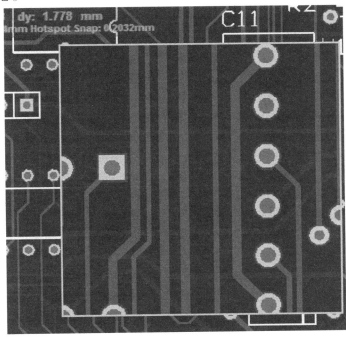

图 6-11　放大镜显示

• "Shift ＋ X Explore Components and Nets"：按"Shift ＋ M"快捷键可以打开电路板浏览器，如图 6-12 所示，在该浏览器中可以看到网络和元件的详细信息。

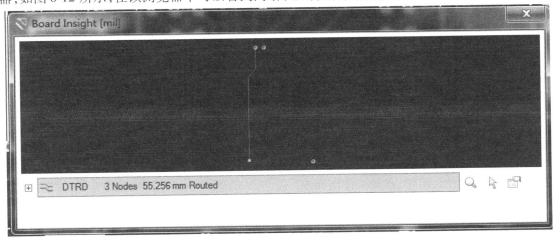

图 6-12　电路板浏览器

• "U1 TL16C554（PGA68X11_SKT）TopLayer"：光标所在处元件的具体信息，如元件的标号、封装所在的板层等。

6.2 PCB 编辑器环境参数设置

PCB 编辑器环境参数的设置主要包括 PCB 板层颜色与显示的设置，图件的显示与隐藏设置以及电路板的尺寸参数设置。

6.2.1 PCB 的层

说到 PCB 的层，读者往往会将多层 PCB 设计和 PCB 的层混淆起来，下面来简单介绍一下 PCB 的层的概念。电路板根据结构来分可分为单层板（Signal Layer PCB）、双层板（Double Layer PCB）和多层板（Multi Layer PCB）三种。

单层板是最简单的电路板，它仅仅是在一面进行铜膜走线，而在另一面放置元件，结构简单，成本较低。但是由于结构限制，当走线复杂时，布线的成功率较低，因此单层板往往用于低成本的场合。

双层板在电路板的顶层（Top Layer）和底层（Bottom Layer）都能进行铜膜走线，两层之间通过导孔或焊盘连接。双层板相对于单层板来说其走线灵活得多，与多层板相比，其成本又低得多，因此在当前电子产品中得到了广泛应用。

多层板就是包含多个工作层面的电路板。最简单的多层板就是四层板。四层板就是在顶层（Top Layer）和底层（Bottom Layer）中间加上了电源层和地层，通过这样的处理可以大大提高电路板的电磁干扰问题，提高系统的稳定性。

其实，无论是单层板还是多层板，电路板的层都不仅仅是有着铜膜走线的这几层。通常在印制电路板上布上铜膜导线后，还要在上面加上一层阻焊层（Solder Mask），阻焊层不沾焊锡，覆盖在导线上面可以防止短路。阻焊层还有顶层阻焊层（Top Solder Mask）和底层阻焊层（Bottom Solder Mask）之分。

电路板上往往还要印上一些必要的文字，如元件符号、元件标号、公司标志等，因此在电路板的顶层和底层还有丝印层（Silkscreen）。

其实，进行 PCB 设计时所涉及的层远不止上面所介绍的铜膜走线层、阻焊层和丝印层。Altium Designer 17 提供了一个专门的层堆栈管理器（Layer Stack Manager）来管理板层，在后面的章节会详细介绍。

6.2.2 PCB 层的设置

Altium Designer 17 提供了一个板层堆栈管理器对各种板层进行设置和管理。在板层堆栈管理器中，可以添加、删除、移动工作层面等。

启动层堆栈管理器的方法有两种：

①执行主菜单命令"Design（设计）"→"Layer Stack Manager（层叠管理）"，打开板层设置对话框。

②在 PCB 图纸编辑区内单击鼠标右键，在弹出的快捷菜单中执行"Options（选项）"→"Layer Stack Manager（层叠管理）"命令。

启动后的板层堆栈管理器如图 6-13 所示。

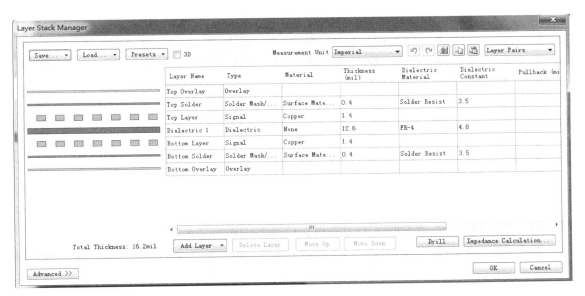

图 6-13　板层堆栈管理器

在该对话框中可以增加层、删除层、移动层所处的位置以及对各层的属性进行编辑。

①对话框的中心显示了当前 PCB 图的层结构。缺省的设置为双层板,即只包括 Top Layer (顶层)和 Bottom Layer(底层)两层,用户可以单击 Add Layer ▾ 按钮添加信号层或单击 Add Internal Plane 按钮添加电源层和地层。选定一层为参考层进行添加时,添加的层将出现在参考层的下面;当选择 Bottom Layer(底层)时,添加层则出现在底层的上面。

②双击某一层的名称可以直接修改该层的属性,对该层的名称及厚度进行设置。

③添加新层后,单击 Move Up 按钮或 Move Down 按钮可以改变该层在所有层中的位置。在设计过程的任何时间都可进行添加层的操作。

④选中某一层后单击 Delete Layer 按钮即可删除该层。

⑤选中 3D 复选框,对话框中的板层示意图变化如图 6-14 所示。

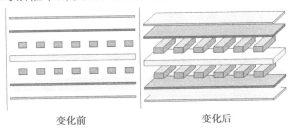

变化前　　　　　　　　　　变化后

图 6-14　板层显示

⑥ Presets ▾ 下拉菜单项提供了常用不同层数的电路板层数设置,可以直接选择进行快速板层设置。PCB 设计中最多可添加 32 个信号层、16 个电源层和地线层。各层的显示与否可在"视图配置"对话框中进行设置,选中各层中的"显示"复选框即可。

⑦设置层的堆叠类型。电路板的层叠结构中不仅包括拥有电气特性的信号层,还包括无电气特性的绝缘层。两种典型的绝缘层主要是指 Core(填充层)和 Prepreg(塑料层)。层的堆叠类型主要是指绝缘层在电路板中的排列顺序,缺省的三种堆叠类型包括 LayerPairs(Core 层

和 Prepreg 层自上而下间隔排列）、Internal Layer Pairs（Prepreg 层和 Core 层自上而下间隔排列）和 Build-up（顶层和底层为 Core 层,中间全部为 Prepreg 层）。改变层的堆叠类型将会改变 Core 层和 Prepreg 层在层栈中的分布,只有在信号完整性分析需要用到盲孔或深埋过孔的时候才需要进行层的堆叠类型的设置。

⑧单击 Advanced >> 按钮,对话框中增加了电路板堆叠特性的设置。

⑨ Drill 按钮用于钻孔设置。

⑩ Impedance Calculation... 按钮用于阻抗计算。

6.2.3　PCB 层的显示与颜色

PCB 设计过程中用不同的颜色来表示不同板层。在 PCB 编辑环境下执行菜单命令 "Design" | "Board Layers & Colors" 打开如图 6-15 所示的视图设置对话框。视图设置对话框中有三个选项卡,其中,"Board Layer And Colors" 选项卡用来设置各板层是否显示以及板层的颜色。

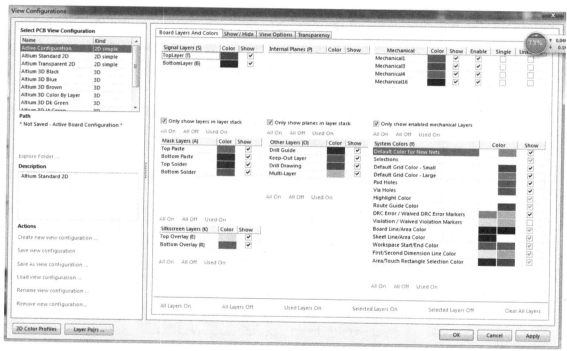

图 6-15　系统所有层显示对话框

图 6-15 中列出了当前 PCB 设计文档中所有的层。根据各层面功能的不同,可将系统的层大致分为 5 大类,现在对 "Board Layer And Colors" 选项卡的设置进行介绍。

• 信号层（Signal Layers）:Altium Designer 17 提供了 32 个信号层,其中包括 Top Layer、Bottom Layer、Mid Layer1…… Mid Layer30 等。图中仅仅显示了当前 PCB 中所存在的信号层,即 Top Layer 和 Bottom Layer。若要显示所有的层面,可以取消 "Only show layers in layer stack" 选项。

• 内电层（Internal Planes）:Altium Designer 17 提供了 16 个内电层（Plane1 ~ Plane16）,用于布置电源线和地线。由于当前电路板是双层板设计,没有使用内电层,所以该区域显示为空。

• 机械层（Mechanical Layers）:Altium Designer 17 提供了 16 个机械层（Mechanical1 ~

Mechanical16)。机械层一般用于放置有关制板和装配方法的指示性信息。

● 防护层(Mask Layers)：防护层用于保护电路板上不需要上锡的部分。防护层有阻焊层(Solder Mask)和锡膏防护层(Paste Mask)之分。阻焊层和锡膏防护层均有顶层和底层之分，即 Top Solder、Bottom Solder、Top Paste 和 Bottom Paste。

● 丝印层(Silkscreen)：Altium Designer 17 提供了 2 个丝印层，即顶层丝印层(Top Over-lay)和底层丝印层(Bottom Overlay)。丝印层用于绘制元件的外形轮廓、放置元件的编号或其他文本信息。

● 其他层(Other Layers)：Altium Designer 17 还提供其他工作层面，其中包括"Drill Guide"钻孔位置层、"Keep-Out Layer"禁止布线层、"Drill Drawing"钻孔图层和"Multi-Layer"多层。

以上介绍的各层面，均可单击后面"Color"区域的颜色选框，在弹出的颜色设置对话框中设置该层显示的颜色。在"Show"显示选框中可以选择是否显示该层，选取该项则显示该层。另外，在各区域下方的"Only show layers in layer stack"选框可以设置是否仅仅显示当前 PCB 设计文件中存在的层面还是显示多个层面。

在"Board Layer And Colors"选项卡中还可以设置系统显示的颜色。

● "Default Color for New Nets"预拉线(飞线)的默认颜色。

● "Selections"选中时的颜色。

● "Default Grid Color-Small"默认的小尺寸可视栅格颜色。

● "Default Grid Color-Large"默认的大尺寸可视栅格颜色。

● "Pad Holes"焊盘内孔颜色。

● "Via Holes"过孔内孔颜色。

● "Top Pad Master"GPT 顶层焊盘颜色。

● "Bottom Pad Master"GPT 底层焊盘颜色。

● "Highlight Color"高亮颜色。

● "Route Guide Color"布线向导颜色。

● "DRC Error/Waived DRC Error Markers"DRC/可忽略的 DRC 标志颜色。

● "Violation/Waived Violation Markers"违规/可忽略的违规标志颜色。

● "Board Line/Area Color"电路板边缘颜色/电路板内部颜色。

● "Sheet Line/Area Color"图纸边缘颜色/图纸内部颜色。

● "Workspace Start/End Color"工作区开始颜色/工作区结束颜色。

● "First/Second Dimension Line Color"第一/第二尺寸线颜色。

● "Area/Touch Rectangle Selection Color"拖拽一个区域的颜色/通过触控选项拖拽一个区域的颜色。

在"Board Layer And Colors"选项卡的下方还有一排功能设置按钮，如图6-16所示。

各按钮的功能如下：

● "All Layer On"显示所有层。

● "All Layer Off"关闭显示所有层。

● "Used Layer On"显示所有使用到的层。

● "Used Layer Off"关闭所有使用到的层。

● "Selected Layer On"显示所有选中的层。

- "Selected Layer Off" 关闭显示所有选中的层。
- "Clear All Layer" 清除选取层的选中状态。

PCB 层面显示的设置还有一个更为方便的方式，单击主界面层标签栏左边的按钮，弹出图 6-17 所示的板层显示设置菜单。单击"All Layers"项可以显示当前所有的层或单击下面的选项仅仅显示某一类的层面，如"Signal Layers"仅显示信号层；"Plane Layers"仅显示内电层；"NonSignal Layers"仅显示非信号层；"Mechanical Layers"仅显示机械层。

图 6-16　层显示功能按钮

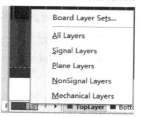

图 6-17　层显示快捷方式

6.2.4　图件的显示与隐藏设定

Altium Designer 17 PCB 设计环境错综复杂的界面往往让新手难以入手，在设计中为了更加清楚地观察元件的排布或走线，往往也需要隐藏某一类的图件。在图 6-18 所示的视图设置对话框中切换到"Show/Hide"显示/隐藏选项卡，这里可以设置各类图件的显示方式。

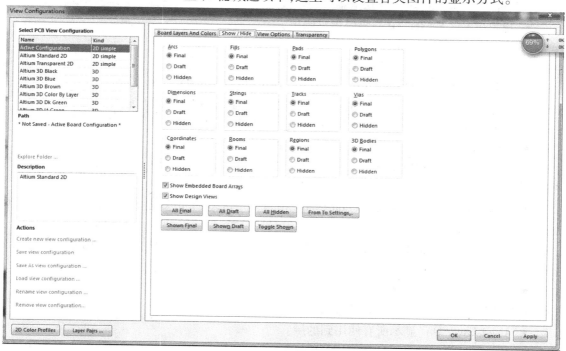

图 6-18　显示/隐藏选项卡

如图 6-18 所示,PCB 设计环境中的图件按照显示的属性可以分为以下几大类:

- "Arcs"圆弧:PCB 文件中的所有圆弧状走线。
- "Fills"填充:PCB 文件中的所有填充区域。
- "Pads"焊盘:PCB 文件中所有元件的焊盘。
- "Polygons"覆铜:PCB 文件中的覆铜区域。
- "Dimensions"轮廓尺寸:PCB 文件中的尺寸标示。
- "String"字符串:PCB 文件中的所有字符串。
- "Tracks"走线:PCB 文件中的所有铜膜走线。
- "Vias"过孔:PCB 文件中的所有过孔。
- "Coordinates"坐标:PCB 文件中的所有坐标标示。
- "Rooms"元件放置区间:PCB 文件中的所有空间类图件。
- "Regions"区域:PCB 文件中的所有区域类图件。
- "3D Bodies"3D 元件体:PCB 文件中的所有 3D 图件。

以上各分类均可单独设置为"Final"最终实际的形状,多数为实心显示;"Draft"草图显示,多为空心显示和"Hidden"隐藏。

6.2.5　电路板选项设置

选取"Design"菜单下的"Board Options"选项,进入电路板尺寸参数设置对话框,如图 6-19 所示。

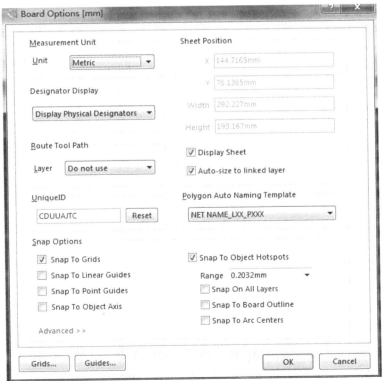

图 6-19　"Board Options"选项卡设置

该对话框有 7 个选项组,用于设置电路板设计的一些基本环境参数。其主要设置及功能如下:

• 度量单位(Measurement Unit):用于选择设计中使用的测量单位。单击下拉菜单,可选择英制测量单位(Imperial)或公制测量单位(Metric)。

• 图纸位置(Sheet Position):选项组中的 X 和 Y 用于设置从图纸左下角到 PCB 板左下角的 X 坐标和 Y 坐标的值;"宽度(Width)"用于设置 PCB 板的宽度;"高度(Height)"用于设置 PCB 板的高度。用户创建好 PCB 板后,若不需要对 PCB 板的大小进行调整,这些值可以不必更改。

• 标识显示(Designator Display):用于选择元器件标识符的显示方式,有两种选择,包括 Display Physical Designators(按物理方式显示)和 Display Logical Designators(按逻辑方式显示)。

• 捕获选项(Snap Options):用于设置图纸捕获网格的距离,即工作区的分辨率,也就是鼠标移动时的最小距离。它用于系统在给定的范围内进行电气节点的搜索和定位,系统默认值为 8 mil。

• 布线工具层(Route Tool Path):用于设置布线工具层,一般选择采用系统默认值 Do not use。

6.2.6 PCB 板边界设定

PCB 板边界设定包括 PCB 板物理边界设定和电气边界设定两个方面。物理边界用来界定 PCB 板的外部形状,而电气边界用来界定元器件放置和布线的区域范围。

(1)物理边界设定

首先执行菜单命令"View"→"Board Planning Mode",电路板变为绿色,再执行菜单命令"Design",会出现有关定义板子外形的 5 个相关选项,如图 6-20 所示。

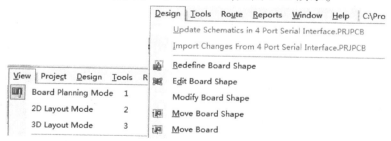

图 6-20　定义 PCB 板形状

• Redefine Board Shape(重新定义板形状):用于重新定义 PCB 板形状。可以使用该命令来重新设定 PCB 板的形状,具体操作如下:

➢执行该命令,光标变成十字形,原来的 PCB 板变成绿色。

➢在编辑区的绿色区域内单击,确定一点作为 PCB 板的起点。

➢移动光标到合适位置再次单击,确定第二点。依次下去,绘制出一个封闭的多边形。

➢绘制完成后,单击鼠标右键退出绘制状态。此时,PCB 板的形状就重新确定了。

• Edit Board Shape(编辑板形状):可以通过移动顶点或滑动板的边缘来交互式地修改板

的形状。

- Modify Board Shape(修改板形状):通过添加新的顶点来交互地修改。
- Move Board Shape(移动板子形状):可以移动 PCB 板在编辑区中的位置。

(2)电气边界设定

PCB 板元器件自动布局和自动布线时,电气边界是必需的,它界定了元器件放置和布线的范围。设定电气边界的步骤如下:

①在前面设定了物理边界的情况下,执行菜单命令"Place(放置)"→"Keepout(禁止布线)"→"Track(线)",光标变成十字形,按 Tab 键,在 Current Layer 里选择 All Layers 绘制出一个封闭的多边形。

②绘制完成后,单击鼠标右键退出绘制状态。

此时,PCB 板的电气边界设定完成。

6.2.7　PCB 板参数设置

选择菜单栏中的"Tools(工具)"→"Preferences(参数选择)",系统将弹出如图 6-21 所示的"参数选择"对话框。

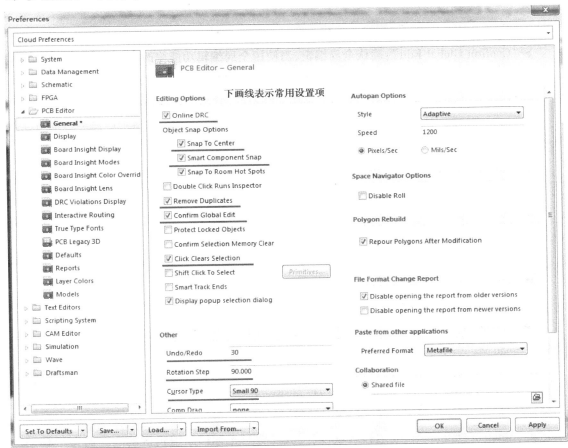

图 6-21　"参数选择"对话框

这里列出了 14 类系统参数设置，下面来分别介绍。

（1）"General"常规参数设置

常规参数设置选项卡是对电路板设计中一些常规的操作进行设定。将图 6-21 所示的编辑器首选项设定对话框切换为"General"选项卡，各参数含义如下：

- "Editing Options"编辑选项区域。

➤"Online DRC"：在线 DRC 检查，选取该项后，PCB 设计过程中若有违反设计规则的情况，系统将用绿色标示，提示修正错误。

➤"Snap To Center"：中心捕获，选取该项后，当用鼠标左键按住图件时，光标将自动滑至图件的中心。若是元件，光标将滑至元件的第一脚；若是导线，则滑至导线的起点处。

➤"Smart Component Snap"：智能元件捕获，选取该项后，当用鼠标左键按住图件时，光标将移至图件最近的焊盘。

➤"Snap To Room Hot Spots"：Room 热点捕获，选取该项后，当用鼠标左键按住 Room 图件时，光标将移至矩形图件距离鼠标左键点击处最近的一角。

➤"Double Click Runs Inspector"：双击运行监测器，选取该项后，双击图件即可运行监测器。

➤"Remove Duplicates"：删除重复的图件。

➤"Confirm Global Edit"：确认全局编辑，当使用全局编辑功能修改图件属性后需要确认。

➤"Protect Locked Objects"：保护锁定的对象，被保护对象被编辑时需要确认。

➤"Confirm Selection Memory Clear"：确认清除存储器，当清除选取的内存时需要确认。

➤"Click Clears Selection"：单击清除所选，只要在编辑区的空白处单击鼠标左键即可清除当前的选择。

➤"Shift Click To Select"：按住"Shift"键的同时用鼠标左键选中图件。选中后，图件后面的"Primitives"按钮被激活。通常取消对该复选框的选中状态。

➤"Smart Track Ends"：智能布线末端，选中该项后，进行交互式布线时，若有走线穿过焊盘，则该走线将以焊盘为端点分成两段。

- "Other"其他区域。

➤"Undo/Redo"：设置撤销和重做的次数。

➤"Rotation Step"：旋转角度。

➤"Cursor Type"：光标类型设置，可以设置为"Large 90"，即跨越整个编辑区的十字形大指针；"Small 90"小十字形指针；"Small 45"小×字形指针。

➤"Comp Drag"：设定元件移动的方式。选择"none"，则元件移动时，连接的导线不跟随移动，导致断线；选择"Connected Tracks"时，导线随着元件一起移动，相当于原理图编辑环境中的拖拽。

- "Autopan Options"自动边移区域，该区域设置当光标移至编辑区的边缘时图纸移动的样式和速度设定。

"Style"提供了 7 种自动边移的样式。

➢"Disable":禁止自动边移。

➢"Re-Center":每次边移半个编辑区的距离。

➢"Fixed Size Jump":固定长度边移。

➢"Shift Accelerate":边移的同时按住"Shift"键使边移加速。

➢"Shift Decelerate":边移的同时按住"Shift"键使边移减速。

➢"Ballistic":变速边移,指针越靠近编辑区边缘,边移速度越快。

➢"Adaptive":自适应边移,选择此项后还需设置边移的速度。

• "Space Navigator Options"导航选项,选中"Disable Roll"将禁止导航滚动。

• "Polygon Rebuild":重新覆铜。设置覆铜后,当移动电路板时,会自动重新覆铜。

• "File Format Change Report"文件格式变化报告。

➢"Disable opening the report from older version":打开较旧版本的文件时禁止产生报告。

➢"Disable opening the report from newer version":打开较新版本的文件时禁止产生报告。

（2）"Display"显示参数设置

这主要是设置 PCB 编辑器显示界面的内部引擎设置,切换到"Display"选项卡,如图 6-22 所示,下面介绍各参数的含义。

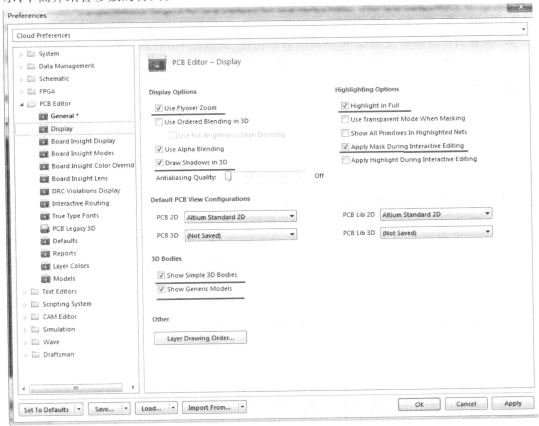

图 6-22 "Display"设置页

● "Display Options"。

➤ "Use Flyover Zoom":使用"Flyover Zoom"技术。

➤ "Use Ordered Blending in 3D":在 3D 显示时采用顺序混合。

➤ "Use Alpha Blending":采用 Alpha 混合。移动图件时产生透明感。一般不选中。

➤ "Draw Shadows in 3D":在 3D 显示时使用阴影显示。

● "Highlighting Options"高亮选项设置。

➤ "Highlight in Full":全部高亮,设置当图件高亮显示时是整个图件填满高亮显示还是仅仅高亮显示边框。

➤ "Use Transparent Mode When Masking":掩膜时使用透明模式。

➤ "Show All Primitives In Highlighted Nets":勾选有效时,在单层模式下显示所有层的对象(包括隐藏层中的对象),当前层高亮显示。取消该项,则单层模式下仅显示当前层的对象;多层模式下所有层的对象都以 Highlighted Nets 颜色显示出来。

➤ "Apply Mask During Interactive Editing":交互式布线时使用掩膜功能。

➤ "Apply Highlight During Interactive Editing":交互式布线时使用高亮功能。

● "Default PCB View Configurations"默认 PCB 电路板显示设置。

➤ "PCB 2D"平面显示 PCB 电路板的显示设置,默认采用"Altium Standard 2D"。

➤ "PCB 3D"三维显示 PCB 电路板的显示设置,默认是"Altium 3D Blue",可在右边的下拉框中自行设置配置方案。

➤ "PCB Lib 2D"平面显示 PCB 元件库时的显示设置,默认采用"Altium Standard 2D"。

➤ "PCB Lib3D"三维显示 PCB 元件库时的显示设置,默认是"Altium 3D Blue",可在右边的下拉框中自行设置配置方案。

● "Layer Drawing Order":层绘制顺序设置按钮,即重新显示电路板时各层显示的顺序。单击"Promote"按钮提升绘制的优先级,或单击"Demote"按钮降低绘制顺序的优先级,单击"Default"按钮则恢复至默认的顺序。

（3）"Board Insight Display"板观察器显示参数设置

复杂的多层电路板设计使得电路板的具体信息很难在工作空间中表现出来。Altium Designer 17 为我们提供了 Board Insight 板观察器这一观察电路板的利器。Board Insight 具有 Insight 透镜、堆叠鼠标信息、浮动图形浏览、简化的网络显示等功能,后面将详细介绍 Board Insight 的参数设置。

将首选项对话框切换到"Board Insight Display"选项卡,这里主要设置板观察器显示参数的设置,如图 6-23 所示。

● "Pad and Via Display Options"焊盘和导孔显示选项。

➤ "Use Smart Display Color":使用智能颜色显示,焊盘和过孔上显示网络名和焊盘编号的颜色由系统自动设置。若不选择该项,还需自行设定下面的几项参数。

➤ "Font Colors":字体颜色,焊盘和过孔上显示网络名和焊盘编号的颜色。单击后面的颜色块设置。

➤"Transparent Background":使用透明的背景,针对焊盘和过孔上字符串的背景,选取该项后不用设置下一项背景颜色。

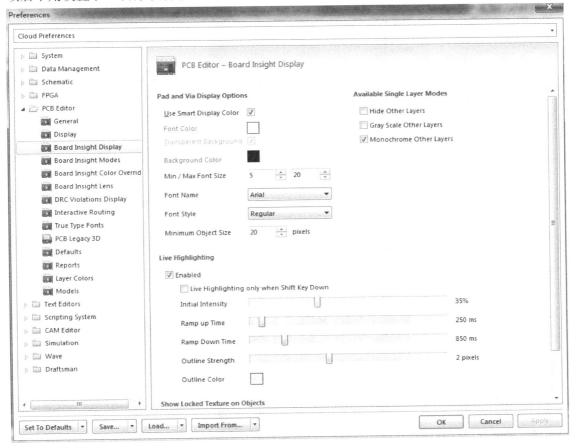

图 6-23　板观察器显示参数设置

➤"Background Color":背景颜色,即焊盘和过孔上显示网络名和焊盘编号的背景颜色。

➤"Min/Max Font Size":最大最小字体尺寸,针对焊盘和过孔上的字符串。

➤"Font Name":字体名称选择,在后面的下拉框中选择字体。

➤"Font Style":字体风格选择,可以选择"Regular"正常字体、"Bold"粗体、"Bold Italic"粗斜体和"Italic"斜体。

➤"Minimum Object Size":对象最小尺寸,设置字符串的最小像素。字符串的尺寸大于设定值时能正常显示,否则不能正常显示。

● "Available Single Layer Modes"单层模式选项。

➤"Hide Other Layers":非当前工作板层不显示。

➤"Gray Scale Other Layers":非工作板层以灰度的模式显示。

➤"Monochrome Other Layers":非工作板层以单色的模式显示。

(4)"Board Insight Modes"板观察器模式参数设置

切换到"Board Insight Modes"板观察器模式选项卡,如图 6-24 所示。

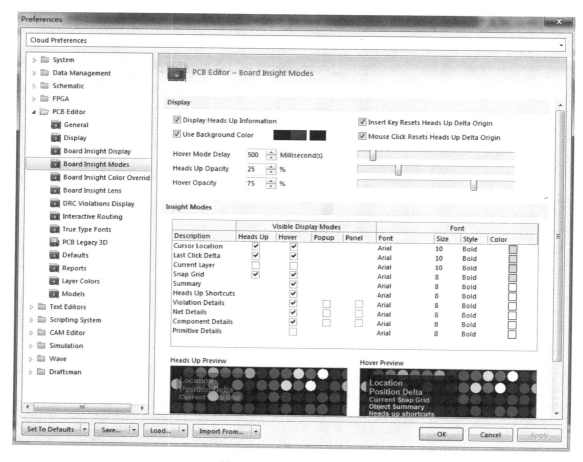

图 6-24　板观察器模式设置

• "Display" 显示区域。

➤ "Display Heads Up Information"：显示板观察器，即当光标处在编辑区时，显示光标所在位置的网络或图件的信息，如图 6-25 所示。

➤ "Use Background Color"：设定板观察器的背景颜色，在后面的颜色块中设定背景颜色。

➤ "Insert Key Reset Heads Up Delta Origin"：按 "Insert" 键复位光标的相对增量，即 "dx" "dy" 值。

➤ "Mouse Click Resets Heads Up Delta Origin"：鼠标单击复位光标的增量值，即 "dx" "dy" 值归零。

➤ "Hover Mode Delay"：悬停模式延迟，光标在编辑区停留多长时间后开始显示堆叠信息，在后面的文本框中填入具体数值或拖动滑块设置延迟值，延时显示堆叠信息对比如图 6-26 所示。

➤ "Heads Up Opacity"：堆叠显示的不透明度，填入具体百分数值或拖动滑块进行设置。

➤ "Hover Opacity"：光标悬停时的板观察器背景的不透明度，填入具体百分数值或拖动滑块进行设置。

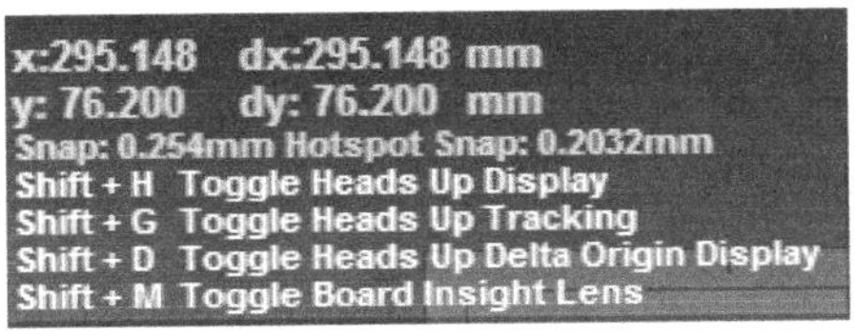

图 6-25 板观察器

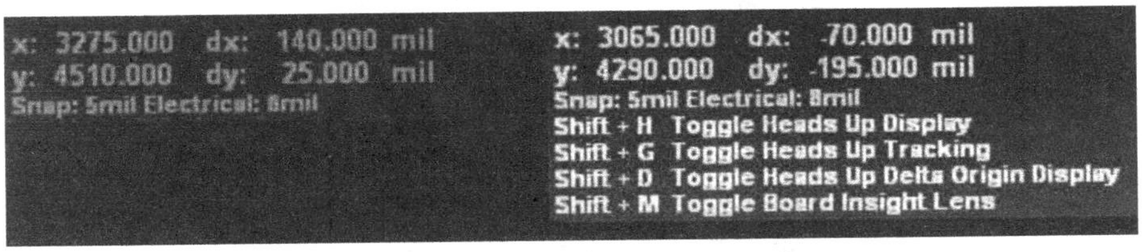

图 6-26 信息的堆叠显示

● "Visual Display Modes" 和 "Font" 区域：该区域设置板观察器堆叠显示信息的具体内容，后面的选框可以设定是光标移动时 "Heads Up" 显示，还是光标停留时 "Hover" 显示；后面的 "Font" 区域则设置显示的字体信息。板观察器中可显示的信息如下：

➤ "Cursor Location" 光标所在位置坐标。

➤ "Last Click Delta" 离上次鼠标单击位置的坐标增量。

➤ "Current Layer" 当前层的名称。

➤ "Snap Grid" 捕获网络的间距。

➤ "Summary" 光标所指图件的数量。

➤ "Heads Up Shortcuts" 板观察器快捷键。

➤ "Violation Details" 违反设计规则的具体信息。

➤ "Net Details" 网络详细信息。

➤ "Component Details" 元件详细信息。

➤ "Primitive Details" 图件的详细信息。

● "Heads Up Preview" 和 "Hover Preview" 预览区域：这两个预览区域分别提供光标移动和光标停留时板观察器显示信息的预览。

（5）"Board Insight Color Overrides" 板观察器颜色覆盖

● "Base Pattern" 基本模式有六种，一般选择第二种，如图 6-27 所示。

（6）"Board Insight Lens" 板观察器透镜参数设置

板观察器还提供了一个观察透镜，用于观察电路板的细节，切换到板观察器透镜参数设置选项卡，如图 6-28 所示。

● "Configuration" 配置区域：

➤ "Visible"：是否使用板观察器提供的透镜放大显示对象。

➤ "X Size" "Y Size"：透镜的横轴和纵轴的尺寸。

➤ "Rectangle"：采用矩形透镜。

➤ "Elliptical"：采用椭圆形透镜。

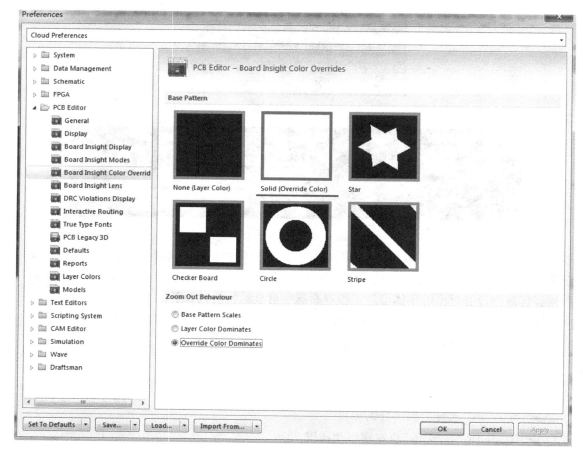

图 6-27　板观察器颜色覆盖

● "Behavior"特性区域：

➤"Zoom Main Window to Lens When Routing"：在自动布线时缩放主窗口到观察透镜。

➤"Animate Zoom"：根据电路板缩放等级自动调整观察透镜缩放等级。

➤"On Mouse Cursor"：选取该项后，观察透镜随光标移动，否则将固定在屏幕的某处。

● "Content"内容区域：

➤"Zoom"：缩放，设置透镜放大的倍率，可在文本框中直接填入数值或拖动滑块指定。

➤"Single Layer Mode"：单层模式，可以设置为"Not In Single Layer Mode"，或"Monochrome Other Layers"在透镜中单色显示其他层。

● "Hot Keys"透镜显示的快捷键设置：

➤"Board Insight Menu"：板观察器菜单，快捷键为"F2"。

➤"Toggle Lens Visibility"：切换是否使用透镜，快捷键为"Shift + M"。

➤"Toggle Lens Mouse Tracking"：切换透镜是否跟随光标移动，快捷键为"Shift + N"。

➤"Toggle Lens Single Layer Mode"：切换是否使用单层模式，快捷键为"Ctrl + Shift + S"。

➤"Snap Lens To Mouse"：光标捕获透镜时，光标位于透镜的中央，快捷键为"Ctrl + Shift + N"。

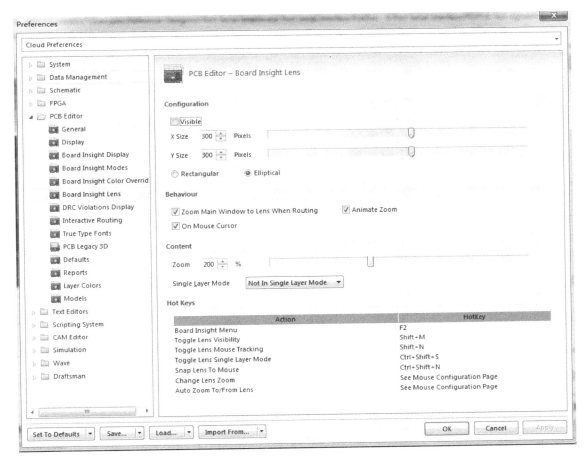

图 6-28　板观察器透镜参数设置

➢"Change Lens Zoom"：透镜缩放。

➢"Auto Zoom To/From Lens"：自动缩放。

(7)"DRC Violations Display"DRC 错误显示

DRC 错误显示参数设置如图 6-29 所示。

(8)"Interactive Routing"交互式布线参数设置

交互式布线参数就是设置手工布线时一些常规属性的设置，切换到"Interactive Routing"交互式布线选项卡，如图 6-30 所示，下面介绍各项参数设置的意义。

●"Routing Conflict Resolution"：布线冲突解决方案。该区域设置当交互式布线遇到冲突时程序所采用的处理方式，可采用下面的 5 种解决方案：

➢"Ignore Obstacles"：忽略障碍物，继续进行交互式布线。

➢"Push Obstacles"：遇到冲突或障碍物时将障碍物推开，继续进行布线。

➢"Walk around Obstacles"：遇到冲突或障碍物时绕过障碍物，继续进行布线。

➢"Stop At First Obstacle"：在遇到第一个障碍时停止。

➢"Hug And Push Obstacles"：遇到冲突或障碍物时绕过障碍物，根据情况推移或绕过障碍物进行布线。

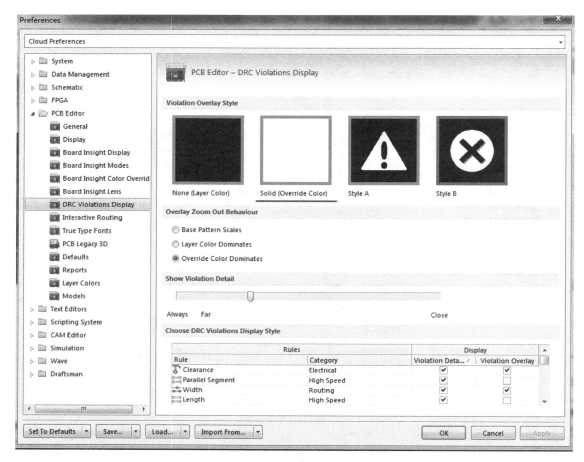

图 6-29　DRC 错误显示参数设置

● "Interactive Routing Options"交互式布线选项区域。

➤"Restrict To 90/45":限制走线只能 45°或 90°。

➤"Follow Mouse Trail":跟随鼠标轨迹。

➤"Auto Terminate Routing":自动结束布线。当完成一条布线时,自动断开布线。

➤"Auto Remove Loops":自动移除回路。当交互式布线形成回路时,系统会自动移除旧的布线,自动移除回路的效果如图 6-31 所示。

➤"Allow Via Pushing":允许过孔推挤。

● "Interactive Routing Width Sources"主要设置交互式布线时走线宽度和过孔尺寸。

➤"Pickup Track Width From Existing Routes":采取现有走线的宽度,选取该项后当在现有走线的基础上继续走线时,系统将直接采用现有走线的线宽。

➤"Track Width Mode":走线宽度模式,"User Choice",用户选择宽度模式,布线过程中按下 Shift + W 键,弹出布线宽度选择菜单。用户可在其中选择线宽:"Rule Minimum",使用布线规则中的走线最小宽度;"Rule Preferred",使用布线规则中首选宽度;"Rule Maximum",选择布线规则中的最大宽度。

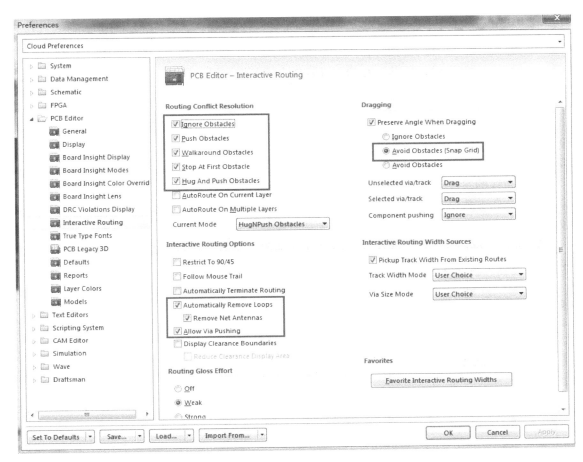

图 6-30　交互式布线参数设置

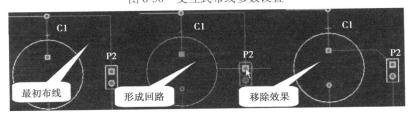

图 6-31　自动移除回路

➢"Via Size Mode"：过孔尺寸模式。"User Choice"，用户选择尺寸模式。布线过程中按下 Shift + V 键，弹出过孔尺寸选择菜单。"Rule Minimum"，使用布线规则中的最小过孔尺寸；"Rule Preferred"，使用布线规则中首选过孔尺寸："Rule Maximum"，选择布线规则中的最大过孔尺寸。

● "Dragging"设置拖拽布线时，保持走线角度的模式。只有选中"Preserve Angle When Dragging"项时才可以选择下面的选项。

➢"Ignore Obstacles"：忽略障碍。

➢"Avoid Obstacles(Snap Grid)"：避开障碍，但是走线捕获网络。

➢"Avoid Obstacles"：避开障碍，走线不捕获网络。

剩下的 6 种设置大家可按照系统默认设置。

6.3　PCB 设 计 规 则

Altium Designer 17 系统 PCB 编辑器在电路板的设计过程中执行任何一个操作,如放置导线、自动布线或者交互布线、元件移动等,都是按照设计规则的约束进行的。因此,设计规则是否合理将直接影响电路板布线的质量和成功率。

自动布线的参数包括布线层、布线的优先级、导线的宽度、拐角模式、过孔孔径类型和尺寸等。一旦这些参数设定后,自动布线器就会根据这些参数进行相应的布线。所以,自动布线参数的设置决定着自动布线的好坏,用户必须认真设置。

Altium Designer 17 系统 PCB 编辑器设计规则覆盖了电气、布线、制造、放置、信号完整性要求等,但其中大部分都可以采用系统默认的设置。尽管这样,用户还是得熟悉这些规则。

在 PCB 的编辑环境中,执行菜单命令"Design"/"Rules",打开 PCB 设计规则与约束编辑器,如图 6-32 所示。

图 6-32　PCB 设计规则与约束编辑器

在该对话框中,PCB 编辑器将设计规则分为 10 大类,左侧以树状形式显示设计规则的类别,右侧显示对应规则的设置属性,包括了设计规则中的电气特性、布线、电层和测试等参数。

6.3.1　Electrical 设计规则

Electrical 设计规则(电气规则)设置在电路板布线过程中所遵循的电气方面的规则,包括五个方面:安全间距(Clearance)、短路规则(Short-circuit)、未布线网络规则(Unrounted Net)、未连接引脚(Unconnected Pin)和修改覆铜(Modified Polygon)。

（1）安全间距（Clearance）

"Clearance"规则主要用来设置 PCB 设计中的导线、焊盘、过孔及敷铜等导电对象之间的最小安全间距，彼此之间不会因为太近而产生干扰。

单击"Clearance"规则，安全距离的各项规则名称以树形结构形式展开。系统默认的有一个名称为"Clearance"的安全距离规则设置，单击这个规则名称，对话框的右边区域将显示这个规则使用的范围和规则的约束特性，相应设置窗口如图 6-33 所示。默认情况下，整个版面的安全间距为 10 mil。

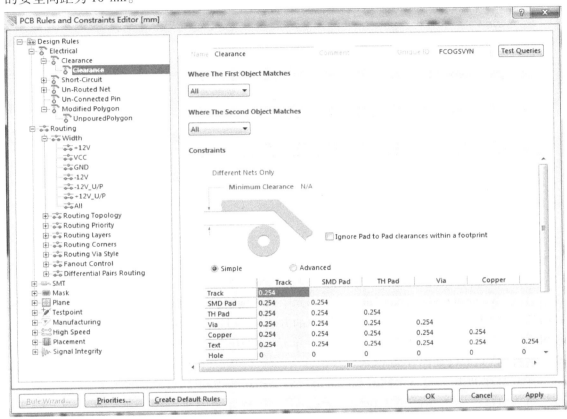

图 6-33　安全间距设置界面

下面以 VCC 网络和 GND 网络之间的安全间距设置 20 mil 为例，演示新规则的建立方法。其他规则的添加和删除方法与此类似。

具体步骤如下：

①在图 6-33 所示界面中的"Clearance"上单击右键，弹出右键菜单，如图 6-34 所示。

②选择"New Rules…"命令，则系统自动在"Clearance"的上面增加一个名称叫作"Clearance-1"的规则；单击"Clearance-1"，弹出建立新规则对话框，如图 6-35 所示。

New Rule...
Duplicate Rule
Delete Rule...

Report...

Export Rules...
Import Rules...

图 6-34　编辑规则右键菜单

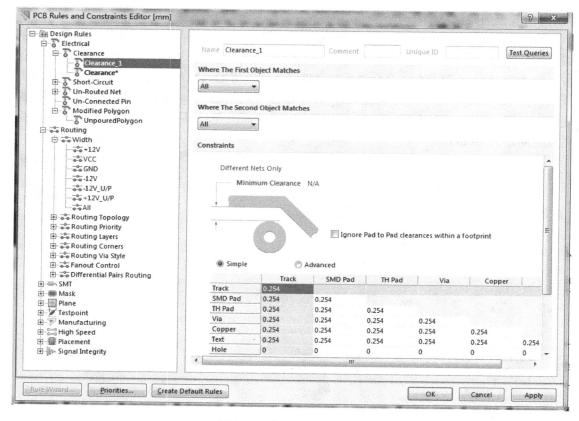

图 6-35　建立新规则对话框

③在"Where the First object matches"单元中选中网络(Net)选项,单击"All"选项右侧的下拉按钮,从弹出的菜单中选择 VCC。用同样的方法在"Where the Second object matches"单元中设置网络"GND"。将光标移到"Constraints"单元,将"Minimum Clearance"修改为 20 mil,修改规则名称为"VCC",如图 6-36 所示。

④此时在 PCB 的设计中同时有两个电气安全距离的规则,因此必须设置它们之间的优先权。单击对话框左下角的优先权按钮 Priorities... ,打开规则优先权编辑对话框,如图 6-37所示。

⑤单击 Increase Priority 和 Decrease Priority 这两个按钮,可改变布线中规则的优先次序。设置完毕后,关闭设置对话框,新的规则和设置自动保存并在布线时起到约束作用。

（2）短路规则（Short-circuit）

短路规则设定在电路板上的导线是否允许短路。如图 6-38 所示,在"Constraints"单元中,如果勾选"Allow Short Circuit"复选框,则允许短路,但通常默认设置为不允许短路,因此都不会勾选复选框。

（3）未布线网络规则（Unrounted Net）

未布线网络规则用于检查指定范围内的网络是否布线成功,如果网络中有布线不成功的,该网络上已经布的导线将保留,没有成功布线的将保持飞线,如图 6-39 所示。

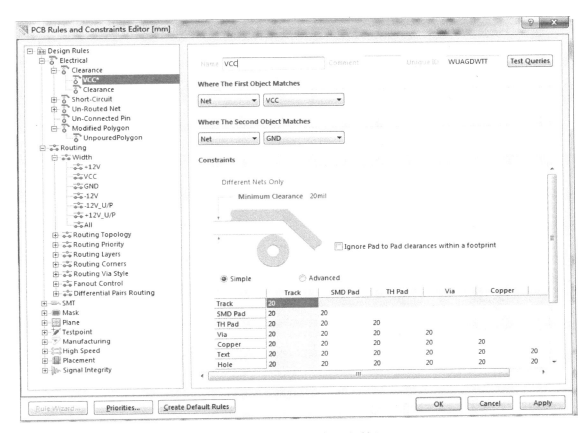

图 6-36　VCC 规则建立对话框

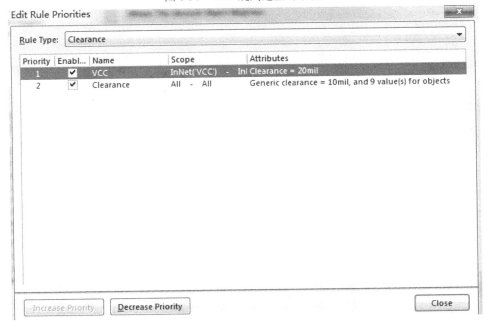

图 6-37　规则优先权编辑对话框

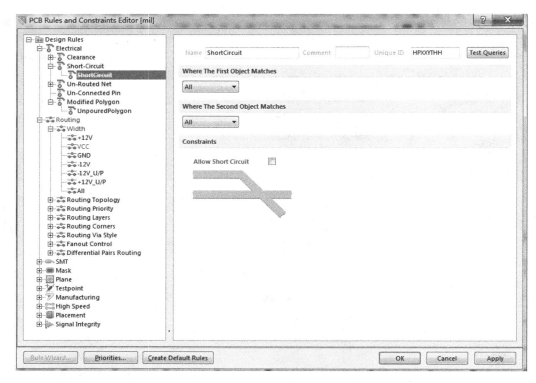

图 6-38　短路规则设置界面

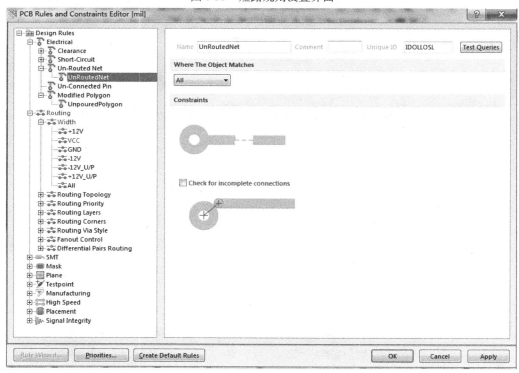

图 6-39　未布线网络规则设置界面

（4）**未连接引脚**（Unconnected Pin）

未连接引脚设计规则用于检查指定范围内的元件引脚是否连接成功。默认时，这是一个空规则，如果用户需要设置相关的规则，在其上面单击右键添加规则，然后进行相关设置。

（5）**修改覆铜**（Modified Polygon）

修改覆铜设计规则用于检查指定范围内未覆铜的多边形是否允许修改。有两个选项：Allow shelved（允许隐藏显示）和 Allow modified（允许修改），如果需要可选中相应的复选框，如图 6-40 所示。

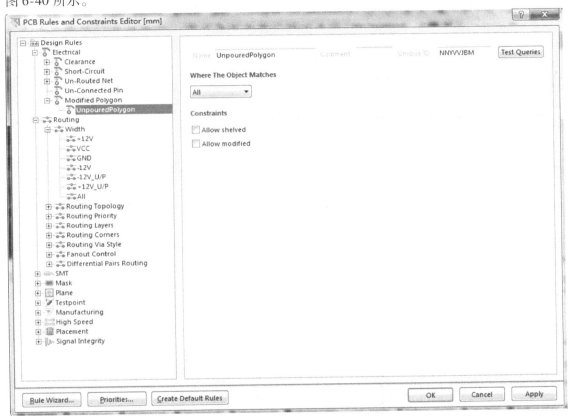

图 6-40　修改覆铜网络规则设置界面

6.3.2　Routing 设计规则

布线规则是自动布线器进行自动布线的重要依据，其设置是否合理将直接影响到布线质量的好坏和布通率的高低。

单击"Routing"前面的 + 号，展开布线规则，可以看到有 8 项子规则，如图 6-41 所示。

（1）**"Width"布线宽度**

"Width"主要用于设置 PCB 布线时允许采用的导线宽度，有最大、最小和优选之分。最大和最小宽度确定了导线的宽度范围，而优选尺寸则为导线放置时系统默认采用的宽度值，它们的设置都是在"约束"区域内完成的，如图 6-42 所示。

图 6-41 布线规则

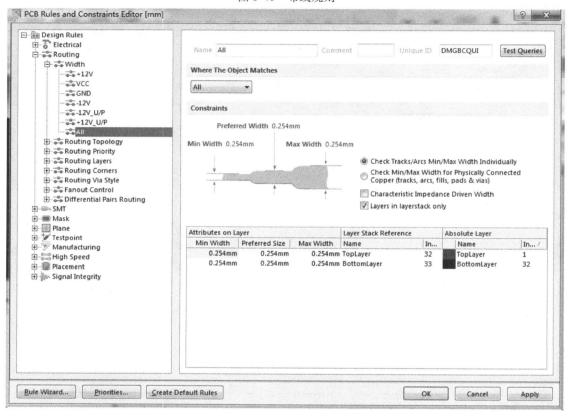

图 6-42 "Width"规则设置界面

"Constraints"区域内有两个复选框。

➢ "Charactertic Impedance Driven Width"特征阻抗驱动宽度,选中该复选框后,将显示铜模导线的特征阻抗值,设计者可以对最大、最小以及最优阻抗进行设置。

➢ "Layers in layerstack only"只有图层堆栈中的层,选中该复选框后,意味着当前的宽度规则仅应用于在图层堆栈中所设置的工作层,否则将适用于所有的电路板层,系统默认为选中。

Altium Designer 17 的设计规则系统有一个强大的功能,即针对不同的目标对象可以定义同类型的多重规则,规则系统将采用预定义等级来决定将哪一规则具体应用到哪一对象上。例如,设计者可以定义一个适用于整个 PCB 的导线宽度约束规则。由于接地网络的导线与一般的连接导线不同,需要尽量粗些,因此设计者还需要定义一个宽度的约束规则,该规则将忽略前一个规则,而在接地网络上某些特殊的连接可能还需要设计者定义第三个宽度约束规则,该规则忽略前面两个规则。所定义规则将会根据优先级别顺序显示。

（2）"Routing Topology"布线方式

"Routing Topology"规则主要用于设置自动布线时的拓扑逻辑,即同一网络内各个节点间的布线方式。设置窗口如图 6-43 所示。

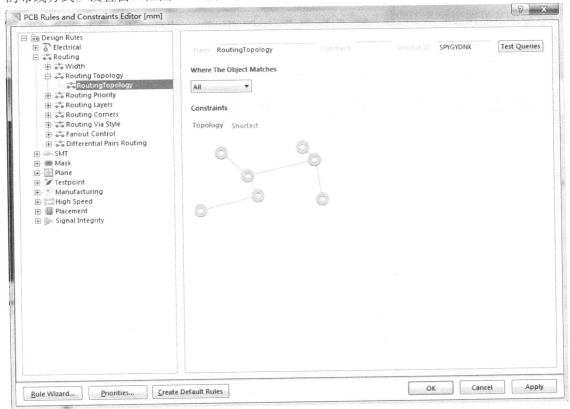

图 6-43　"Routing Topology"规则设置界面

布线方式规则主要用于定义引脚到引脚之间的布线方式规则,此规则有七种方式可供选择。

➢"Shortest":以最短路径布线方式,是系统默认使用的拓扑规则。

➢"Horizontal":以水平方向为主的布线方式,水平与垂直比为 5∶1。元器件布局时,当水平方向上空间较大时,可以考虑采用该拓扑逻辑进行布线。

➢"Vertical":优先竖直布线逻辑。与上一种逻辑刚好相反,采用该逻辑进行布线时,系统将尽可能地选择竖直方向的布线,垂直与水平比为 5∶1。

➢"Daisy-simple":简单链状连接方式。该方式需要指定起点和终点,其含义是在起点和终点之间连通网络上的各个节点,并且使连线最短。如果设计者没有指定起点终点,系统将会采用"Shortest"布线。

➢"Daisy-MidDriven":中间驱动链状方式,也是链式方式。该方式也需要指定起点和终点,其含义是以起点为中心向两边的终点连通网络上的各个节点,起点两边的中间节点数目不一定要相同,但要使连线最短。如果设计者没有指定起点和两个终点,系统将采用"Shortest"布线。

➤"Daisy-Balanced":平衡链状方式,也是链式方式。该方式也需要指定起点和终点,其含义是将中间节点数平均分配成组,所有的组都连接在同一个起点上,起点间用串联的方式连接,并且使连线最短。如果设计者没有指定起点终点,系统将会采用"Shortest"布线。

➤"Starburst":星形扩散连接方式。该方式是指网络中的每个节点都直接和起点相连,如果设计者指定了终点,那么终点不直接和起点连接。如果没有指定起点,那么系统将试着轮流以每个节点作为起点去连接其他各个节点,找出连线最短的一组连线作为网络的布线方式。

（3）"Routing Priority"布线优先级别

"Routing Priority"主要用于设置 PCB 中网络布线的先后顺序,优先级别高的网络先进行布线,优先级别低的网络后进行布线。优先级别可以设置范围是 0 ~ 100,数字越大,级别越高。设置布线的次序规则的添加、删除和规则使用范围的设置等操作方法与前述相似,不再重复。优先级别在"Constraints"区域的"Routing Priority"选项中设置,可以直接输入数字,也可以增减按钮调节,如图 6-44 所示。

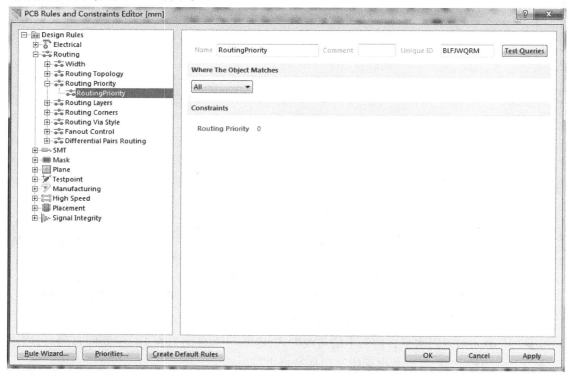

图 6-44 "Routing Priority"规则设置

（4）"Routing Layers"布线板层

布线板层规则用于设置允许自动布线的板层,如图 6-45 所示。

通常为了降低布线间耦合面积,减少干扰,不同层的布线需要设置成不同的走向,如双面板,默认状态下顶层为垂直走向,底层为水平走向。如果用户需要更改布线的走向,可打开"Layer Directions"对话框进行设置。设置方法如下:

➤执行菜单命令"Auto Route"→"Setup…",打开"Situs Routing Strategies"对话框,如图 6-46所示。

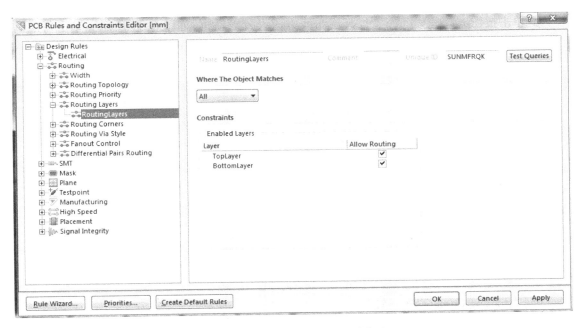

图 6-45　"Routing Layers"规则设置

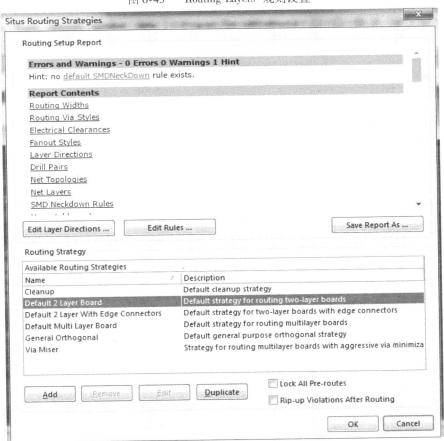

图 6-46　"Situs Routing Strategies"对话框

➤单击按钮 Edit Layer Directions ... 打开层布线方向设置对话框,如图 6-47 所示。单击每层的 "Current Setting"栏,激活下拉按钮,单击下拉按钮,从下拉列表框中选择合适的布线走向。

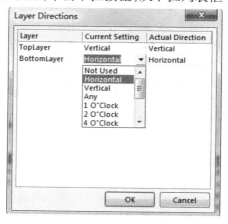

图 6-47　层方向设置对话框

（5）"Routing Corners"布线转角

布线转角规则用于设置走线的转角方式。转角方式共三种:90°转角、45°转角和圆弧转角,如图 6-48 所示。

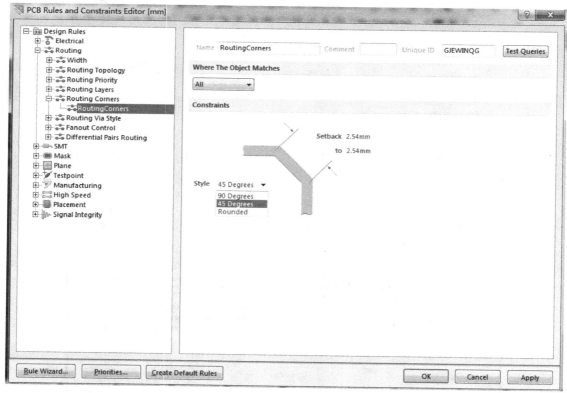

图 6-48　"Routing Corners"规则设置

（6）"Routing Via Style"布线过孔类型

过孔类型规则用于设置布线过程中自动放置的过孔尺寸参数。"Constraints"区域有两项过孔直径（Via Diameter）和过孔的钻孔直径（Via Hole Size）需要设置，如图 6-49 所示。

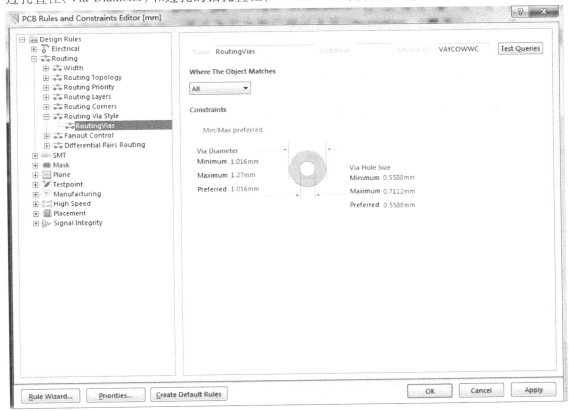

图 6-49　"Routing Via Style"对话框

（7）"Fanout Control"扇出控制

布线扇出控制规则，主要用于"球栅阵列""无引线芯片座"等种类的特殊器件布线控制。

所谓扇出，就是把表贴式元器件的焊盘通过导线引出并加以过孔，使其可以在其他层面上继续布线。扇出布线大大提高了系统自动布线的成功概率。

默认状态下，系统包含有五种类型的扇出布线规则：

➤"Fanout_BGA（BGA）"：封装扇出布线规则（BGA：Ball Grid Array Package）是球栅阵列封装。

➤"Fanout_LCC（LCC）"：封装扇出布线规则（LCC：Leadless chip carrier）是无引脚芯片封装。

➤"Fanout_SOIC（SOIC）"：封装扇出布线规则（SOIC：Small Out-line Integrated Circuit）是小外形封装，也称 SOP。

➤"Fanout_Small"：小型封装扇出布线规则，指元件引脚少于五个的小型封装。

➤"Fanout_Default"：系统默认扇出布线规则。

每个种类的扇出布线规则选项的设置方法都相同，如图 6-50 所示。

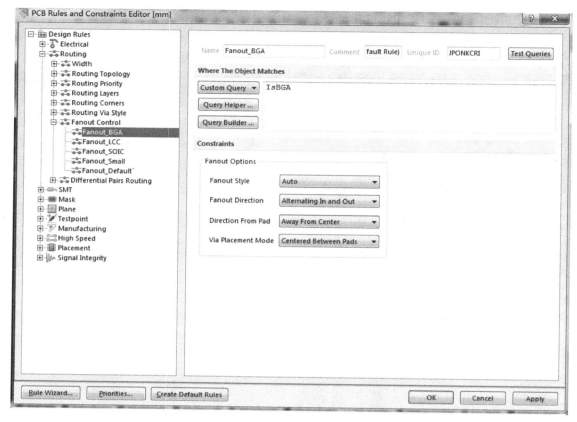

图 6-50　扇出布线规则设置界面

➢"Fanout Style"：扇出类型，选择扇出过孔与 SMT 元件的放置关系。

∨　"Auto"：扇出过孔自动放置在最佳位置。

∨　"Inline Rows"：扇出过孔放置成两个直线的行。

∨　"Staggered Rows"：扇出过孔放置成两个交叉的行。

∨　"BGA"：扇出重现 BGA。

∨　"Under Pads"：扇出过孔直接放置在 SMT 元件的焊盘下。

➢"Fanout Direction"：扇出方向，确定扇出的方向。

∨　"Disable"：不扇出。

∨　"In Only"：只向内扇出。

∨　"Out Only"：只向外扇出。

∨　"In Then Out"：先向内扇出，空间不足时再向外扇出。

∨　"Out Then In"：先向外扇出，空间不足时再向内扇出。

∨　"Alternating In and Out"：扇出时先内后外交替进行。

➢"Direction From Pad"：焊盘扇出方向选择项。

∨　"Away From Center"：以 45° 向四周扇出。

∨　"North-East"：以东北向 45° 扇出。

∨　"South-East"：以东南向 45° 扇出。

　　∨　"South-West":以西南向 45°扇出。

　　∨　"North-West":以西北向 45°扇出。

　　∨　"Towards Center":以 45°向中心扇出。

　　➤"Via Placement Mode":扇出过孔放置模式。

　　∨　"Close To Pad(Follow Rules)":接近焊盘。

　　∨　"Centered Between Pads":过孔放置在两焊盘之间。

　　● "Differential Pairs Routing"差分对布线

　　Altium Designer 17 的 PCB 编辑器为设计者提供了交互式的差分对布线支持。在完整的设计规则约束下,设计者可以在交互式的同时对所创建差分对中的两个网络进行布线,即使用交互式差分对布线器从差分对中选取一个网络,对其进行布线,而另外一个网络将遵循第一个网络的布线,布线过程中保持指定的布线宽度和间距。差分对既可以在原理图编辑器中创建,也可以在 PCB 编辑器中创建。

　　"Differential Pairs Routing"规则主要用于对一组差分对设置相应的参数,设置窗口如图 6-51 所示。

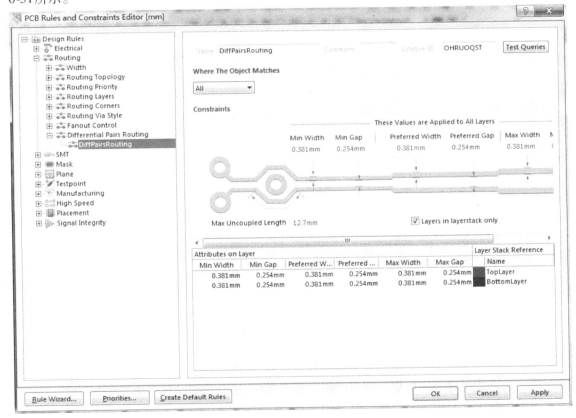

图 6-51　"Differential Pairs Routing"对话框

　　"Constraints"区域内,需要对差分对内部的两个网络之间的最小线宽(Min Width)、最小间距(Min Gap)、优选线宽(Preferred Width)、优选间距(Preferred Gap)、最大线宽(Max Width)、最大间距(Max Gap)以及最大耦合长度(Max Uncoupled Length)进行设置,以便在交互式差分对布线器中使用,并在 DRC 校验中进行差分对布线的验证。

选中"Layers in layerstack only"复选框后,下面的列表中只显示图层堆栈中定义的工作层。

6.3.3 SMT 设计规则

此类规则主要针对表贴式元件的布线规则。

(1)"SMD To Corner":表贴式焊盘引线长度

表贴式焊盘引线长度规则用于设置 SMD 元件焊盘与导线拐角之间的最小距离。表贴式焊盘的引出线一般都是引出一段长度之后才开始拐弯,这样就不会出现和相邻焊盘太近的情况。

用鼠标右键单击"SMD To Corner",在右键菜单中选择添加新规则命令(New Rule…),在"SMD To Corner"下出现一个名称为"SMD To Corner"的新规则,单击新规则打开规则对话框设置界面,在"Constraints"区域设置,如图 6-52 所示。

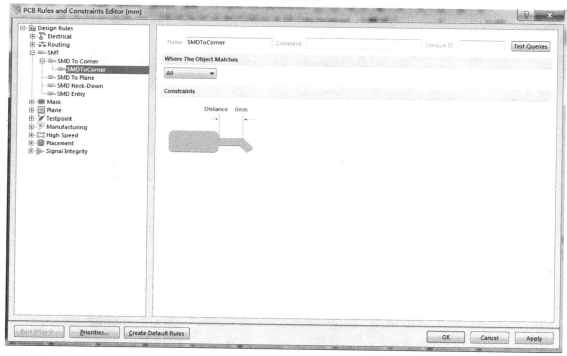

图 6-52　表贴式焊盘引线长度设置界面

(2)"SMD To Plane":表贴式焊盘与内电层的连接间距

表贴式焊盘与内电层的连接间距规则用于设置 SMD 与内电层(Plane)的焊盘或过孔之间的距离。表贴式焊盘与内电层连接只能用过孔来实现,这个规则设置指出要离 SMD 焊盘中心多远才能使用过孔与内电层连接。默认值为 0 mil,如图 6-53 所示。

(3)"SMD Neck-Down":表贴式焊盘引线收缩比

表贴式焊盘引出线收缩比规则用于设置 SMD 引出线宽度与 SMD 元件焊盘宽度之间的比值关系,默认值为 50% ,如图 6-54 所示。

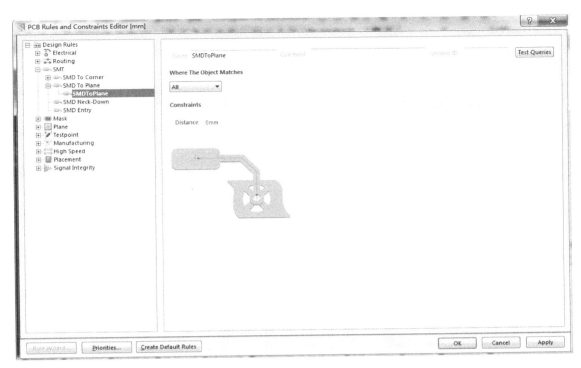

图 6-53　表贴式焊盘与内电层的连接间距设置界面

图 6-54　表贴式焊盘引线收缩比设置界面

(4)"SMD Entry"：表贴式焊盘进入方式

表贴式焊盘进入方式有三种：任意角度（Any angle）、拐角（Corner）、侧面（Side），如图 6-55 所示。

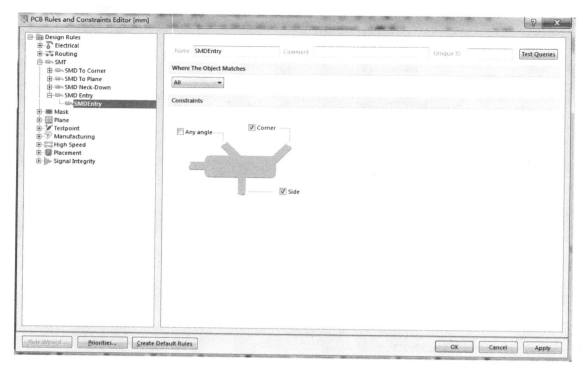

图 6-55　表贴式焊盘进入方式设置界面

6.3.4　MASK 设计规则

此类规则用于设置阻焊层、锡膏防护层与焊盘的间隔规则。

（1）"Solder Mask Expansion"：阻焊层扩展

通常,阻焊层除焊盘或过孔外,整面都是铺满阻焊剂。阻焊层的作用就是防止不该被焊上的部分被焊锡连接,回流焊就是靠阻焊层实现的。板子整面经过高温的锡水,没有阻焊层的裸露电路板就会粘锡,而有阻焊层的部分则不会粘锡。阻焊层的另一作用就是一起提高布线的绝缘性。

在制作电路板时,使用 PCB 设计软件设计的阻焊层数据制作基板,再用基板把阻焊剂(防焊漆)印制到电路板上时,焊盘或过孔被空出,空出的面积要比焊盘或过孔大一些,这就是阻焊层扩展设置。如图 6-56 所示,在"Constraints"区域设置"Expansion"参数,即阻焊层相当于焊盘的扩展规则。

（2）"Paste Mask Expansion"：锡膏防护层扩展

表贴式元件在焊接前,先对焊盘涂一层锡膏,然后将元件贴在焊盘上,再用回流焊机焊接。通常在大规模生产时,表贴式焊盘的涂膏是通过一个钢模完成的。钢模上对应焊盘的位置按焊盘形状镂空,涂膏时将钢模覆盖在电路板上,将锡膏放在钢模上,用刮片来回刮,锡膏透过镂空的部分涂到焊盘上。PCB 设计软件的锡膏层或锡膏防护层的数据层就是用来制作钢模的,钢模上镂空的面积要比设计焊盘的面积小,此处就是设置这个差值的。如图 6-57 所示,在"Constraints"区域设置"Expansion"的数值,即钢模镂空比设计焊盘收缩多少,默认值为 0 mil。

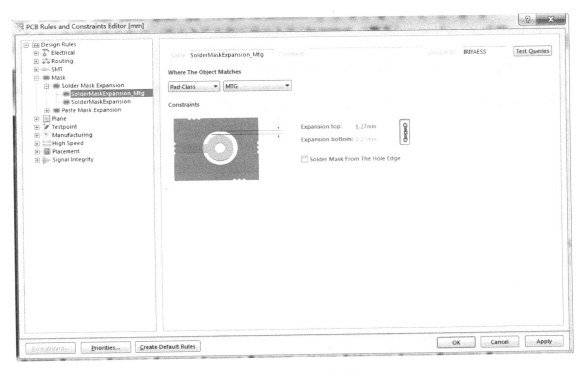

图 6-56　阻焊层扩展设置界面

图 6-57　锡膏防护层扩展设置界面

6.3.5　Plane 设计规则

焊盘和过孔与内电层之间连接方式可以在"Plane"（内层规则）中设置。打开"PCB Rules and Constraints Editor"对话框,在左边的窗口中单击"Plane"前面的 + 号,可以看到三项子规则,如图 6-58 所示。

其中,"Power Plane Connect Style"（内电层连接方式）规则与"Power Plane Clearance"（内电层安全间距）规则用于设置焊盘和过孔与内电层的连接方式,而"Polygon Connect Style"（敷铜连接方式）规则用于设置敷铜和焊盘的连接方式。

图 6-58　内层规则

（1）"Power Plane Connect Style"内电层连接方式

"Power Plane Connect Style"规则主要用于设置属于内
电层网络的过孔或焊盘与内电层的连接方式,设置窗口如图 6-59 所示。

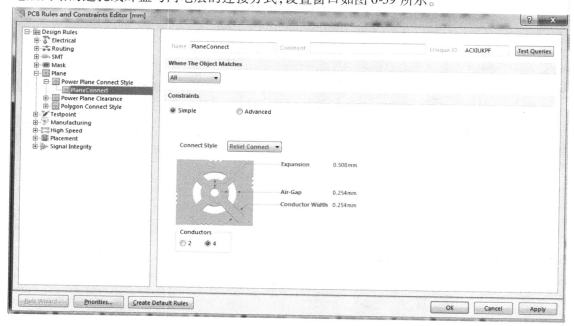

图 6-59　"Power Plane Connect Style"设置界面

"Constraints"区域内,提供了 3 种连接方式。

➤"Relief Connect":辐射连接,即过孔或焊盘与内电层通过几根连接线相连接,是一种可以降低热扩散速度的连接方式,避免因散热太快而导致焊盘和焊锡之间无法良好融合。在这种连接方式下,需要选择连接导线的数目（2 或者 4）,并设置导线宽度、空隙间距和扩展距离。

➤"Direct Connect":直接连接。在这种连接方式下,不需要任何设置,焊盘或者过孔与内电层之间阻值会比较小,但焊接比较麻烦。对于一些有特殊导热要求的地方,可采用该连接方式。

➤"No Connect":不进行连接。

系统默认设置为"Relief Connect",这也是工程制板常用的方式。

（2）"Power Plane Clearance"内电层安全间距

"Power Plane Clearance"规则主要用于设置不属于内电层网络的过孔或焊盘与内电层之间的间距,设置窗口如图 6-60 所示。"Constraints"区域内只需要设置适当的间距值即可。

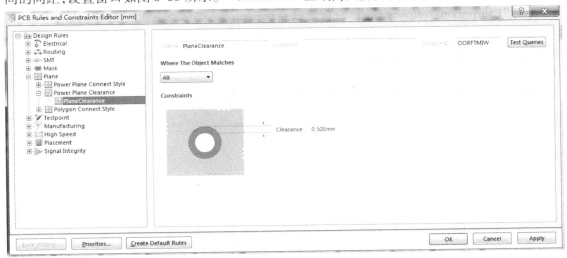

图 6-60　"Power Plane Clearance"规则设置界面

（3）"Polygon Connect Style"敷铜连接方式

"Polygon Connect Style"规则的设置窗口如图 6-61 所示。可以看到,它与"Power Plane Connect Style"规则设置窗口基本相同,只是比"Relief Connect"方式多了一项角度控制,用于设置焊盘和敷铜之间连接方式的分布方式,即采用"45 Angle"时,连接线呈"X"形状;采用"90 Angle"时,连接线呈"+"形状。

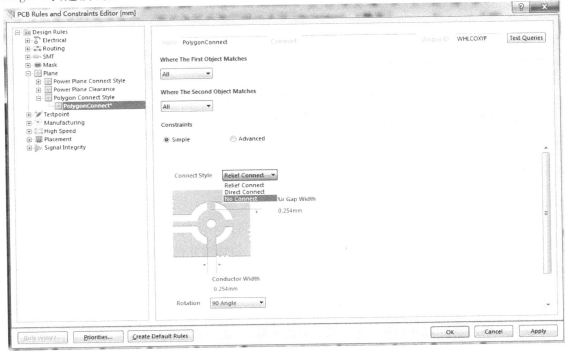

图 6-61　"Polygon Connect Style"设置界面

6.3.6　Testpoint 设计规则

该类规则主要用于设置测试点布线规则,主要介绍以下两种设计规则:

(1)"Fabrication Testpoint Style"装配测试点形式

它用于设置测试点的形式,如图 6-62 所示为该规则的页面,在该界面中可以设置测试点的形式和各种参数。为了方便电路板的调试,在 PCB 板上引入了测试点。测试点连接在某个网络上,形式和过孔类似,在调试过程中可以通过测试点引出电路板上的信号,可以设置测试点的尺寸以及是否允许在元件底部生成测试点等各项选项。

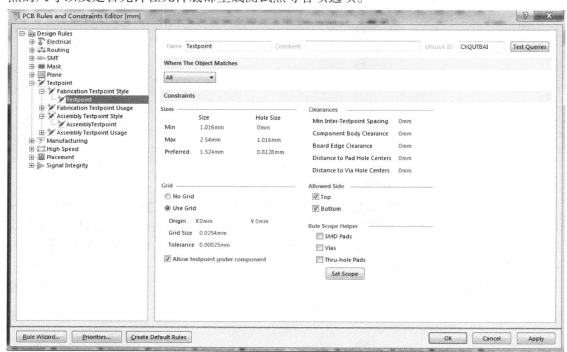

图 6-62　"Fabrication Testpoint Style"设置界面

(2)"Fabrication Testpoint Usage"装配测试点使用规则

它用于设置测试点的使用参数,如图 6-63 所示为该规则的页面,在界面中可以设置是否允许使用测试点和同一网络上是否允许使用多个测试点。

➢"Required":必需的,每一个目标网络都使用一个测试点。该项为默认设置。

➢"Prohibited":所有网络都不使用测试点。

➢"Don't Care":每一个网络可以使用测试点,也可以不使用测试点。

➢"Allow More Testpoints":(手动分配)复选框。勾选该复选框后,系统将允许在一个网络上使用多个测试点,默认设置为取消对该复选框的勾选。

6.3.7　Manufacturing 设计规则

该类规则是根据 PCB 制作工艺来设置有关参数,主要用在在线 DRC 和批处理 DRC 执行过程中,其中包括 9 种设计规则,现将主要的几种设计规则介绍如下:

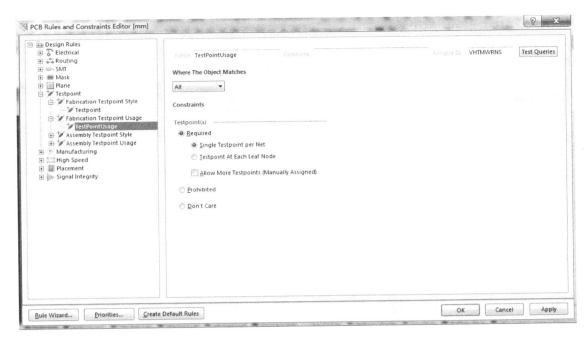

图 6-63　"Fabrication Testpoint Usage"设置界面

(1)"Minimum Annular Ring"最小环宽

最小环宽规则用于设置最小环形布线宽度,即焊盘或过孔与其钻孔之间的直径之差,如图 6-64 所示。

图 6-64　"Minimum Annular Ring"设置界面

(2)"Acute Angle"最小夹角

最小夹角规则用于设置具有电气特性布线之间的最小夹角。最小夹角应该不小于 90°，否则蚀刻后容易残留药物，导致过度蚀刻，如图 6-65 所示。

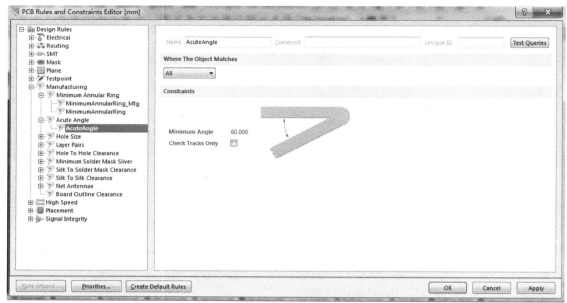

图 6-65 "Acute Angle"设置界面

(3)"Hole Size"钻孔尺寸

钻孔尺寸规则用于钻孔直径的设置，如图 6-66 所示。

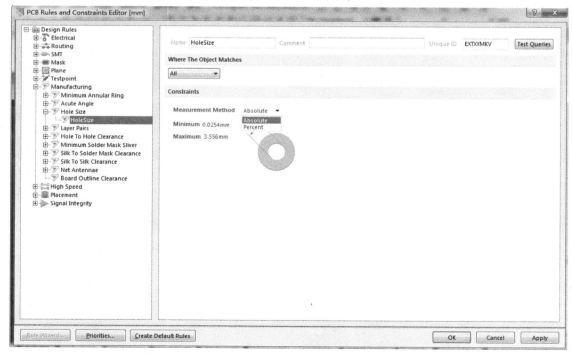

图 6-66 "Hole Size"设置界面

➤"Measurement Method"：钻孔尺寸标注方法，下拉框中有两个选项。

√　"Absolute"：采用绝对尺寸标注钻孔直径。

√　"Percent"：采用钻孔直径最大尺寸和最小尺寸的百分比标注钻孔尺寸，如图 6-67 所示。

➤"Minimum"：设置钻孔直径的最小尺寸。

➤"Maximum"：设置钻孔直径的最大尺寸。

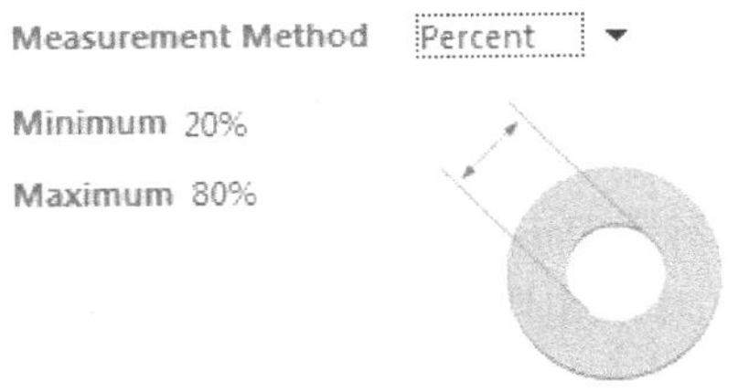

Measurement Method　Percent　▼

Minimum 20%

Maximum 80%

图 6-67　百分比标注钻孔尺寸

（4）"Layer Pairs"钻孔板层对

钻孔板层对规则用于设置是否允许使用钻孔板层对。在"Constraints"区域勾选"Enforce layer pairs setting"选项时，强制采用钻孔板层对设置。

6.3.8　High Speed 设计规则

此规则用于设置高频电路设计的有关规则。

数字电路是否是高频电路，取决于信号的上升沿，而不是信号的频率，计算公式为：$F_2 = 1/(Tr \times \Pi)$，Tr 为信号的上升/下降沿时间。

$F_2 > 100$ MHz，就应该按照高频电路进行考虑，下列情况必须按高频规则进行设计：

➤系统时钟频率超过 50 MHz。

➤采用了上升/下降时间少于 5 ns 的器件。

➤数字/模拟混合电路。

随着系统设计复杂性和集成度的大规模提高，电子系统设计师们正在从事 100 MHz 以上的设计，总线的工作频率也已经达到或者超过 50 MHz，有的甚至超过 100 MHz。目前约 50% 的设计时钟频率超过 50 MHz，将近 20% 的设计主频超过 120 MHz。

当系统工作在 50 MHz 时，将产生传输线效应和信号的完整性问题。而当系统时钟达到 120 MHz 时，除非使用高速电路设计知识，否则基于传统方法设计的 PCB 将无法工作。因此，高速电路设计技术已经成为电子系统设计师必须采取的设计手段。只有使用高速电路设计师的设计技术，才能实现设计过程的可控性。

通常约定如果线传播延时大于 1/2 数字信号驱动端的上升时间，则认为此类信号是高速信号并产生传输线效应。PCB 上每单位英寸的延时为 0.167 ns，但是如果过孔过多，器件引脚多，布线上设置的约束多，延时将增大。

如果设计中有高速跳变的边沿，就必须考虑到在 PCB 上存在传输线效应的问题。现在普遍使用的时钟频率很高的快速集成电路芯片更是存在这样的问题。解决这个问题有一些基本原则，即如果采用 CMOS 或 TTL 电路进行设计，工作频率应小于 10 MHz，布线长度应不大于 7 in[①]，工作频率在 50 MHz 布线长度应不大于 1.5 in；如果工作频率达到或超过 75 MHz，布线长度应在 1 in；对于 GaAs（砷化镓）芯片，最大的布线长度应为 0.3 in，如果超过这个标准，就存在传输线的问题。

解决传输线效应的另一个方法是选择正确的布线路径和终端拓扑结构。走线的拓扑结构

---

① 1 in = 2.54 cm。

是指一根网线的布线顺序及布线结构。当使用高速逻辑器件时,除非走线分支长度保持很短,否则边沿快速变化的信号将被信号主干走线上的分支走线所扭曲。通常情况下,PCB 走线采用两种基本的拓扑结构,即 Daisy 布线和 Star 布线。

对于 Daisy 布线,布线从驱动端开始,依次达到各接收端。如果使用串联电阻来改变信号特性,串联电阻的位置应该紧靠驱动端。在控制走线的高次谐波干扰方面,Daisy 走线效果最好,但是布通率较低。

Star 拓扑结构可以有效避免时钟信号的不同步问题,但在密度很高的 PCB 上手工完成布线很困难。采用自动布线器是完成星形布线的最好方法,每条分支上都需要终端电阻。终端电阻的阻值应和连线的特征阻抗相匹配。这可通过手工计算,也可通过设计工具计算出来。

高速 PCB 电路的设计规则是影响高速电路板是否成功的关键,Altium Designer 17 提供了六大类高速电路设计规则,为用户进行高速电路设计提供了最有力的支持。

(1)"Parallel Segment"平行线段限制规则

在高速电路中,长距离的平行走线往往会引起线间串扰。串扰的程度是随着长度和间距的不同而变化的。这个规则限定了两个平行连线元素的距离。可在输入框中输入指定的数据,如图 6-68 所示。

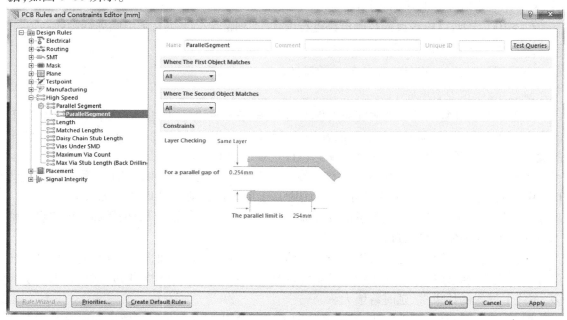

图 6-68 "Parallel Segment"设置

➤"Layer Checking":指定平行布线层。下拉框中有两种选择:

√ "Same Layer":同一层。

√ "Adjacent Layer":相邻层。

➤"For a parallel gap of":设置平行布线的最小间距,默认为 10 mil。

➤"The parallel limite is":设置平行布线的极限长度,默认为 10 000 mil。

(2)"Length"长度限制规则

这个规则规定一个网络的最大、最小长度,可在输入框中输入数据,如图 6-69 所示。

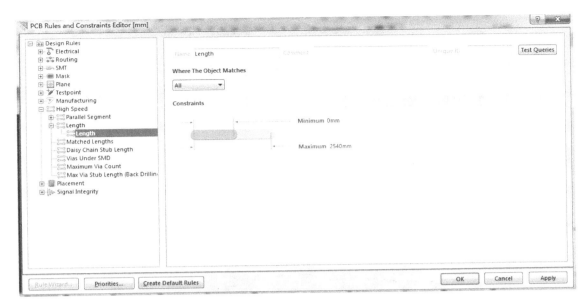

图 6-69 "Length"设置

（3）"Matched Lengths"匹配网络长度规则

此规则定义不同长度网络的相等匹配公差。PCB 编辑器定位于最长的网络（基于规则适用范围），并与该作用范围规定的每一个其他网络比较。规则定义怎样匹配不符合匹配长度要求的网络长度。PCB 编辑器插入部分折线，以使它们长度相等。

如果希望 PCB 编辑器通过增加折线匹配网络长度，就可以设置"Matched Lengths"规则，然后执行"Tools"/"Equalizer Nets"命令。匹配长度规则将被应用到规则指定的网络，而且折线将被加到那些超过公差的网络中。成功的程度取决于可得到的折线空间大小和被用到的折线的式样。90°样式是最紧凑的，圆角矩形样式是最不紧凑的，如图 6-70—图 6-72 所示。

➤"Style"：选择折线式样。

➤"Amplitude"：输入折线的振幅高度。

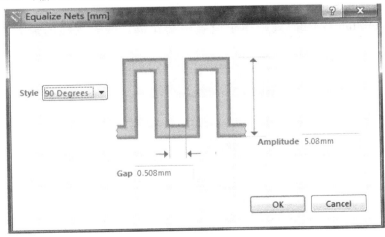

图 6-70 90°折线匹配长度设置

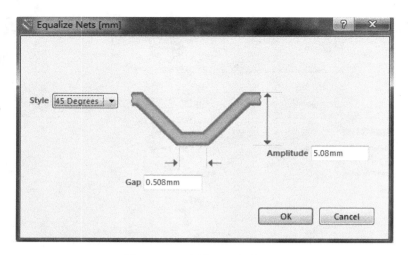

图 6-71　45°折线匹配长度设置

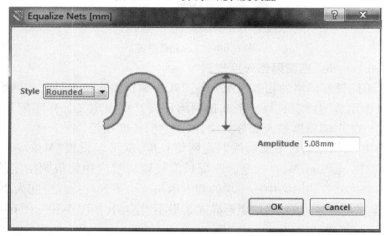

图 6-72　圆形匹配长度设置

（4）"Daisy Chain Stub Length"菊花链支线长度限制规则

"Daisy Chain Stub Length"规则用于设置用菊花链走线时支线的最大长度,如图 6-73 所示。

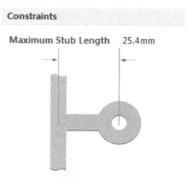

图 6-73　菊花链长度设置

（5）"Vias Under SMD"在 SMT 下过孔限制规则

表贴式焊盘下放置过孔规则用于设置是否允许在 SMD 焊盘下放置过孔。在"Constraints"区域中勾选"Allow Vias under SMD Pads"选项时，允许在 SMD 焊盘下放置过孔，如图 6-74 所示。

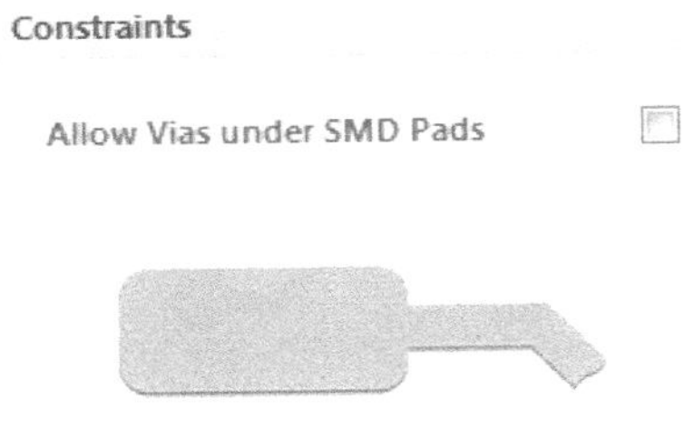

（6）"Maximum Via Count"最大过孔数限制规则

在高速 PCB 设计时，设计者总是希望过孔越小越好，这样板子可以留有更多的布线空间。此外，过

Constraints

Allow Vias under SMD Pads　　□

图 6-74　"Vias Under SMD"设置

孔越小，其自身的寄生电容也越小，更适合于高速电路，但过孔尺寸的减少同时带来了成本的增加。而且过孔的尺寸不可能无限制减小，它受到钻孔和电镀等工艺技术的限制，过孔越小，钻孔需花费的时间越长，也容易偏离中心位置，且当孔的深度超过钻孔直径的 6 倍时，就无法保证孔壁能均匀敷铜。

随着激光钻孔技术的发展，钻孔的尺寸也可以越来越小，一般直径小于等于 6 mil 的过孔称为微孔。HDI（高密度互连结构）设计中经常使用到微孔，微孔技术可以允许过孔直接打在焊盘上，这大大提高了电路性能，节约了布线空间。

过孔在传输线上表现为阻抗不连续的断点，会造成信号的反射。一般过孔的等效阻抗比传输线低 12% 左右，比如 50 Ω 的传输线在经过过孔时阻抗会减少 6 Ω（具体和过孔尺寸，板厚也有关，不是绝对减少）。但过孔因为阻抗不连续而造成的反射其实是微不足道的，其反射系数仅为（50 − 44）/（50 + 44）= 0.06，过孔产生的问题更多地集中于寄生电容和电感的影响。

过孔本身存在着杂散电容，如果已知过孔在铺地层上的阻焊区直径为 $D2$，过孔焊盘直径为 $D1$，PCB 厚度为 T，板基材介电常数为 a，则过孔的寄生电容大小近似于：

$$C = 1.41aTD1/(D2 − D1)$$

过孔的寄生电容会给电路造成的主要影响是延长了信号的上升时间，降低了电路的速度。举例来说，对于一块厚度为 50 mil 的 PCB，如果使用的过孔焊盘直径为 20 mil（钻孔直径为 10 mil），阻焊区直径为 40 mil，则可以通过上面的公式近似计算出过孔的寄生电容：

$$C = 1.41 × 4.4 × 0.050 × 0.020/(0.040 − 0.020) = 0.31 \text{ pF}$$

这部分电容引起的信号的上升时间变化量大致为 $T = 2.2C(50/2) = 17.05 \text{ ps}$

从这些数字可以看出，尽管单个过孔的寄生电容引起的上升沿变缓的效用不是很明显，但是如果走线中多次使用过孔进行层间的切换，就会使用到多个过孔，设计时就要慎重考虑。实际设计中，可以通过增大过孔或者敷铜区距离或者减少焊盘的直径来减少寄生电容。

过孔存在寄生电容的同时也存在寄生电感，在高速数字电路的设计中，过孔的寄生电感带来的危害往往大于寄生电容的影响。它的寄生串联电感会削弱旁路电容的贡献，减弱整个电源系统的滤波效用。可以用下面的经验公式来简单计算一个过孔的寄生电感：

$$L = 5.08h[\ln(4h/d) + 1]$$

其中，L 指过孔电感，h 是过孔长度，d 是中心钻孔直径。从式中可以看出，过孔的直径对电感的影响较小，而对电感影响最大的是过孔的长度。仍然采用上面的数据，可以算出：$L = 1.015 \text{ nH}$。

如果信号上升时间是 1 ns，那么其等效阻抗大小为：$X_L = \Pi L/T = 3.19 \text{ Ω}$。这样的阻抗在

Maximum Via Count 1000

图 6-75 "Maximum Via Count"设置

有高频电流通过时已经不能够被忽略。特别要注意，旁路电容在连接电源层和地层的时候需要通过两个孔，这样电感就成倍增加。鉴于上述过孔对高速电路的影响，在设计时应尽可能少使用过孔。Altium Designer 17 中"Maximum Via Count"过孔数限制规则用于设置高速电路板中使用过孔的最大数，用户可根据需要设置电路板总过孔数，或某些对象的过孔数，以提高电路板的高频性能，如图 6-75 所示。

6.3.9　Placement 设计规则

在这里设置的元件布局规则，在使用 Cluster Placer 自动布局器的过程中执行，一共有六种规则。

（1）"Room Definition"元件布置区间定义

元件布置区间定义规则用于定义元件放置区间（Room）的尺寸及其所在的板层，如图 6-76 所示。采用器件放置工具栏中的内部排列功能，可以把所有属于这个矩形区域的器件移入这个矩形区域。一旦器件类被指定到某一个矩形区域，矩形区域移动时，器件也会跟着移动。

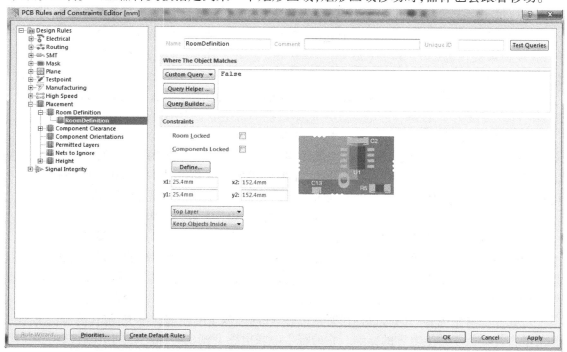

图 6-76　"Room Definition"设置

➤"Room Locked"：锁定元件的布置区间，当区间被锁定后，可以选中，但不能移动或者直接修改大小。

➤"Components Locked"：锁定 Room 中的元件。

➤ Define...：如果希望在 PCB 板图上定义 Room 位置，则可单击该按钮直接进入 PCB 图，按照需要用光标画出多边形边界,选取后屏幕会自动返回编辑器。Room 可以设置为矩形,也可以设置为多边形,还可以通过 $X1$、$X2$、$Y1$、$Y2$ 两点坐标定义 Room 边界。

➢"Constraints":区域下方第一个下拉框选择当前电路板中的可用层作为"Room"放置层。"Room"只能放置在 Top 层和 Bottom 层。

➢"Constraints":区域下方第二个下拉框选择元件放置位置。

√　"Keep Objects Inside":元件放置在"Room"内。

√　"Keep Objects Outside":元件放置在"Room"外。

(2)"Components Clearance"元件安全间距

此规则规定元件间最小距离,如图 6-77 所示。

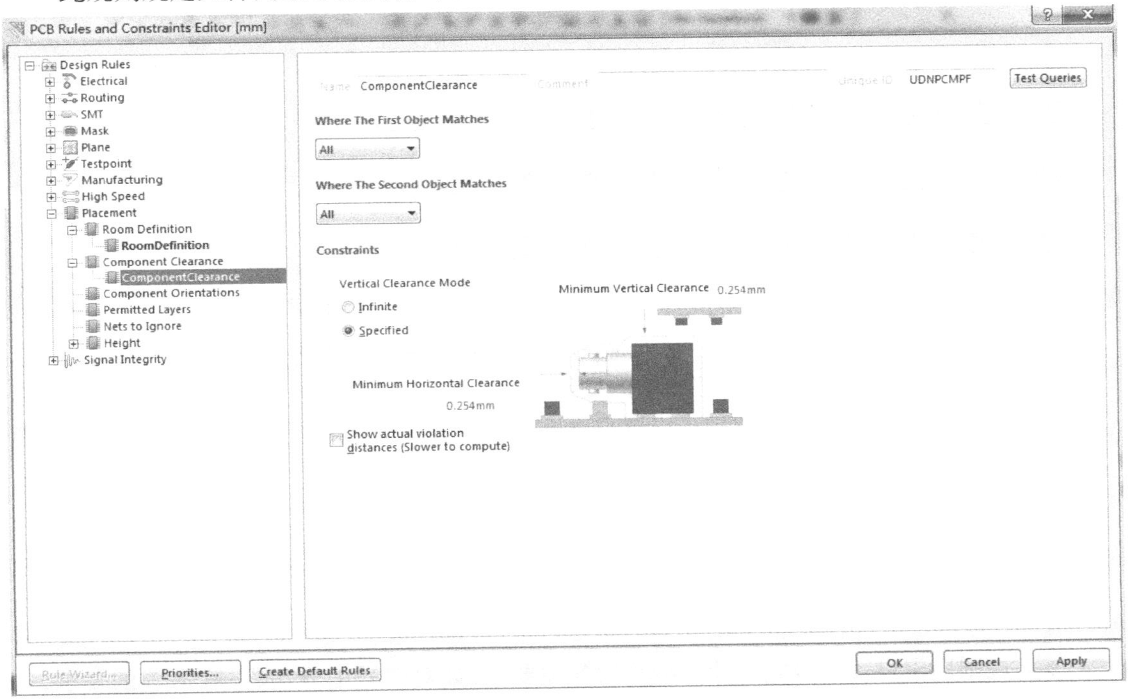

图 6-77　"Components Clearance"设置

➢"Vertical Clearance Mode":垂直方向的校验模式。

√　"Infinited":无特指情况。

√　"Specified":有特指情况。

➢"Minimum Horizontal Clearance":水平间距最小值。

➢"Minimum Vertical Clearance":垂直间距最小值。

(3)"Components Orientation"元件放置方向

元件放置方向规则用于设置元件封装的放置方向,如图 6-78 所示。

(4)"Permitted Layer"元件放置板层

元件放置层规则用于设置自动布局时元件封装允许放置的板层。

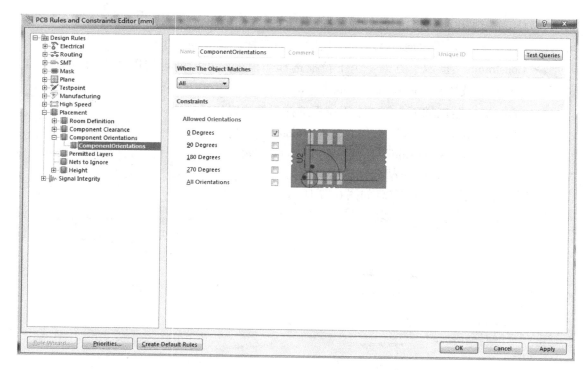

图 6-78 "Components Orientation"设置

（5）"Nets to Ignore"元件放置可忽略的网络

元件放置可忽略的网络规则用于设置自动布局时可忽略的网络。组群式自动布局时，忽略电源网络可以使得布局速度和质量有所提高。

（6）"Height"元件高度

元件高度规则用于设置 Room 中的元件的高度，不符合规则的元件将不能被放置。

6.3.10 Signal Integrity 设计规则

该类规则用于设置信号完整性所涉及的各项要求，如对信号上升沿、下降沿等的要求，这里的设置会影响到电路的信号完整性仿真，下面对其进行简单介绍。

（1）"Signal Stimulus"信号激励规则

在信号激励规则中可以设置信号完整性分析和仿真时的激励，用来模拟实际信号传输的情况。在分析时，软件将此激励加到被分析网络的输出型管脚上，如图 6-79 所示。

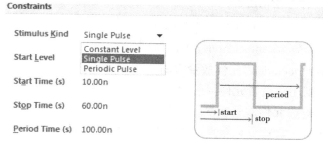

图 6-79 "Signal Stimulus"设置

➤"Stimulus Kind":信号分析时的激励形式。有单脉冲、恒定电平激励、周期脉冲激励。默认为单脉冲。

➤"Start Level":激励信号初始电平,可高可低,默认为低电平。

➤"Start Time":激励信号开始发生时间,默认值为 10 ns。

➤"Stop Time":激励停止时间,默认为 60 ns。

➤"Period Time":激励信号周期,默认为 100 ns。

(2)"Overshoot-Falling Edge"下降沿过冲规则

此规则设置信号分析时允许的最大下降沿过冲,过冲值是最大下降沿过冲和低电平振荡摆的中心电平的差值,设置如图 6-80 所示。

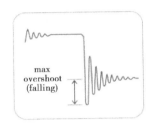

图 6-80　"Overshoot-Falling Edge"设置

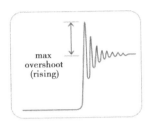

图 6-81　"Overshoot-Rising Edge"设置

(3)"Overshoot-Rising Edge"上升沿过冲规则

此规则设置信号分析时允许的最大上升沿过冲,过冲值是最大上升沿过冲和高电平振荡摆的中心电平的差值。设置如图 6-81 所示。

(4)"Undershoot-Falling Edge"下降沿下冲规则

此规则设置信号分析时允许的最大下降沿下冲,下冲值是最大下降沿下冲和低电平振荡摆的中心电平的差值。设置如图 6-82 所示。

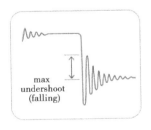

图 6-82　"Undershoot-Falling Edge"设置

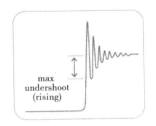

图 6-83　"Undershoot-Rising Edge"设置

(5)"Undershoot-Rising Edge"上升沿下冲规则

此规则设置信号分析时允许的最大上升沿下冲,下冲值是最大上升沿下冲和高电平振荡摆的中心电平的差值。设置如图 6-83 所示。

(6)"Impedance"网络阻抗规则

设置信号分析时允许的最大、最小网络阻抗。

（7）"Signal Top Value"信号高电平规则

此规则可以设置信号分析时所用高电平的最低数值,只有超过了这个电平才被看作高电平。设置情况如图 6-84 所示。

（8）"Signal Base Value"信号低电平规则

此规则可以设置信号分析时所用低电平的最高数值,只有低于这个电平才被看作低电平。设置情况如图 6-85 所示。

Minimum (Volts) 5,000

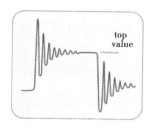

图 6-84　"Signal Top Value"设置

Maximum (Volts) 0,000

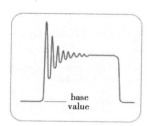

图 6-85　"Signal Base Value"设置

（9）"Flight Time-Rising Edge"上升沿延迟时间规则

此规则可以设置信号分析时的上升沿驱动实际输入到阈值电压的时间与驱动一个参考负荷到阈值电压的时间的差值。这个差值和信号传输的延迟有关,因此会受到传输线负载大小的影响,如图 6-86 所示。

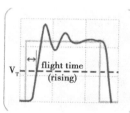

图 6-86　"Flight Time-Rising Edge"设置

（10）"Flight Time-Falling Edge"下降沿延迟时间规则

此规则可以设置信号分析时的下降沿驱动实际输入到阈值电压的时间与驱动一个参考负荷到阈值电压的时间的差值。这个差值和信号传输的延迟有关,因此会受到传输线负载大小的影响,如图 6-87 所示。

Maximum (seconds) 1,000n

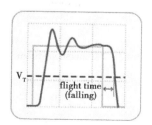

图 6-87　"Flight Time-Falling Edge"设置

Maximum (seconds) 1,000n

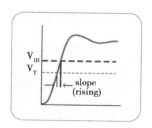

图 6-88　"Slope-Rising Edge"设置

(11)"Slope-Rising Edge"上升沿的斜率规则

此规则可以设置信号分析时的上升沿的斜率,即信号从阈值电压 V_T 上升到一个有效的高电平 V_{IH} 的时间。这条规则可规定允许范围内的最大斜率值,如图 6-88 所示。

(12)"Slope-Falling Edge"下降沿的斜率规则

此规则可以设置信号分析时的下降沿的斜率,即信号从阈值电压 V_T 下降到一个有效的低电平 V_{IL} 的时间。这条规则可规定允许范围内的最大斜率值,如图 6-89 所示。

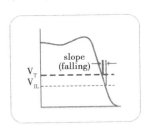

图 6-89　"Slope-Falling Edge"设置

(13)"Supply Nets"电源网络规则

此规则可以为信号分析规定具体的电源网络,并输入其数值。要想进行信号分析则需要指定 PCB 文件中的电源网络,并且设置各个网络的电压。

从以上对 PCB 布线规则的说明可知,Altium Designer 17 对 PCB 布线作了全面规定。这些规定只有一部分运用在元件的自动布线中,而所有规则将运用在 PCB 的 DRC 检测中。在对 PCB 手动布线时可能会违反设定的 DRC 规则,在对 PCB 板进行 DRC 检测时将检测出所有违反这些规则的地方。

6.3.11　设计规则向导

Altium Designer 17 提供了设计规则向导,以帮助用户建立新的设计规则。一个新的设计规则向导,总是针对某一个特定的网络或者对象而设置。本节以建立一个电源线宽度规则为例,介绍规则向导使用方法。

①执行菜单命令"Design"|"Rule Wizard...",或在 PCB 设计规则与约束编辑器中单击按钮 Rule Wizard... 启动规则向导,如图 6-90 所示。

②单击按钮 Next > 进入选择规则类型界面,填写规则名称和注释内容,在规则列表框"Routing"目录下选择"Width Constraints"规则,如图 6-91 所示。

③单击按钮 Next > 进入选择规则类型界面,选择"A Few Nets"选项,如图 6-92 所示。

➤"Whole Board":整个电路板。

➤"1 Net":一个网络。

➤"A Few Nets":几个网络。

➤"A Net on a Particular Layer":特定层的一个网络。

➤"A Net in a Particular Component":特定元件的一个网络。

➤"Advanced(Start With a Blank Query)":高级(启动查询)。

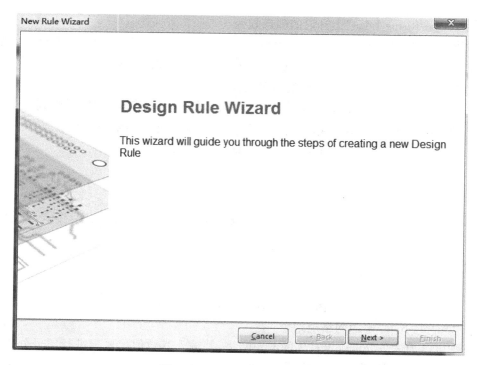

图 6-90　规则向导启动界面图

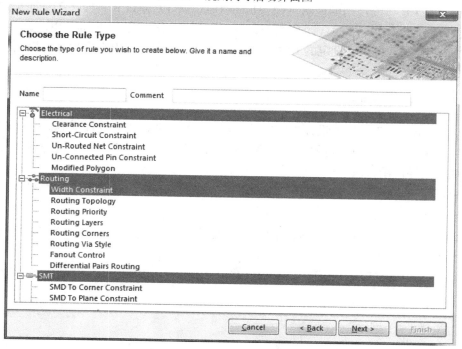

图 6-91　选择规则类型界面

④单击按钮 Next > 进入高级规则范围编辑界面，如图 6-93 所示。

➤在"Condition Value"栏单击，激活下拉按钮，单击下拉按钮，从下拉列表框中选择当前的 PCB 文件的网络 VCC。然后再选择一个"或"关系的网络 GND。

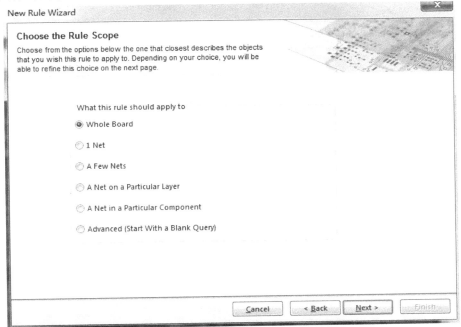

图 6-92　选择规则的适用范围界面

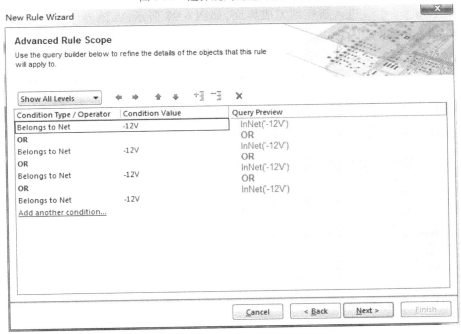

图 6-93　高级范围编辑界面

➤在多余的网络类型上单击鼠标右键,弹出右键菜单,执行"Delete"命令,删除多余的网络。

⑤单击按钮 Next > 进入选择规则优先级界面,如图 6-94 所示。用户可以选中名称栏按钮的规则名称,单击按钮 Increase Priority 提高规则级别。Priority 栏的数字越小,级别越高。现在

185

使用默认级别,电源为最高级别。

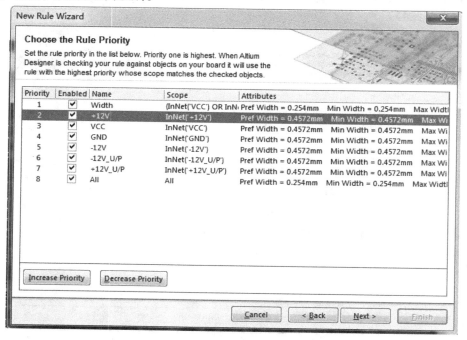

图 6-94　选择规则优先级别界面

⑥单击按钮 Next > 进入新规则完成界面,如图 6-95 所示,在该界面直接修改布线宽度为:Pref Width = 20 mil,Min Width = 10 mil,Max Width = 30 mil。勾选"Launch main design rules dialog"选项,即启动主设计规则对话框选项。

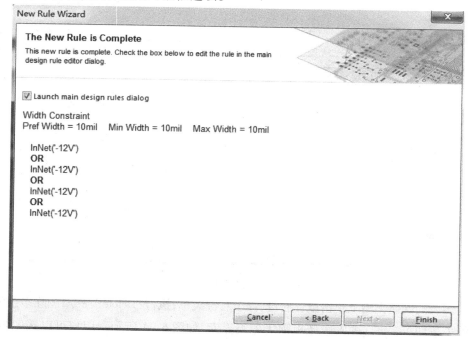

图 6-95　新规则完成界面

⑦单击按钮　**Finish**　退出规则向导,系统启动 PCB 设计规则与约束编辑器,如图 6-96 所示。

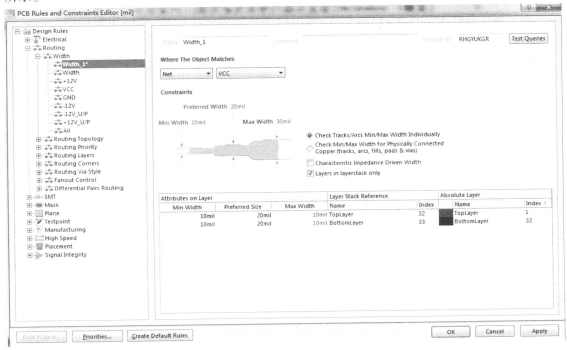

图 6-96　PCB 设计规则与约束编辑器

⑧在 PCB 设计规则与约束编辑器的"Constraints"区域编辑宽度参数,单击 OK 按钮,新规则设置结束。

6.4　PCB 编辑器的编辑功能

PCB 编辑器的编辑功能包括对象的选取、取消、移动、删除、复制、粘贴、翻转以及对齐等,利用这些功能,可以很方便地对 PCB 图进行修改和调整。

6.4.1　选取和取消选取对象

(1)对象的选取

1)用鼠标直接选取单个或多个元器件

对于单个元器件的情况,将光标移到要选取的元器件上单击即可选取它。这时整个元器件变成灰色,表明该元器件已经被选取。

对于多个元器件的情况,可单击鼠标并拖动鼠标,拖出一个矩形框,将要选取的多个元器件包含在该矩形框中,释放鼠标后即可选取多个元器件,或者按住 Shift 键,用鼠标逐一单击要选取的元器件,也可选取多个元器件。

2）用工具栏的▢（选择区域内部）按钮选取

单击▢按钮，光标变成十字形，在欲选取区域单击，确定矩形框的一个端点，拖动鼠标将选取的对象包含在矩形框中，再次单击，确定矩形框的另一个端点，此时矩形框内的对象被选中。

3）用菜单命令选取

执行菜单命令"Edit"→"Select"，弹出如图 6-97 所示菜单。

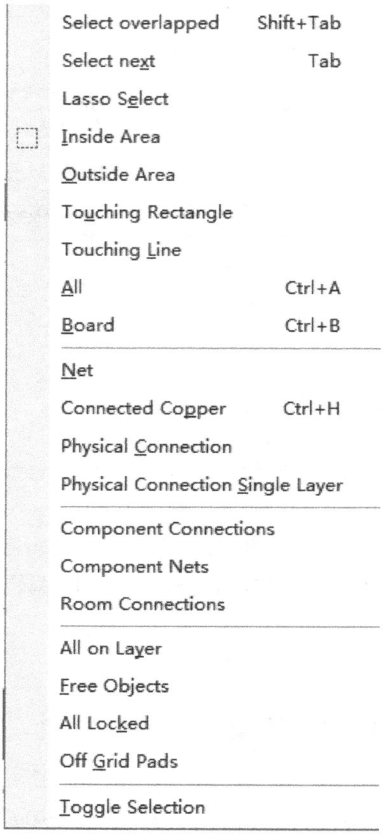

Select overlapped	Shift+Tab
Select next	Tab
Lasso Select	
▢ Inside Area	
Outside Area	
Touching Rectangle	
Touching Line	
All	Ctrl+A
Board	Ctrl+B
Net	
Connected Copper	Ctrl+H
Physical Connection	
Physical Connection Single Layer	
Component Connections	
Component Nets	
Room Connections	
All on Layer	
Free Objects	
All Locked	
Off Grid Pads	
Toggle Selection	

图 6-97　"Select"菜单

● "Select overlapped"：执行此命令后，选中重叠在一起的元件里最上面的元件。

● "Select next"：在选中某一个网络的一部分时，执行此命令后，会选中相同网络的剩余部分。

● "Lasso Select"：执行此命令后，出现十字光标，单击鼠标左键，或按下 Enter 键，以确定套索的起始点。在当前状态下，按空格键在自由格式和多线模式之间进行切换。在自由格式模式下，只需移动光标，就可以为所需的选择区域建立外形。一旦形状符合要求，单击鼠标左键或按 Enter 键，完成从上一个光标位置到起始点的形状。在 Polyline 模式下，只需单击确定一组顶点来定义多边形选择区域的形状。所有落在定义的套索范围内的物体都将被选中，同时会退出套索选择模式。

● "Inside Area"：执行此命令后，光标变成十字形状，用鼠标选取一个区域，则区域内的对象被选取。

- "Outside Area"：用于选取区域外的对象。
- "Touching Rectangle"：执行此命令后，出现十字光标，拖拽成一个矩形，会选中矩形接触到的所有元件，包括连线。
- "Touching Line"：执行此命令后，出现十字光标，拖拽成一条直线，这条直线所接触的所有元件包括连线都会被选中。
- "All"：执行此命令后，PCB 图纸上的所有对象都会被选取。
- "Board"：用来选取整个 PCB 板，包括板边界上的对象，而 PCB 板外的对象不会被选取。
- "Net"：用于选取指定网络中的所有对象。执行该命令后，光标变成十字形，单击指定网络的对象可选中整个网络。
- "Connected Copper"：用于选取与指定对象具有敷铜连接关系的所有对象。
- "Physical Connection"：用于选取指定的物理连接。
- "Physical Connection Single Layer"：用于在单个层上选取指定的物理连接。
- "Component Connections"：用于选取与指定元器件的焊盘相连接的所有导线、过孔等。
- "Component Nets"：用于选取当前文件中与指定元器件相连的所有网络。
- "Room Connections"：用于选取处于指定 Room 空间中的所有连接导线。
- "All on Layer"：用于选取当前层面上的所有对象。
- "Free Objects"：用于选取当前文件中除元器件外的所有自由对象，如导线、焊盘、过孔等。
- "All Locked"：用于选中所有锁定的对象。
- "Off Grid Pads"：用于选中所有不对准当前 snap 网格的焊盘。
- "Toggle Selection"：执行该命令后，对象的选取状态将被切换，即若该对象原来处于未选取状态，则被选取；若处于选取状态，则取消选取。

（2）取消选取

取消选取也有多种方法，这里介绍几种常用的方法。

①直接用鼠标单击 PCB 图纸上的空白区域，即可取消。

②单击工具栏中的 （取消所有选定）按钮，可以将图纸上所有被选取的对象取消。

③执行菜单命令"Edit"→"DeSelect"，弹出如图 6-98 所示菜单。

Lasso Deselect

Inside Area

Outside Area

Touching Line

Touching Rectangle

All

All on Layer

Free Objects

Toggle Selection

图 6-98　"DeSelect"菜单

- "Lasso DeSelect"：执行此命令后，取消套索选中的对象。

- "Inside Area":用于取消区域内对象的选取。
- "Outside Area":用于取消区域外对象的选取。
- "Touching Line":执行此命令后,出现十字光标,拖拽成一条直线,这条直线所接触的所有被选中元件都会被取消选中。
- "Touching Rectangle":执行此命令后,出现十字光标,拖拽成一个矩形,矩形接触到的所有选中元件都会被取消选中。
- "All":用于取消当前 PCB 图中所有处于选取状态对象的选取。
- "All on Layer":用于取消当前层面上所有对象的选取。
- "Free Objects":用于取消当前文件中除元器件外的所有自由对象的选取,如导线、焊盘、过孔等。
- "Toggle Selection":执行该命令后,对象的选取状态将被切换,即若该对象原来处于未选取状态,则被选取;若处于选取状态,则取消选取。

6.4.2　移动和删除对象

(1)单个对象的移动

1)单个未选取对象的移动

将光标移到需要移动的对象上(不需要选取),按下鼠标左键不放,拖动鼠标,对象将会随光标一起移动,到达指定位置后松开鼠标左键,即可完成移动;或者执行菜单命令"Edit"→"Move"→"Move",光标变成十字形状,单击需要移动的对象后,对象将随光标一起移动,到达指定位置后再次单击,完成移动。

2)单个已选取对象的移动

光标移到需要移动的对象上(该对象已被选取),同样按下鼠标左键不放,拖动至指定位置后松开;或者执行菜单命令"Edit"→"Move"→"Move Selection",将对象移动到指定位置;或者单击工具栏中的 ✛ 按钮,光标变成十字形状,单击需要移动的对象后,对象将随光标一起移动,到达指定位置后再次单击,完成移动。

(2)多个对象的移动

需要同时移动多个对象时,首先要将所有要移动的对象选中,然后在其中任意一个对象上按下鼠标左键不放,拖动鼠标,所有选中的对象将随光标整体移动,到达指定位置后松开鼠标左键;或者执行执行菜单命令"Edit"→"Move"→"Move Selection",将所有对象整体移动到指定位置;或者单击主工具栏中的 ✛ 按钮,将所有对象整体移动到指定位置,完成移动。

(3)菜单命令移动

除了上面介绍的两种菜单移动命令外,系统还提供了其他一些菜单移动命令。执行菜单命令"Edit"→"Move",弹出如图 6-99 所示的命令菜单。

- "Move":用于移动未选取的对象。
- "Drag":使用该命令移动对象时,与该对象连接的导线也随之移动或拉长,不断开该对象与其他对象的电气连接关系。
- "Component":执行该命令后,光标变成十字形,单击需要移动的元器件后,元器件将随光标一起移动,再次单击即可完成移动。或者在 PCB 编辑区空白区域内单击鼠标左键,将弹出元器件选择对话框,在对话框中可以选择移动的元器件。

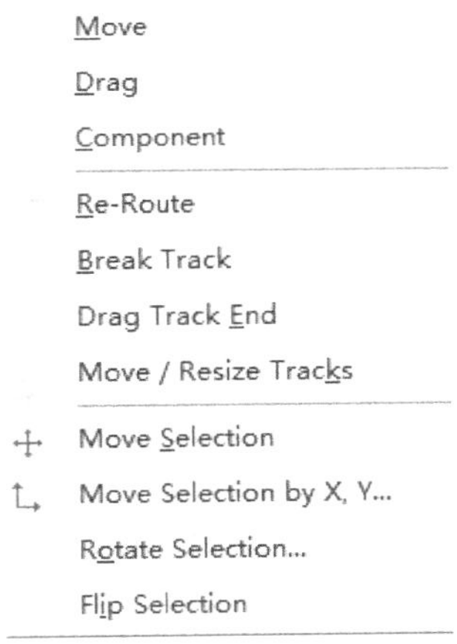

Move

Drag

Component

Re-Route

Break Track

Drag Track End

Move / Resize Tracks

╄ Move Selection

↳ Move Selection by X, Y...

Rotate Selection...

Flip Selection

图 6-99　"Move"菜单

● "Re-Route":执行该命令后,光标变成十字形,单击选取要移动的导线,可以在不改变其两端端点位置的情况下改变布线路径。

● "Rotate Selection":用于将选取的对象按照设定角度旋转。

● "Flip Selection":用于镜像翻转已选取的对象。

(4) 对象的删除

①执行菜单命令"Edit"→"Delete",鼠标光标变成十字形,将十字形光标移到要删除的对象上,单击即可将其删除。

②此时,光标仍处于十字形状态,可以继续单击删除其他对象。若不再需要删除对象,单击鼠标右键或按 Esc 键即可退出。

③也可以单击选取要删除的对象,然后按 Delete 键可以将其删除。

④若需要一次性删除多个对象,用鼠标选取要删除的多个对象后,执行菜单命令"Edit"→"Clear"或按 Delete 键,即可以将选取的多个对象删除。

6.4.3　对象的复制、剪切和粘贴

(1) 对象的复制

对象的复制是指将对象复制到剪贴板中,具体步骤如下:

①在 PCB 图上选取需要复制的对象。

②执行复制命令,有以下三种方法:

● 执行菜单命令"Edit"→"Copy"。

● 单击工具栏中的 (拷贝)按钮。

● 使用快捷键 Ctrl + C 或 E + C。

③执行复制命令后,光标变成十字形,单击已被选取的复制对象,即可将对象复制到剪贴板中,完成复制操作。

(2) 对象的剪切

具体步骤如下:

①在 PCB 图上选取需要剪切的对象。

②执行剪切命令,有以下三种方法:

- 执行菜单命令"Edit"→"Cut"。
- 单击工具栏中的 ✂（剪切）按钮。
- 使用快捷键 Ctrl + X 或 E + T。

③执行剪切命令后,光标变成十字形,单击要剪切的对象,该对象将从 PCB 图上消失,同时被复制到剪贴板中,完成剪切操作。

（3）对象的粘贴

对象的粘贴就是把剪贴板中的对象放置到编辑区里,有以下三种方法:

- 执行菜单命令"Edit"→"Paste"。
- 单击工具栏中的 🖼（粘贴）按钮。
- 使用快捷键 Ctrl + V 或 E + P。

（4）对象的橡皮图章粘贴

使用橡皮图章粘贴时,执行一次操作命令,可以进行多次粘贴,具体操作如下:

①选取要进行橡皮图章粘贴的对象。

②执行橡皮图章粘贴命令,有以下三种方法:

- 执行菜单命令"Edit"→"Rubber Stamp"。
- 单击工具栏中的 🖼按钮。
- 使用快捷键 Ctrl + R 或 E + B。

③执行命令后,光标变成十字形,单击被选中的对象后,该对象被复制并随光标移动。在图纸指定位置单击鼠标左键,放置被复制的对象,此时光标仍处于放置状态,可连续放置,且放置元件名称会按当前编号自动向下延续。

④放置完成后,单击鼠标右键或按 Esc 键退出橡皮图章粘贴命令。

（5）对象的特殊粘贴

前面所讲的粘贴命令中,对象仍然保持其原有的层属性。若要将对象放置到其他层面中去,就要使用特殊粘贴命令。

①将对象欲放置的层面设置为当前层。

②执行特殊粘贴命令,有两种方法:

- 执行菜单命令"Edit"→"Paste Special"。
- 使用快捷键 E + A。

③执行命令后,系统弹出如图 6-100 所示的特殊粘贴对话框。

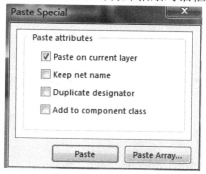

图 6-100 "Paste Special"对话框

用户根据需要选择合适的复选框,以实现不同的功能,各复选框的意义如下:

● "Paste On Current Layer":粘贴到当前层,若选中该复选框,则表示将剪贴板中的对象粘贴到当前的工作层中。

● "Keep net name":保持网络名称,若选中该复选框,则表示保持网络名称。

● "Duplicate designator":重复标号,若选中该复选框,则复制对象的元器件标号将与原始元器件的标号相同。

● "Add component class":添加元件类,若选中该复选框,则将所粘贴的元器件纳入同一类元器件。

④设置完成后,单击 Paste 按钮,进行粘贴操作,或者单击 Paste Array... 按钮,进行阵列粘贴。

（6）对象的阵列式粘贴

具体步骤如下:

①将对象复制到剪贴板中。

②执行菜单命令"Edit"→"Paste Special",在弹出的对话框中单击 Paste Array... 按钮。或者单击实用工具栏中的 （应用工具）按钮,在弹出的菜单中选择 （阵列式粘贴）选项,系统弹出"设置粘贴阵列"对话框,如图 6-101 所示。

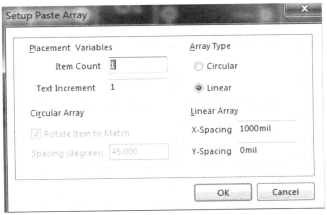

图 6-101　"Paste Array"对话框

在该对话框中,各项设置的意义如下:

● "Item Count":项目计数,用于输入需要粘贴的对象的个数。

● "Text Increment":文本增量,用于输入粘贴对象序列号的递增数值。

● "Circular":圆形,若选中该单选按钮,则阵列式粘贴是圆形布局。

● "Linear":线性的,若选中该单选按钮,则阵列式粘贴是直线布局。

选中"圆形"单选按钮,则"Circular Array（循环阵列）"选项组被激活。

● "Rotate Item to Match":匹配旋转项目,若选中该复选框,则粘贴对象随角度旋转。

● "Spacing（degrees）":间距,用于输入旋转的角度。

若选中"线性的"单选按钮,则"Linear Array（线性阵列）"选项组被激活。

● "X-Spacing":用于输入每个对象的水平间距。

● "Y-Spacing":用于输入每个对象的垂直间距。

③设置完成后,单击 OK 按钮,光标变成十字形,在图纸的指定位置单击即可完成阵列式粘贴。

6.4.4 对象的翻转

在 PCB 设计过程中,为了方便布局,往往要对对象进行翻转操作。下面介绍几种常用的翻转方法。

(1)利用空格键

单击需要翻转的对象并按住不放,等到光标变成十字形后,按空格键可以进行翻转。每按一次空格键,逆时针旋转 90°。

(2)用 X 键实现元器件左右对调

单击需要对调的对象并按住不放,等到光标变成十字形后,按 X 键可以对对象进行左右对调操作。

(3)用 Y 键实现元器件上下对调

单击需要对调的对象并按住不放,等到光标变成十字形后,按 Y 键可以对对象进行上下对调操作。

6.4.5 对象的对齐

执行菜单命令"Edit(编辑)"→"Align(对齐)",弹出排列和对齐菜单命令,如图 6-102 所示。

	Align...	
	Position Component Text...	
	Align Left	Shift+Ctrl+L
	Align Right	Shift+Ctrl+R
	Align Left (maintain spacing)	Shift+Alt+L
	Align Right (maintain spacing)	Shift+Alt+R
	Align Horizontal Centers	
	Distribute Horizontally	Shift+Ctrl+H
	Increase Horizontal Spacing	
	Decrease Horizontal Spacing	
	Align Top	Shift+Ctrl+T
	Align Bottom	Shift+Ctrl+B
	Align Top (maintain spacing)	Shift+Alt+I
	Align Bottom (maintain spacing)	Shift+Alt+N
	Align Vertical Centers	
	Distribute Vertically	Shift+Ctrl+V
	Increase Vertical Spacing	
	Decrease Vertical Spacing	
	Align To Grid	Shift+Ctrl+D
	Move All Components Origin To Grid	

图 6-102 "Align"命令菜单

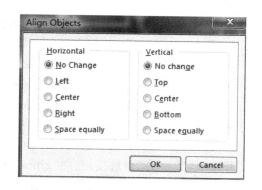

图 6-103 "Align Objects"对话框

其各项的功能如下：

　● Align(对齐)：执行该命令后,弹出"Align Objects"(排列对齐)设置对话框,如图 6-103 所示。

➤ Horizontal(水平方向)：用来设置对象在水平方向的排列方式。

　∨　No Change(不改变)：水平方向上保持原状,不进行排列。

　∨　Left(左边)：水平方向左对齐,等同于"Align Left"(左对齐)命令。

　∨　Center(居中)：水平中心对齐,等同于"Align Horizontal Centers"(水平中心对齐)命令。

　∨　Right(右边)：水平方向右对齐,等同于"Align Right"(右对齐)命令。

　∨　Space equally(等间距)：水平方向均匀排列,等同于"Distribute Horizontally"(水平分布)命令。

➤ Vertical(垂直方向)：用来设置对象在垂直方向的排列方式。

　∨　No Change(不改变)：垂直方向上保持原状,不进行排列。

　∨　Top(置顶)：垂直方向顶对齐,等同于"Align Top"(顶对齐)命令。

　∨　Center(居中)：垂直方向中心对齐,等同于"Align Vertical Centers"(垂直中心对齐)命令。

　∨　Bottom(置底)：垂直方向底对齐,等同于"Align Bottom"(底对齐)命令。

　∨　Space equally(等间距)：垂直方向均匀排列,等同于"Distribute Vertically"(垂直对齐)命令。

　● Align Left(左对齐)：将选取的对象向最左端的对象对齐。

　● Align Right(右对齐)：将选取的对象向最右端的对象对齐。

　● Align Left(Maintain Spacing)：向左排列,将选取的对象按元件编号顺序,最小编号元件位置为最左端,等距离按编号顺序从左到右排列对象。

　● Align Right(Maintain Spacing)：向右排列,将选取的对象按元件编号顺序,最小编号元件位置为最右端,等距离按编号顺序从右到左排列对象。

　● Align Horizontal Centers(水平中心对齐)：将选取的对象向最左端对象和最右端对象的中间位置对齐。

　● Distribute Horizontally(水平分布)：将选取的对象在最左端对象和最右端组对象之间等距离排列。

　● Increase Horizontal Spacing(增加水平间距)：将选取的对象水平等距离排列并加大对象组内各对象之间的水平距离。

　● Decrease Horizontal Spacing(缩小水平间距)：将选取的对象水平等距离排列并缩小对象组内各对象之间的水平距离。

　● Align Top(顶对齐)：将选取的对象向最上端的对象对齐。

　● Align Bottom(底对齐)：将选取的对象向最下端的对象对齐。

　● Align Top(Maintain Spacing)：向上排列,将选取的对象按元件编号顺序,最小编号元件位置为最上端,其他元件都向最小编号元件等距离垂直对齐。

　● Align Bottom(Maintain Spacing)：向下排列,将选取的对象按元件编号顺序,最小编号元件位置为最下端,其他元件都向最小编号元件等距离垂直对齐。

　● Increase Vertical Spacing(增加垂直间距)：将选取的对象垂直等距离排列并加大对象组内各对象之间的垂直距离。

● Decrease Vertical Spacing(缩小垂直间距):将选取的对象垂直等距离排列并缩小对象组内各对象之间的垂直距离。

6.4.6　光标的快速跳转

在 PCB 设计过程中,经常需要将光标快速跳转到某个位置或某个元器件上,在这种情况下,可以使用系统提供的快速跳转命令。

执行菜单命令"Edit(编辑)"→"Jump(跳转)",弹出跳转菜单,如图 6-104 所示。

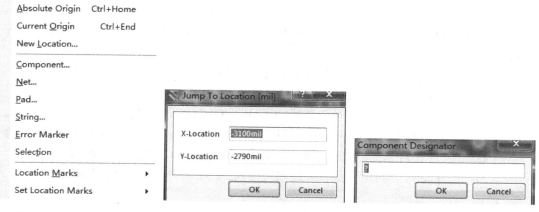

图 6-104　"Jump"菜单　　　图 6-105　"New Location"对话框　　　图 6-106　"Component"对话框

● Absolute Origin(绝对原点):用于将光标快速跳转到 PCB 的绝对原点。

● Current Origin(当前原点):用于将光标快速跳转到 PCB 的当前原点。

● New Location(新位置):执行该命令后,弹出如图 6-105 所示的对话框。在该对话框中输入坐标值后,单击 OK 按钮,光标将跳转到指定位置。

● Component(器件):执行该命令后,系统弹出如图 6-106 所示的对话框。在对话框中输入元器件标识符后,单击 OK 按钮,光标将跳转到该元器件处。

● Net(网络):用于将光标跳转到指定网络处。

● Pad(焊盘):用于将光标跳转到指定焊盘上。

● String(字符串):用于将光标跳转到指定字符串处。

● Error Marker(错误标志):用于将光标跳转到错误标记处。

● Selection(选择):用于将光标跳转到选取的对象处。

● Location Marks(位置标志):用于将光标跳转到指定位置标记处。

● Set Location Marks(设置位置标志):在启动该命令后,光标将变为十字交叉。将光标定位到工作区中的一点,创建一个标记并单击。该位置的坐标将存储在指定的位置标记中。

6.5　PCB 图的绘制

在 PCB 编辑器的菜单命令的"Place(放置)"菜单中,系统提供了各种元素的绘制和放置命令,这些元素包括走线、焊盘、过孔、文字标注等。同时这些命令也可以在工具栏中找到,如

图 6-107 所示。

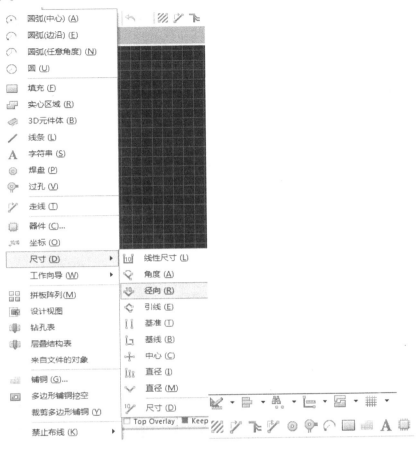

图 6-107　"Place"菜单和工具栏

6.5.1　绘制铜膜导线

在绘制导线之前,单击板层标签,选定导线要放置的层面,将其设置为当前层。

(1)启动绘制铜膜导线命令

启动绘制铜膜导线命令有 4 种方法:

● 执行菜单命令"Place(放置)"→"Track(交互式布线)"。

● 单击布线工具栏中的 ⚡(交互式布线连接)按钮。

● 在 PCB 编辑区内单击鼠标右键,在弹出的快捷菜单中选择"Interactive Routing(交互式布线)"选项。

● 使用快捷键 P + T。

(2)绘制铜膜导线

①启动绘制命令后,光标变成十字形,在指定位置单击,确定导线起点。

②移动光标绘制导线,在导线拐弯处单击鼠标左键,然后继续绘制导线,在导线终点处再次单击鼠标左键,结束该导线的绘制。

③此时,光标仍处于十字形状态,可以继续绘制导线。绘制完成后,单击鼠标右键或按

Esc 键退出绘制状态。

(3) 导线的属性设置

①在绘制导线过程中,按 Tab 键,弹出交互式布线对话框,如图 6-108 所示。在该对话框中可以设置导线宽度、所在层面、过孔直径以及过孔孔径,同时还可以通过按钮重新设置布线宽度规则和过孔布线规则等。此设置将作为绘制下一段导线的默认值。

图 6-108　交互式布线对话框

②绘制完成后,双击需要修改属性的导线,弹出导线属性对话框。如图 6-109 所示。在此对话框中可设置导线的起始和终止坐标、宽度、所在层、网络等属性,还可以设置是否锁定。

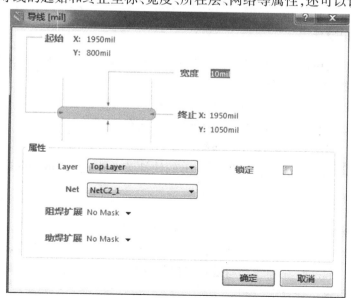

图 6-109　导线对话框

6.5.2　绘制直线

这里绘制的直线多指与电气属性无关的线,它的绘制方法与属性设置与前面讲的对导线的操作基本相同,只是启动绘制命令的方法不同。

启动绘制直线命令有三种方法:

- 执行菜单命令"Place(放置)"→"Line(线条)"。
- 单击实用工具栏中的 ⊿ 按钮,在弹出的菜单中选择 ╱ (放置线条)选项。
- 使用快捷键 P + L。

6.5.3　放置元器件封装

在 PCB 设计过程中,有时候会因为在电路原理图中遗漏了部分元器件,而使设计达不到预期目的,但重新设计将耗费大量的时间。在这种情况下,就可以直接在 PCB 中添加遗漏的元器件封装。

(1)启动放置元器件封装命令

启动放置元器件封装命令有以下几种方法:

- 执行菜单命令"Place(放置)"→"Component(器件)"。
- 单击工具栏中的 ▦ 按钮。
- 使用快捷键 P + C。

(2)放置元器件封装

启动放置命令后,系统弹出"放置元件"对话框,如图 6-110 所示。

图 6-110　"放置元件"对话框

在该对话框中可以选择、放置要放置的元器件封装,步骤如下:

①在"放置类型"区域中选中"封装"单选按钮。

②若已知要放置的元器件封装名称,则将封装名称输入"元件详情"选项组中的"封装"文本框中;若不能确定封装名称,则单击文本框后面的 ⊞ 按钮,弹出浏览元器件对话框,如图6-111所示。该对话框列出了当前库中所有元器件的封装,选择要添加的元器件封装。

③选定后,可以在"位号"和"注释"文本框中为该封装输入标识符和注释文字。

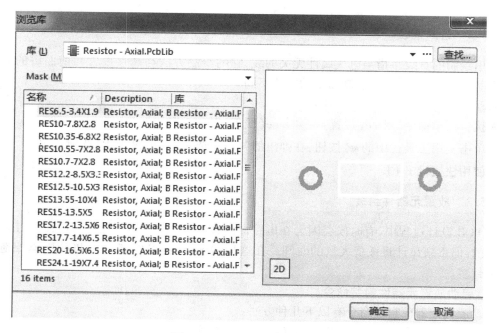

图 6-111　浏览元器件对话框

④单击 **确定** 按钮后,选定元器件的封装外形将随光标移动,在图纸的合适位置单击放置该封装。放置完成后,单击鼠标右键退出。

（3）设置元器件属性

双击放置完成的元器件封装,或者在放置状态下按 Tab 键,系统弹出元器件属性设置对话框,如图 6-112 所示。

该对话框中参数的意义如下:

1）"元件属性"选项组

- 板层:用于设置元器件放置的层面。
- 旋转:用于设置元器件放置时旋转的角度。
- X 轴位置、Y 轴位置:用于设置元器件的位置坐标。
- 类型:用于设置元器件的类型。
- 高度:用于设置元器件高度,作为 PCB 3D 仿真时的参考。

2）"标号"选项组

- 文本:用于设置元器件标号。
- 高度:设置标号中字体高度。
- 宽度:设置字体宽度。
- 层:设置标号所在层面。
- 旋转:设置字体旋转角度。
- X 轴位置、Y 轴位置:设置标号的位置坐标。
- 自动定位:设置标号的位置,单击后面的下三角按钮,可以选择。

3）"注释"选项组

该区域设置项与"标号"选项组相同。

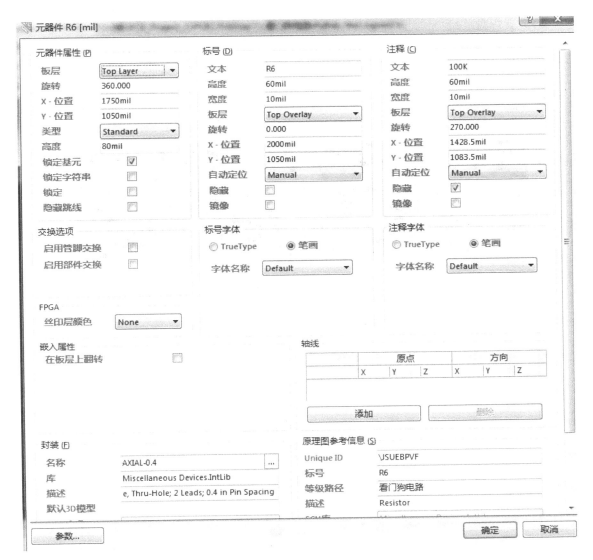

图 6-112 元器件属性设置对话框

4)"封装"选项组

显示当前的封装名称、库文件名等信息。

5)"原理图参考信息"选项组

该区域包含了与 PCB 3 封装对应的原理图元器件的相关信息。

6.5.4 放置焊盘和过孔

(1)放置焊盘

1)启动放置焊盘命令

- 执行菜单命令"Place(放置)"→"Pad(焊盘)"。

- 单击工具栏中的◎(放置焊盘)按钮。

- 使用快捷键 P + P。

2）放置焊盘

启动命令后，光标变成十字形并带有一个焊盘图形。移动光标到合适位置，单击即可在图纸上放置焊盘。此时系统仍处于放置焊盘状态，可以继续放置。放置完成后，单击鼠标右键退出。

3）设置焊盘属性

在焊盘放置状态下按 Tab 键，或者双击放置好的焊盘，打开"焊盘"对话框，如图 6-113 所示。

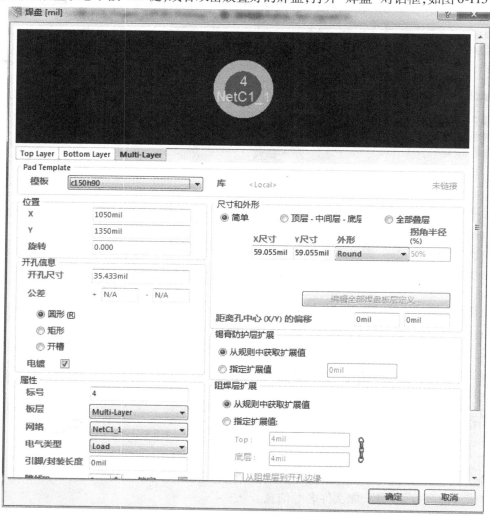

图 6-113　"焊盘"对话框

在该对话框中，可以设置关于焊盘的各种属性。

- "位置"选项组：设置焊盘中心点的位置坐标。

➤ X：设置焊盘中心点的 X 坐标。

➤ Y：设置焊盘中心点的 Y 坐标。

➤旋转：设置焊盘旋转角度。

- "开孔信息"选项组：设置焊盘孔的尺寸大小。

➤开孔尺寸：设置焊盘中心通孔尺寸。

➤圆形:通孔形状设置为圆形,如图 6-114 所示。

➤矩形:通孔形状为正方形,如图 6-114 所示,同时添加参数设置角度,默认为 0°。

➤开槽:通孔形状为槽形,如图 6-114 所示,同时添加参数设置"长度"。图 6-113 中"长度"为 10,"旋转"角度为 0°。

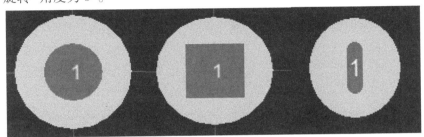

图 6-114　圆形、正方形、槽形通孔

➤电镀:若选中该复选框,则焊盘孔内将涂上铜,上下焊盘导通。

●"属性"选项组。

➤标号:设置焊盘标号。

➤板层:设置焊盘所在层面。对于直插式焊盘,应选择 Multi-Layer;对于表面贴片式焊盘,应根据焊盘所在层面选择 Top-Layer 或 Bottom-Layer。

➤网络:设置焊盘所处的网络。

➤电气类型:设置电气类型,有三个选项可选,包括 Load(负载点)、Terminator(终止点)和 Source(源点)。

➤锁定:设置是否锁定焊盘。

●测试点设置:设置是否添加测试点,并添加到哪一层,后面有两个复选框"装配""生产"在"顶层""底层",供读者选择。

●"尺寸和外形"选项组。

➤简单:若选中该单选按钮,则 PCB 图中所有层面的焊盘都采用同样的形状。焊盘有 4 种形状供选择,包括 Round(圆形)、Rectangle(长方形)、Octangle(八角形)和 RoundedRectangle(圆角矩形),如图 6-115 所示。

➤顶层-中间层-底层:若选中该单选按钮,则顶层、中间层和底层使用不同形状的焊盘。

➤全部叠层:若选中该项,单击　编辑全部焊盘板层定义...　按钮,则进入"焊盘层编辑器"对话框,如图 6-116 所示。

图 6-115　焊盘形状

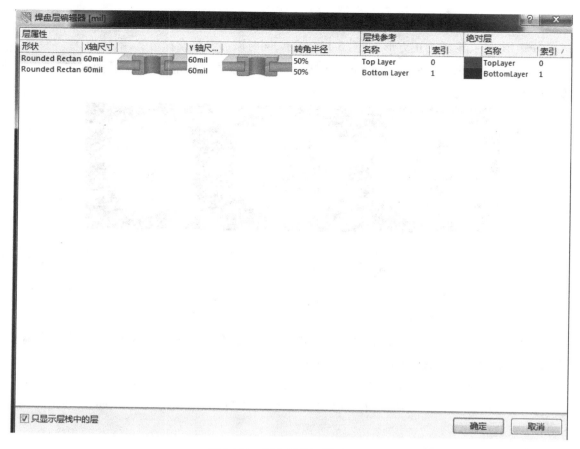

图 6-116　焊盘层编辑器对话框

在该对话框中,可以对焊盘的形状、尺寸逐层设置。对于焊盘属性设置对话框中的其他各选项,一般采用默认设置即可。

(2)放置过孔

过孔主要用来连接不同板层之间的布线。一般情况下,在布线过程中,换层时系统会自动放置过孔,用户也可以自己放置。

1)启动放置过孔命令

启动放置过孔命令有以下几种方式:

- 执行菜单命令"Place(放置)"→"Via(过孔)"。
- 单击工具栏中的 （放置过孔)按钮。
- 使用快捷键 P + V。

2)放置过孔

启动命令后,光标变成十字形并带有一个过孔图形。移动光标到合适位置,单击即可在图纸上放置过孔。此时系统仍处于放置过孔状态,可以继续放置。放置完成后,单击鼠标右键退出。

3)设置过孔属性

在过孔放置状态下按 Tab 键,或者双击放置好的过孔,打开过孔属性设置对话框,如图6-117所示。首先设置过孔的基本参数。

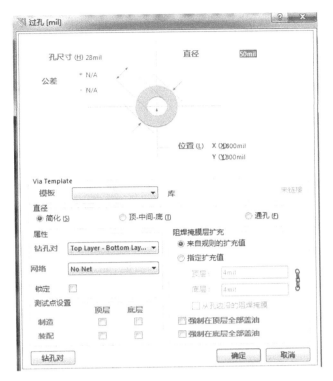

图 6-117　过孔属性设置对话框

➢孔尺寸:设置过孔孔径的尺寸。

➢直径:设置过孔外直径尺寸。

➢位置 X、Y:设置过孔中心点的位置坐标。

·"直径"区域:设置过孔直径外形参数。有三种类型可供选择,选择不同的类型显示不同的参数。

➢简化:选择该项,对过孔外直径做设定。

➢顶二中间一底:选择该项,则顶层、中间层和底层可使用不同直径过孔。

➢通孔:选择该项,可在工作层上定义通孔尺寸。

·"属性"选项组。

➢钻孔对:设置过孔的起始板层和终止板层。

➢网络:设置过孔所属网络。

➢锁定:设置是否锁定过孔。

·"测试点设置"选项组:设置是否添加测试点,并添加到哪一层,后面有两个复选框供选择。

6.5.5　放置文字标注

文字标注主要是用来解释说明 PCB 图中的一些元素。

(1)启动放置文字标注命令

有如下几种方式:

- 执行菜单命令"Place(放置)"→"String(字符串)"。
- 单击工具栏中的 **A**(放置字符串)按钮。
- 使用快捷键 P + S。

图 6-118　字符串属性设置对话框

(2)放置文字标注

启动命令后,光标变成十字形并带有一个字符串虚影,移动光标到图纸中需要文字标注的位置单击放置字符串。此时系统仍处于放置状态,可以继续放置字符串。放置完成后,单击鼠标右键退出。

(3)字符串属性设置

在放置状态下按 Tab 键或者双击放置完成的字符串,系统弹出字符串属性设置对话框,如图 6-118 所示。

- 宽度:设置字符串的宽度。
- Height(高度):设置字符串高度。
- 旋转:设置字符串的旋转角度。
- 位置 X、Y:设置字符串的位置坐标。
- 属性:设置文字标注的内容。
- 板层:设置文字标注所在的层面。
- 字体:设置字体。后面有两个单选按钮,选择后,下面一栏中会显示出与之对应的设置内容。

6.5.6　放置坐标原点和位置坐标

在 PCB 编辑环境中,系统提供了一个坐标系,它以图纸的左下角为坐标原点,用户可以根据需要建立自己的坐标系。

(1)放置坐标原点

1)启动放置坐标原点命令

有以下几种方式:

- 执行菜单命令"Edit(编辑)"→"Origin(原点)"→"Set(设置)"。
- 单击实用工具栏中的 按钮,在弹出的菜单中选择 项。
- 使用快捷键 E + O + S。

2)放置坐标原点

启动命令后,光标变成十字形。将光标移到要设置成原点的点处,单击鼠标左键即可。若要恢复到原来的坐标系,执行菜单命令"编辑"→"原点"→"复位"。

(2)放置位置坐标

1)启动放置位置坐标命令

- 执行菜单命令"Place(放置)"→"Coordinate(坐标)"。

- 单击实用工具栏中的 ✎ 按钮,在弹出的菜单中选择 ⁺¹⁰⁰ (坐标)选项。
- 使用快捷键 P + O。

2) 放置位置坐标

启动命令后,光标变成十字形并带有一个坐标值。移动光标到合适位置,单击左键即可将坐标值放置到图纸上。此时仍可继续放置,单击右键可退出。

3) 位置坐标属性设置

在放置状态下按 Tab 键,或者双击放置完成的位置坐标,系统弹出位置坐标属性设置对话框,如图 6-119 所示。该对话框中,单击"单位格式"后面的下三角按钮,可以选择位置坐标的单位标注样式:None(不标注单位)、Normal(一般标注)和 Brackets(单位放在小括号中)。

图 6-119 位置坐标属性设置对话框

6.5.7 放置尺寸标注

在 PCB 设计过程中,系统提供了多种标注命令,用户可以使用这些命令在电路板上进行一些尺寸标注。

（1）启动尺寸标注命令

- 执行菜单命令"Place(放置)"→"Dimension(尺寸)",系统弹出尺寸标注菜单,如图 6-120 所示。选择执行菜单中的一个命令。

- 单击实用工具栏中的 ▭ (放置尺寸)按钮,打开尺寸标注按钮菜单,单击菜单中的一个命令。

（2）放置尺寸标注

1) 放置线性尺寸标注

①启动命令后,移动光标到指定位置,单击确定标注的起始点。

图 6-120 尺寸标注命令菜单

线性尺寸 (L)
角度 (A)
径向 (R)
引线 (E)
基准 (T)
基线 (B)
中心 (C)
直径 (I)
直径 (M)
尺寸 (D)

②移动光标到另一个位置,再次单击确定标注的终止点。

③继续移动光标,可以调整标注的放置位置,在合适位置单击完成一次标注。

此时仍可继续放置尺寸标注,也可单击鼠标右键退出。

2)放置角度尺寸标注

①启动命令后,移动光标到要标注的角的顶点或一条边上,单击左键确定标注第一个点。

②移动光标,在同一条边上距第一点稍远处再次单击确定标注的第二点。

③移动光标到另一条边上,单击确定第三点。

④移动光标,在第二条边上距第三点稍远处再次单击。

此时标注的角度尺寸确定,移动光标可以调整放置位置,在合适位置单击鼠标完成一次标注。可以继续放置尺寸标注,也可以单击鼠标右键退出。

3)放置径向尺寸标注

①启动命令后,移动光标到圆或圆弧的圆周上,单击则半径尺寸被确定。

②移动光标,调整放置位置,在合适位置单击鼠标完成一次标注。

可以继续放置尺寸标注,也可以单击鼠标右键退出。

4)放置引线尺寸标注

引线尺寸标注主要用来提供对某些对象的提示信息。

①启动命令后,移动光标至需要标注的对象附近,单击鼠标左键确定引线尺寸标注箭头的位置。

②移动光标调整标注线的长度,单击鼠标确定标注线的转折点,继续移动鼠标并单击,完成放置。

③单击鼠标右键退出放置状态。

5)放置基准尺寸标注

基准尺寸标注用来标注多个对象间的线性距离,使用该命令可以实现对两个或两个以上对象的距离标注。

①启动该命令后,移动光标到需要标注的第一个对象上,单击确定基准点位置,此位置的标注值为 0。

②移动光标到第二个对象上,单击确定第二个参考点。

③继续移动光标到下一个对象,单击确定对象的参考点,以此继续。

④选择完所有对象后,单击鼠标右键,停止选择对象。移动光标调整标注放置的位置,在合适位置单击,完成放置。

6)放置基线尺寸标注

①启动命令后,移动光标到基线位置,单击确定标注基准点。

②移动光标到下一个位置,单击确定第二个参考点,该点的标注被确定,移动光标可以调整标注位置,在合适位置单击确定标注位置。

③移动光标到下一个位置,按照上面的方法继续标注。标注完所有的参考点后,单击右键退出。

7)放置中心尺寸标注

中心尺寸标注用来标注圆或圆弧的中心位置,标注后,在中心位置上会出现一个十字标记。

①启动命令后,移动光标到需要标注的圆或圆弧的圆周上单击,光标将自动跳到圆或圆弧的圆心位置,并出现一个十字标记。

②移动光标调整十字标记的大小,在合适大小时单击左键确定。

可以继续选择标注其他圆或圆弧,也可以单击右键退出。

8)放置直线式直径尺寸标注

①启动命令后,移动光标到圆周上,单击确定直径标注的尺寸。

②移动光标调整标注放置位置,在合适位置再次单击,完成标注。

此时,系统仍处于标注状态,可以继续标注,也可以单击右键退出。

9)放置射线式直径尺寸标注

标注方法与前面所讲的放置直线式直径尺寸标注方法基本相同。

10)放置尺寸标注

①启动命令后,移动光标到指定位置,单击确定标注的起始点。

②移动光标可到另一个位置,再次单击确定标注的终止点。

③继续移动光标,可以调整标注的放置位置,可 360°旋转,在合适位置单击完成一次标注。

此时仍可继续放置尺寸标注,也可单击鼠标右键退出。

(3)设置尺寸标注属性

对于上面所讲的各种尺寸标注,它们的属性设置大体相同,这里只介绍其中的一种。双击放置的线性尺寸标注,系统弹出"线性尺寸"对话框,如图 6-121 所示。

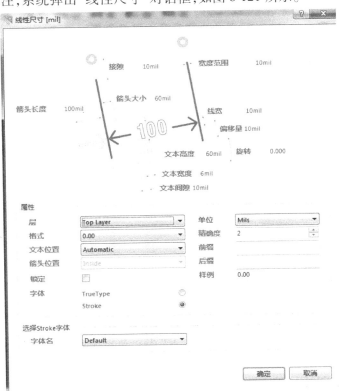

图 6-121　标注尺寸属性设置对话框

6.5.8 绘制圆弧

(1) 中心法绘制圆弧

1) 启动中心法绘制圆弧命令

有以下几种方式:

- 执行菜单命令"Place(放置)"→"Arc(Center)圆弧(中心)"。
- 单击"实用"工具栏中的 按钮,在弹出的菜单中选择 ⊙(从中心放置圆弧)选项。
- 使用快捷键 P + A。

2) 绘制圆弧

①启动命令后,光标变成十字形。移动光标,在合适位置单击左键,确定圆弧中心。

②移动光标,调整圆弧的半径大小,在大小合适时单击确定。

③继续移动光标,在合适位置单击左键确定圆弧起点位置。

此时,光标自动跳到圆弧的另一个端点处,移动光标,调整端点位置,单击确定。

可以继续绘制下一个圆弧,也可单击右键退出。

3) 设置圆弧属性

在绘制圆弧状态下按 Tab 键,或者单击绘制完成的圆弧,打开圆弧属性设置对话框,如图 6-122 所示。

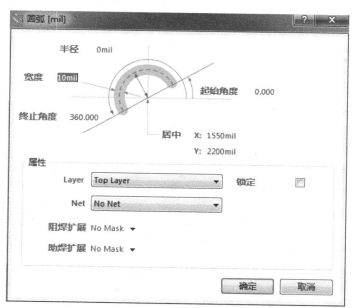

图 6-122　圆弧属性设置对话框

在该对话框中,可以设置圆弧的"居中 X、Y"中心位置坐标、"起始角度""终止角度""宽度""半径",以及圆弧所在的层面、所属的网络等参数。

(2) 边缘法绘制圆弧

1) 启动边缘法绘制圆弧命令

有如下几种方法:

- 执行菜单命令"Place(放置)"→"Arc(Edge)圆弧(边沿)"。
- 单击"实用"工具栏中的 🜂 (通过边沿放置圆弧)按钮。
- 使用快捷键 P + E。

2)绘制圆弧

启动命令后,光标变成十字形。移动光标到合适位置,单击确定圆弧的起点。移动光标,再次单击确定圆弧的终点。一段圆弧绘制完成后,可以继续绘制圆弧,也可以单击右键退出。采用此方法绘制出的圆弧是 90°圆弧,用户可以通过设置属性改变其弧度值。

圆弧属性设置的方法同上。

(3)绘制任何角度的圆弧

1)启动绘制命令

有以下几种方法:

- 执行菜单命令"Place(放置)"→"Arc(Any Angle)圆弧(任意角度)"。
- 单击"实用"工具栏中的 🖎 (应用工具)按钮,在弹出的菜单中选择 🜂 "通过边沿放置圆弧(任意角度)"选项。
- 使用快捷键 P + N。

2)绘制圆弧

①启动命令后,光标变成十字形。移动光标到合适位置,单击确定圆弧起点。

②拖动光标,调整圆弧半径大小,在合适大小时再次单击确定。

此时,光标会自动跳到圆弧的另一端点处,移动光标,在合适位置单击确定圆弧的终止点。可以继续绘制下一个圆弧,也可单击右键退出。

圆弧属性设置方法同上。

6.5.9 绘制圆

(1)启动绘制圆命令

- 执行菜单命令"Place(放置)"→"Full Circle(圆)"。
- 单击"实用"工具栏中的 🖎 (应用工具)按钮,在弹出的菜单中选择 ◎"放置圆"选项。
- 使用快捷键 P + U。

(2)绘制圆

启动绘制命令后,光标变成十字形。移动光标到合适位置,单击左键确定圆的圆心位置。此时光标自动跳到圆周上,移动光标可以改变半径大小,再次单击确定半径大小,一个圆绘制完成。此时可以继续绘制,也可单击右键退出。

(3)设置圆属性

在绘制圆状态下按 Tab 键,或者单击绘制完成的圆,打开圆属性设置对话框,其设置内容与以上所讲圆弧的属性设置相同。

6.5.10 放置填充区

(1)放置矩形填充

1)启动放置矩形填充命令

- 执行菜单命令"Place(放置)"→"Fill(填充)"。
- 单击工具栏中的 ▤ (放置填充)按钮。

● 使用快捷键 P + F。

2）放置矩形填充

启动命令后,光标变成十字形。移动光标到合适位置,单击确定矩形填充的一角。移动鼠标,调整矩形的大小,在合适大小时再次单击左键确定矩形填充的对角,一个矩形填充完成。此时可以继续放置,也可以单击右键退出。

3）矩形填充属性设置

在放置状态下按 Tab 键,或者单击放置完成的矩形填充,打开矩形填充属性设置对话框,如图 6-123 所示。

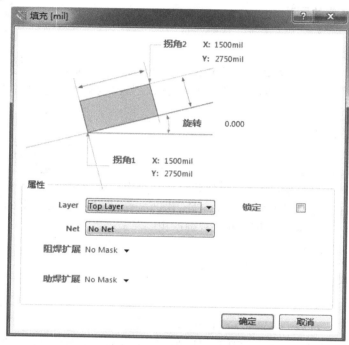

图 6-123　填充属性设置对话框

该对话框中,可以设置矩形填充的旋转角度、拐角 1 的 X、Y 坐标、拐角 2 的 X、Y 坐标以及填充所在的层、所属网络等参数。

（2）放置多边形填充

1）启动放置多边形填充命令

● 执行菜单命令"Place(放置)"→"Solid Region(实心区域)"。

● 使用快捷键 P + R。

2）放置多边形填充

①启动绘制命令后,光标变成十字形。移动光标到合适位置,单击确定多边形的第一条边上的起点。

②移动光标,单击确定多边形第一条边的终点,同时也作为第二条边的起点。

依次下去,直到最后一条边,单击退出该多边形的放置。

3）设置多边形填充属性

　　在放置状态下按 Tab 键，或者单击放置完成的多边形填充，打开多边形填充属性设置对话框，如图 6-124 所示。

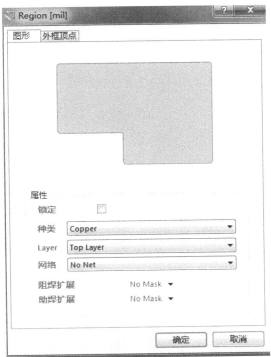

图 6-124　多边形填充属性设置对话框

第 **7** 章

绘制 PCB

第 6 章讲述了 Altium Designer 17 的 PCB 基本电路设计环境,包括其基本知识、设计规则以及参数设定等。本章将在前面章节的基础上对 PCB 绘制的具体过程进行详细讲述。这包括由原理图到 PCB 的衔接步骤:网络报表的生成,元件的布局以及元件之间的布线;规则检验、泪滴和文件更新等后续工作。

7.1　网络表的导入

原理图与电路板规划的工作都完成以后,就需要将原理图的设计信息传递到 PCB 编辑器中,以进行电路板的设计。从原理图向 PCB 编辑器传递的设计信息主要包括网络表文件、元器件的封装和一些设计规则信息。

Altium Designer 17 实现了真正的双向同步设计,网络表与元器件封装的装入既可以通过在原理图编辑器内更新 PCB 文件来实现,也可以通过在 PCB 编辑器内导入原理图的变化来完成。

需要强调的是:用户在装入网络连接与元器件封装之前,必须先装入元器件库,否则将导致网络表和元器件装入失败。

在 Altium Designer 17 中,元器件封装库以两种形式出现:一种是 PCB 封装库,一种是集成元器件库。这些内容将会在第 8 章进行详细介绍。

下面介绍 PCB 元器件库的装入以及网络表和元器件封装的载入。

● 在原理图编辑器中选择"设计(Design)"菜单下的"Update PCB Document ∗ . PcbDoc"子菜单项,即可弹出"工程变更指令(Engineering Change Order)"对话框,如图 7-1 所示。如果出现了错误,一般是因为原理图中的元器件在 PCB 图中的封装找不到,这时应该打开相应的原理图文件,检查元器件封装名是否正确或添加相应的元器件封装库文件。

还有一种错误比较常见,原因就是元件在原理图中各个管脚号和该元件的封装中对应焊盘的名称不一致,一般在三极管、二极管、滑动变阻器等元件上出现该错误比较多,对二极管来说,原理图里管脚号一般是 1、2,而对应封装可能有多个,比如选择 LED 作为发光二极管的封装,其焊盘名为 A、K,就会在导入时出现错误,如果不改正错误而强行导入,封装会导入到

PCB 中,但相应焊盘上的飞线会消失。为了避免这种错误的发生,最好的办法是在绘制原理图时,涉及这类元件,应先确定管脚号,一般这类元件都会隐藏管脚号,可进入元件属性对话框,勾选显示所有管脚,就会看到管脚号。在添加相应封装时一定要保证所选择封装的焊盘名称和管脚号要一致,这样就不会出现这类错误。如果所选封装的焊盘名称和管脚号不一致,可进入封装库进行修改并保存和更新,这样也会确保封装的焊盘名称和管脚号一致。

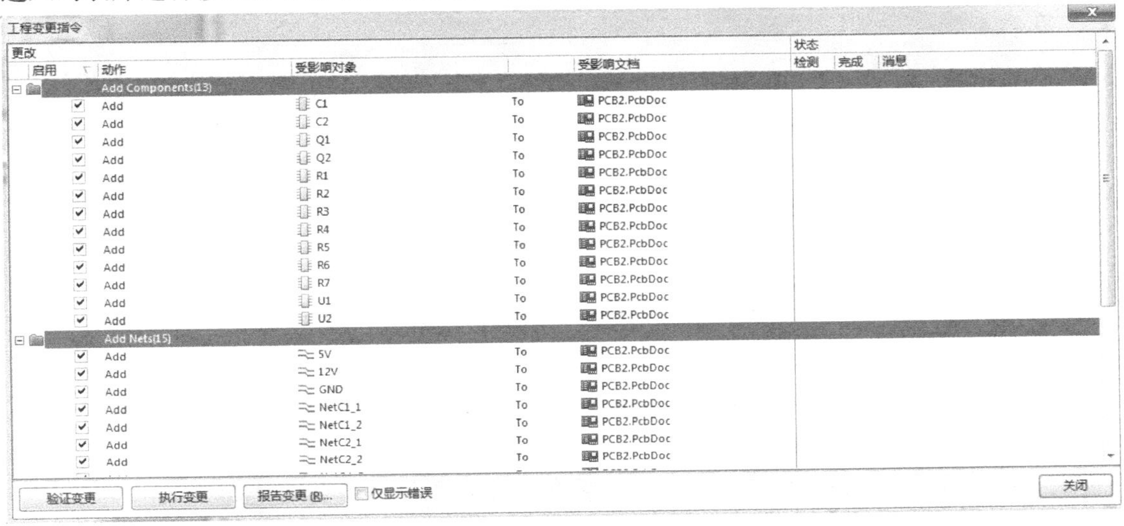

图 7-1 "工程变更指令(Engineering Change Order)"对话框

● 单击 验证变更 按钮。如果所有的改变均有效,那么显示在状态列表中的转换成功后的"检测"项目前面则打有对勾,如图 7-2 所示。如果改变无效,则应该关闭对话框,然后检查"消息(Message)"面板并清除所有错误。

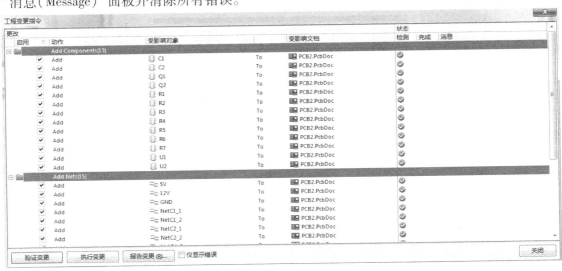

图 7-2 转换数据 PCB 图

● 单击 执行变更 按钮则可以将改变送到 PCB,完成后的状态则会变为"完成(Done)",如图 7-3 所示。

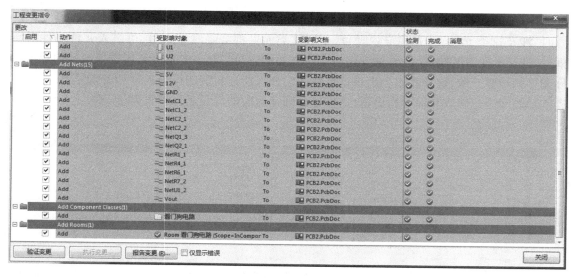

图 7-3　将改变发送到 PCB

• 单击 报告变更 (R)... 按钮即会弹出转换后的详细信息，如图 7-4 所示。

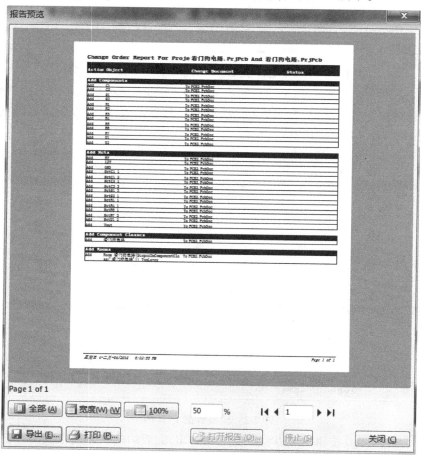

图 7-4　转换后的详细信息

● 关闭"工程变更指令(Engineering Change Order)"对话框,即可看到加载的网络表与元器件在 PCB 图中。如图在当前窗口中不能看到,则可按 Page Down 键缩小视图,如图 7-5 所示。

图 7-5 加载的网络表与元器件

7.2 元件的布局

在网络表正确导入后,所有元器件已经加载到 PCB 板上,需要对这些封装进行布局。合理的布局是 PCB 布线的关键,若单面板布局不合理,将无法完成布线;若双面板布局不合理,布线时会产生很多过孔,会使电路板导线变得非常复杂。PCB 编辑器中元件布局有自动布局和手工布局两种,但自动布局虽然布局的速度很快,一般结果都很杂乱,根本满足不了需要,所以还是需要用手工布局进行调整,按用户的要求进一步进行设计。

7.2.1 元件布局的基本规则

● 按电路模块进行布局,实现同一功能的相关电路称为一个模块。电路模块中的元件应采用就近原则,同时应将数字电路和模拟电路分开。

● 定位孔、标准孔等非安装孔周围 1.27 mm 内不得贴装元器件,螺钉等安装孔周围 3.5 mm(对应 M2.5 螺钉)、4 mm(对应 M3 螺钉)内不得贴装元器件。卧装电阻、电感(插件)、电解电容等元件的下方避免布过孔,以免波峰焊后过孔与元件壳体短路。

● 元器件的外侧距板边的距离为 5 mm。

● 贴装元件的焊盘外侧与相邻插装元件的外侧距离不得大于 2 mm。

● 金属壳体元件和金属件(屏蔽盒等)不能与其他元器件相碰,不能紧贴印制线、焊盘,其间距应大于 2 mm。定位孔、紧固件安装孔、椭圆孔及板中其他方孔外侧距板边的尺寸大于 3 mm。

● 发热元件不能紧邻导线和热敏元件;高热器件要均匀分布。

● 电源插座要尽量布置在电路板的四周,电源插座与其相连的汇流条接线端应布置在同侧。特别应注意不要把电源插座及其他焊接连接器布置在连接器之间,以利于这些插座、连接器的焊接及电源线缆设计和扎线。电源插座及焊接连接器间距应考虑方便电源插头的插拔。

● 其他元器件的布置:所有 IC 元件单边对齐,有极性元件极性标示明确,同一电路板上极性标示不得多于两个方向;出现两个方向时,两个方向应互相垂直。

● 板面布线应疏密得当,当疏密差别太大时候应以网状铜箔填充。

217

- 贴片焊盘上不能有通孔,以免焊膏流失造成元件的虚焊。重要信号线不准从插座脚间通过。
- 贴片单边对齐,字符方向一致,封装方向一致。
- 有极性的器件在以同一板上的极性标示方向尽量保持一致。

7.2.2 布局方法

(1) 自动布局

在"工具(Tools)"命令菜单中选择"器件摆放(Component Placement)"|"在矩形区域内排列"。元件布局前,应先选中要布局的所有元件。系统会弹出一个十字光标,在电路板中选择一个合适位置,按下鼠标左键不放,拉开一个适合大小的矩形区域,所有选中元件都会快速布局到该矩形区域。以图 7-5 的电路板为例,在执行完上述命令后,效果如图 7-6 所示。

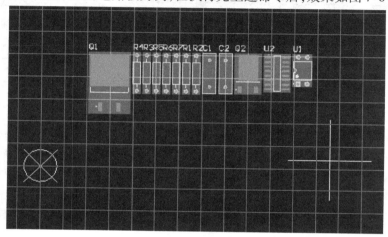

图 7-6 在执行完矩形区域内排列后的效果

(2) 手动布局

手工调整元器件时,需要移动元器件,其方法在前面的 PCB 编辑器的编辑功能中的对齐、旋转中讲过。另外,元器件的标注也需要进行调整,其字体大小也可以调整。在旋转移动元件时,应尽量让元件间的飞线交叉最少,这样过孔产生少,布线效果好。经调整后的效果如图 7-7 所示。

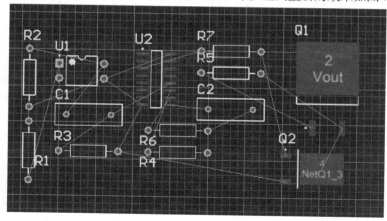

图 7-7 手工调整后的效果

7.3　系统自动布线

微电子技术的发展对布线的要求很高,于是就有了等长布线、实时阻抗布线、多线轨布线、交互式布线、智能交互式布线、交互式调整布线长度等。下面将逐一介绍。

7.3.1　布线的一般规则

- 画定布线区域距 PCB 边≤1 mm 的区域内,以及安装孔周围 1 mm 内,禁止布线。
- 电源线尽可能宽,不应低于 18 mil;信号线宽不应低于 12 mil;CPU 出入线不应低于 10 mil(或 8 mil);线间距不低于 10 mil。
- 正常过孔不低于 30 mil。
- 双列直插:焊盘 60 mil,孔径 40 mil。
- 1/4 W 电阻:51×55 mil^2(0805 表贴),直插时焊盘为 62 mil,孔径为 42 mil。
- 无极电容:51×55 mil^2(0805 表贴),直插时焊盘为 50 mil,孔径为 28 mil。
- 注意电源线与地线应尽可能呈放射状,以及信号线不能出现回环布线。

上述一般布线规则只针对于普通的低密度板设计。

Altium Designer 17 具有 Altium 的 Situs Topological Autorouter 引擎,该引擎完全集成到 PCB 编辑器中。Situs 引擎使用拓扑分析来映射板卡空间。

Altium 也完全支持 SPECCTRA 自动布线,在导出时可自动保持现有板块布线,通过 SPECCTRA 焊盘堆栈控制 Altium Designer,应用网络类别到 SPECCTRA 进行有效的基于类的布线约束,生成 PCB 布线。

自动布线前,一般需要根据设计要求设置布线规则,在这里只采用系统默认的布线规则。Altium Designer 中自动布线的方式灵活多样,根据用户布线的需要,既可以进行全局布线,也可以对用户指定的区域、网络、元件甚至是连接进行布线。因此,可以根据设计过程中的实际需要选择最佳的布线方式。下面将对各种布线方式作简单介绍。

单击菜单"布线(Route)"|"Auto Route",打开自动布线菜单,如图 7-8 所示。

图 7-8　自动布线菜单

7.3.2 全局自动布线

● 执行菜单命令"Auto Route"|"All…",将弹出布线策略对话框,以便让用户确定布线的报告内容和确认所选的布线策略,如图 7-9 所示。

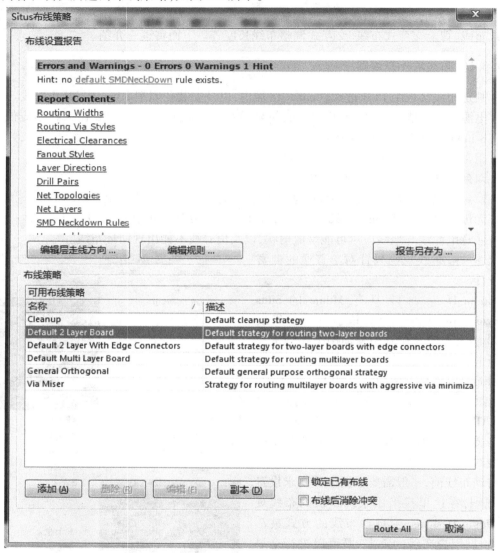

图 7-9 布线策略对话框

➤"布线设置报告(Routing Setup Report)"区域

√ "Errors and Warnings – 0 Errors 0 Warnings 1 Hint":错误与警告。本例有 1 个提示(Hint):Hint:no default SMDNeckDown rule exists(未定义 SMDNeckDown 规则)。单击灰色"default SMDNeckDown",打开 SMDNeckDown 规则对话框,设置引线相对于焊盘的收缩量,在这里不用修改。

√ "Report Contents":报告内容列表。

◇　"Routing Widths":布线宽度规则。单击该项,打开相应规则,单击一项规则,出现如图 7-10 所示的对话框,与前面规则设定对话框相同。

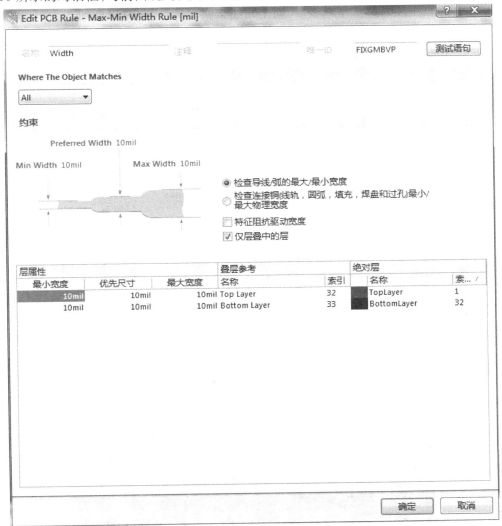

图 7-10　"Routing Widths"规则设置对话框

◇　"Routing Via Styles":过孔类型规则。

◇　"Electrical Clearances":电气间隙规则。

◇　"Fanout Styles":布线扇出类型规则。

◇　"Layer Directions":层布线走向规则。

◇　"Drill Pairs":钻孔规则。

◇　"Net Topologies":网络拓扑规则。

◇　"SMD Neckdown Rules":SMD 焊盘颈收缩规则。

◇　"Unroutable pads":未布线焊盘规则。

◇　"SMD Neckdown Width Warnings":SMD 焊盘颈收缩错误规则。

◇　"Pad Entry Warnings":焊盘入口错误规则。

单击规则名称,窗口自动跳转到相应的内容,同时也提供打开相应规则设置对话框的入口。

√ "Routing Strategy"区域列表框,列出布线策略名称,用户可以添加新的布线策略,系统默认为双面板布线策略。

• 单击"Route All"按钮,系统开始按照布线规则自动布线,同时自动打开信息面板,显示布线进程信息,如图 7-11 所示,布线结果如图 7-12 所示。

Class	Document	Source	Message	Time	Date	N..
Sit...	PCB2.PcbD...	Situs	Starting Memory	13:06:34	2018/2/5	5
Sit...	PCB2.PcbD...	Situs	Completed Memory in 0 Seconds	13:06:34	2018/2/5	6
Sit...	PCB2.PcbD...	Situs	Starting Layer Patterns	13:06:34	2018/2/5	7
Ro...	PCB2.PcbD...	Situs	Calculating Board Density	13:06:34	2018/2/5	8
Sit...	PCB2.PcbD...	Situs	Completed Layer Patterns in 0 Seconds	13:06:34	2018/2/5	9
Sit...	PCB2.PcbD...	Situs	Starting Main	13:06:34	2018/2/5	10
Ro...	PCB2.PcbD...	Situs	Calculating Board Density	13:06:35	2018/2/5	11
Sit...	PCB2.PcbD...	Situs	Completed Main in 0 Seconds	13:06:35	2018/2/5	12
Sit...	PCB2.PcbD...	Situs	Starting Completion	13:06:35	2018/2/5	13
Sit...	PCB2.PcbD...	Situs	Completed Completion in 0 Seconds	13:06:35	2018/2/5	14
Sit...	PCB2.PcbD...	Situs	Starting Straighten	13:06:35	2018/2/5	15
Ro...	PCB2.PcbD...	Situs	20 of 20 connections routed (100.00%) in 1...	13:06:35	2018/2/5	16
Sit...	PCB2.PcbD...	Situs	Completed Straighten in 0 Seconds	13:06:35	2018/2/5	17
Ro...	PCB2.PcbD...	Situs	20 of 20 connections routed (100.00%) in 1...	13:06:35	2018/2/5	18
Sit...	PCB2.PcbD...	Situs	Routing finished with 0 contentions(s). Fa...	13:06:35	2018/2/5	19

Shift + D Toggle Heads Up Delta Origin Display
Shift + M Toggle Board Insight Lens

图 7-11 信息面板

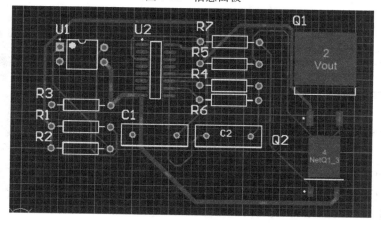

图 7-12 自动布线结果

除了全部布线外,还有以下几种布线选择:

• 网络:对指定的网络进行自动布线。执行该命令后,鼠标将变成十字形,可以选中需要布线的网络,再次单击鼠标,系统会进行自动布线。

• 网络类:为指定的网络类进行自动布线。

- 连接：对指定的焊盘进行自动布线。执行该命令后，鼠标将变成十字形，单击鼠标，系统即进行自动布线。
- 区域：对指定的区域自动布线。执行该命令后，鼠标将变成十字形，拖动鼠标选择一个需要布线的焊盘的矩形区域。
- Room：在指定的 Room 空间内进行自动布线。
- 元件：对指定的元器件进行自动布线。执行该命令后，鼠标将变成十字形，移动鼠标选择需要布线的元器件，单击鼠标，系统会对该元器件进行自动布线。
- 器件类：为指定的元器件类进行自动布线。
- 选中对象的连接：为选取元器件的所有连线进行自动布线。执行该命令前，要先选择需要布线的元器件。
- 选中对象之间的连接：为选取的多个元器件之间进行自动布线。
- 设置：用于打开自动布线设置对话框。
- 停止：终止自动布线。
- 复位：对布过线的 PCB 进行重新布线。
- Pause：对正在进行的布线操作进行中断。

7.4　调整布线

PCB 印制电路板的元器件布局和布线工作都可以利用程序自动完成，但是其结果往往会有很多令人不满意的地方，这时就需要设计者进行手工调整。另外，有时候还要人为地在印制电路板上添加各种注释、标志，甚至特殊的图案，如公司商标等。

"布线"菜单下的"取消布线"子菜单提供了几个常用的手工调整布线的命令，这些命令可以用来进行不同方式的布线调整，如图 7-13 所示，各命令选项介绍如下：

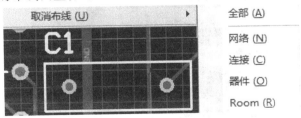

图 7-13　取消布线子菜单中的命令

- "全部（All）"：拆除所有的布线，进行手工调整。
- "网络（NET）"：拆除所选的布线网络，进行手工调整。
- "连接（Connection）"：拆除所选的一条布线，进行手工调整。
- "器件（Component）"：拆除与所选的元器件相连的布线，进行手工调整。
- "Room"：拆除指定范围内的布线。

在图 7-14 中手工对电阻 R5 重新进行走线的步骤如下：

- 首先使用鼠标在层面选择标签上选择工作层面，将工作层面切换到顶层（Top Layer），使顶层成为当前活动的工作层面。

● 然后执行菜单命令"布线"|"取消布线"|"连接(Connection)"。

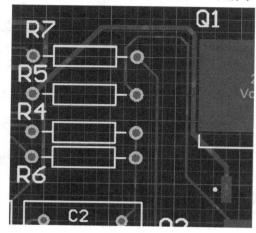

图 7-14　需要手工布线的 PCB 图

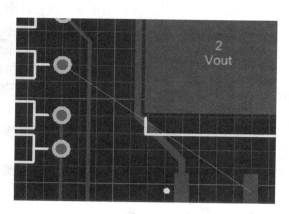

图 7-15　拆除连接导线

● 执行该命令后,光标变成十字形,移动光标到要拆除的连线导线上,然后单击鼠标左键确定。单击导线后可以发现原来的连线消失了,如图 7-15 所示。

● 执行菜单命令"放置(Place)"|"走线(Tracks)",对上述已拆除连接导线的元器件进行手工交互式布线,如图 7-16 所示。

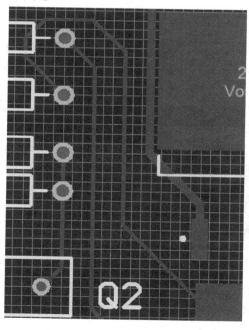

图 7-16　重新走线后的布线图

7.5　DRC 检查

设计规则校验主要有两种运行方式,即在线 DRC 和批处理 DRC。在 PCB 的具体设计过程中,若开启了在线 DRC 功能,系统会随时以绿色标志违规设计,以提醒设计者,并阻止当前的违规操作;而在电路板布线完毕,文件输出之前,则可以使用批处理 DRC 对电路板进行一次完整的设计规则检查,相应的违规设计也将以绿色进行标志。设计者根据系统的有关提示,可以对自己的设计进行必要的修改和进一步的完善。

7.5.1　DRC 设置

DRC 的设置和执行是通过"设计规则检查(Design Rule Check)"完成的。在 PCB 编辑环境中,执行"工具(Tools)"|"设计规则检查(Design Rule Check)"命令后,即打开如图 7-17 所示"设计规则检查"对话框。

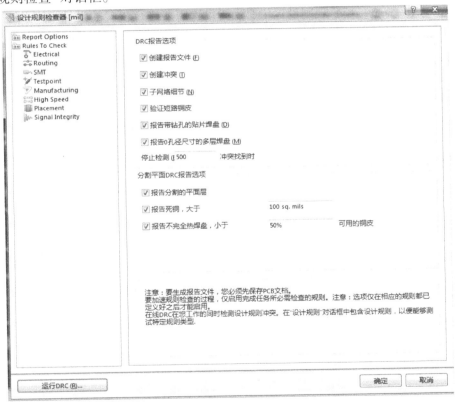

图 7-17　"设计规则检查"对话框

该对话框的设置内容包括两部分,即报告选项设置"Reports Options"和校验规则设置"Rules To Check"。

● "Reports Options"报告选项设置主要用于设置生成的 DRC 报告中所包含的内容。右边窗口中列出了 6 个选项,供设计者选择设置。

➤"创建报告文件(Creat Report File)":选中该复选框,则运行批处理 DRC 后会自动生成报告文件,报告包含了本次 DRC 运行中使用的规则、违规数量及其他细节等。

➤"创建冲突(Creat Violations)":选中该复选框,则运行批处理 DRC 后,系统会将电路板中违反设计规则的地方用绿色标示出来,同时在违规设计和违规消息之间建立起连接,设计者可直接通过"Message"面板中的显示,定位找到违规设计。

➤"子网络细节(Sub-Net Details)":选中该复选框,则对网络连接关系进行 DRC 校验并生成报告。

➤"验证短路铜皮(Verify Shorting Copper)":选中该复选框,系统将会对多层板设计中违反内电层设计规则的设计进行警告。

➤"报告带钻孔的贴片焊盘(Report Drilled SMT Pads)":选中该复选框,将对敷铜或非网络连接造成的短路进行检查。

➤"报告 0 孔径尺寸的多层焊盘(Report Multilayer Pads with 0 size Hole)":检验多层板零孔焊点,选中该复选框,将对多层板的焊点进行是否存在着孔径为零的焊盘进行检查。

• "Rules To Check"校验规则设置主要用于设置需要进行校验的设计规则及进行校验的方式(是在线还是批处理),如图 7-18 所示。

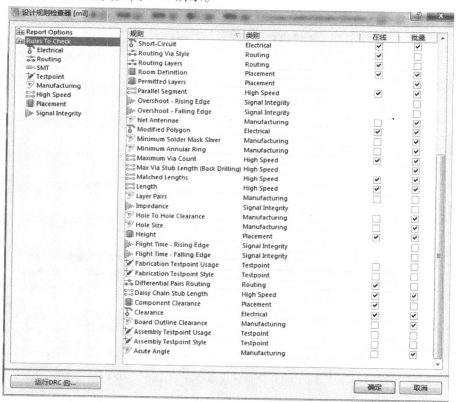

图 7-18　"Rules To Check"对话框

右边的窗口中显示了所有的可进行 DRC 校验的设计规则,共有八大类,没有包括"Mask"和"Plane"这两类规则。可以看到,系统在默认状态下,不同规则有着不同的 DRC 运行方式,有的规则只用于在线 DRC,有的只用于批处理 DRC。当然,大部分的规则都是可以在两种运行方式下运行校验的。要启用某项设计规则进行校验时,只需选中后面的复选框。运行过程中,校验的依据是在前面的"PCB 规则及约束编辑器"对话框中所进行的各项具体设置。

7.5.2　常规 DRC 校验

DRC 校验中设置校验规则必须是电路设计应满足的设计规则,而且这些待校验的设计规则也必须是已经在"PCB 规则及约束编辑器"对话框中设定了选项。虽然系统提供了众多可用于校验的设计规则,但对于一般的电路设计来说,在设计完成后只需进行以下几项常规DRC 校验即能满足实际设计的需要。

◆"Clearance":安全间距规则校验。

◆"Short-Circuit":短路规则校验。

◆"Un-Routed Net":未布线网络规则校验。

◆"Width":导线宽度规则校验。

下面将以一个简单的例子介绍 DRC 校验的步骤。本例中,将对布线、敷铜后的原理图进行常规批处理 DRC 校验。

● 打开设计文件。

● 执行"工具(Tools)"|"设计规则检查(Design Rule Check)"命令,进行 DRC 校验设置。其中,"Reports Options"中的各选项采用系统默认设置,但违规次数的上限值为"100",以便加速 DRC 校验的进程。

● 单击左侧窗口中的"Electrical",打开电气规则校验设置对话框,选中"Clearance""Short-Circuit""Un-Route Net"3 项,如图 7-19 所示。

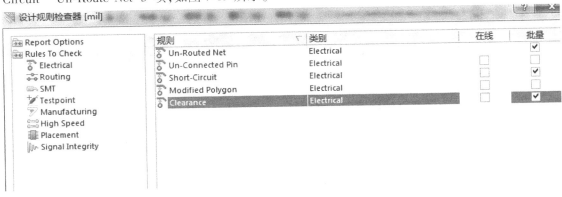

图 7-19　电气规则校验设置

单击左侧窗口中的"Routing",打开布线规则校验设置对话框,只选中"Width"选项,如图7-20 所示。

● 设置完毕,单击"运行 DRC(Run Design Rule Check)"按钮,开始运行批处理 DRC。

● 运行结束后,系统在当前项目的"Documents"文件夹下自动生成网页形式的设计规则校验报告"Design Rule Check-PCB2. html",并显示在工作窗口中,如图 7-21 所示。

● 打开"Messages"面板,其中详细列出了各项违规的具体内容。

● 单击设计文件原理图,打开 PCB 编辑窗口,可以看到系统以绿色高亮标注了该 PCB 上的相关违规设计。

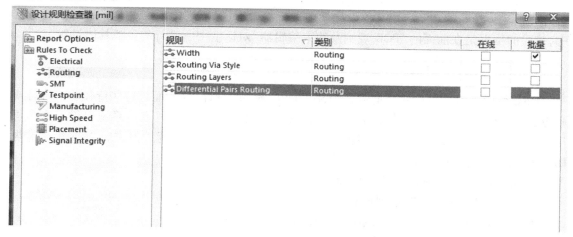

图 7-20　布线规则校验设置

图 7-21　网页形式的设计规则校验报告

　　●双击"Messages"面板中的某项违规信息,则工作窗口将会自动转换到与该项违规相对应的设计处,即完成违规快速定位。

　　执行"工具(Tools)"|"复位错误标志(Reset Error Markers)"命令,清除绿色的错误标志。

　　●打开"PCB 规则及约束编辑器"对话框,将"Clearance"规则中的最小间隙值改为相应的原来数值。

　　●执行"工具(Tools)"|"设计规则检查(Design Rule Check)"命令,打开"设计规则检查"对话框,保持前面的设置,单击"运行 DRC"按钮,再次运行批处理 DRC。

● 运行结束后,可以看到这次的"Messages"面板是空白的,表明电路板上已经没有违反设计规则的地方了。

7.5.3　设计规则校验报告

Altium Designer 17 系统为设计者提供了 3 种格式的设计规则报告,即浏览器格式(后缀名为".html")、文本格式(后缀名为".drc")和数据表格式(后缀名为".xml"),系统默认生成的为浏览器格式。

设计规则校验报告的生成及浏览的操作步骤:

● 打开上面案例生成的浏览器格式设计规则校验报告"Design Rule Check-PCB2.html"。可以看到,在报告的上半部分显示了设计文件的路径、名称及校验日期等,并详细列出了各项需要校验的设计规则的具体内容及违反各项设计规则的统计次数,如图 7-21 所示。

● 在有违规的设计规则中,单击其中的选项,即转到报告的下半部分,可以详细查看相应违规的具体信息,如图 7-22 所示。

Silk To Solder Mask (Clearance=10mil) (IsPad),(All)

Silk To Solder Mask Clearance Constraint: (8.491mil < 10mil) Between Track (240mil,800mil)(280mil,800mil) on Top Overlay And Pad R3-2(200mil,800mil) on Multi-Layer [Top Overlay] to [Top Solder] clearance [8.491mil]

Silk To Solder Mask Clearance Constraint: (8.491mil < 10mil) Between Track (520mil,800mil)(560mil,800mil) on Top Overlay And Pad R3-1(600mil,800mil) on Multi-Layer [Top Overlay] to [Top Solder] clearance [8.491mil]

Silk To Solder Mask Clearance Constraint: (8.491mil < 10mil) Between Track (240mil,500mil)(280mil,500mil) on Top Overlay And Pad R2-2(200mil,500mil) on Multi-Layer [Top Overlay] to [Top Solder] clearance [8.491mil]

Silk To Solder Mask Clearance Constraint: (8.491mil < 10mil) Between Track (520mil,500mil)(560mil,500mil) on Top Overlay And Pad R2-1(600mil,500mil) on Multi-Layer [Top Overlay] to [Top Solder] clearance [8.491mil]

Silk To Solder Mask Clearance Constraint: (8.491mil < 10mil) Between Track (1240mil,1100mil)(1280mil,1100mil) on Top Overlay And Pad R5-2(1200mil,1100mil) on Multi-Layer [Top Overlay] to [Top Solder] clearance [8.491mil]

Silk To Solder Mask Clearance Constraint: (8.491mil < 10mil) Between Track (1520mil,1100mil)(1560mil,1100mil) on Top Overlay And Pad R5-1(1600mil,1100mil) on Multi-Layer [Top Overlay] to [Top Solder] clearance [8.491mil]

Silk To Solder Mask Clearance Constraint: (8.686mil < 10mil) Between Text "R2" (100mil,550mil) on Top Overlay And Pad R1-2(200mil,650mil) on Multi-Layer [Top Overlay] to [Top Solder] clearance [8.686mil]

Silk To Solder Mask Clearance Constraint: (8.491mil < 10mil) Between Track (240mil,650mil)(280mil,650mil) on Top Overlay And Pad R1-2(200mil,650mil) on Multi-Layer [Top Overlay] to [Top Solder] clearance [8.491mil]

Silk To Solder Mask Clearance Constraint: (8.491mil < 10mil) Between Track (520mil,650mil)(560mil,650mil) on Top Overlay And Pad R1-1(600mil,650mil) on Multi-Layer [Top Overlay] to [Top Solder] clearance [8.491mil]

图 7-22　部分违规信息

● 单击某项违规信息,则系统自动转到 PCB 编辑窗口,借助于 Board Insight 的参数显示,同样可以完成违规的定位和修改。

● 在浏览器格式设计规则违规设计报告中单击右上角的"customize",即打开 PCB 编辑器"Preferences"对话框中的"Reports"标签页。在"Design Rule Check"中,对"TXT"及"XML"格式的"Show""Generate"进行选中设置,如图 7-23 所示。

● 设置后,再次运行 DRC 校验时,系统即在当前项目下同时生成了 3 种格式的设计规则校验报告,如图 7-24 和图 7-25 所示。

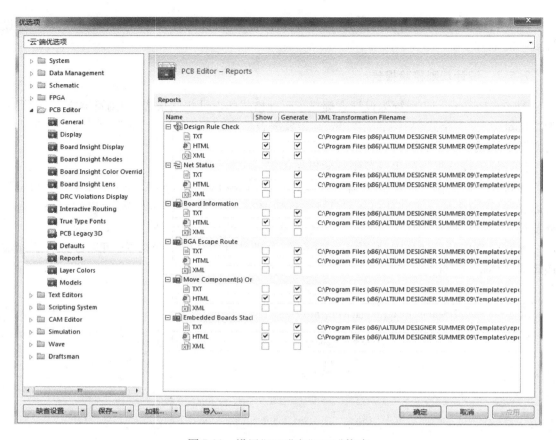

图 7-23　设置"TXT"和"XML"格式

图 7-24　DRC 格式

PCB1.PcbDoc　看门狗电路.SchDoc　PCB2.PcbDoc *　Design Rule Check - PCB2.drc　PCB2.xml　Design Rule Check - PCB2.html

This XML file does not appear to have any style information associated with it. The document tree is shown below.

```
▼<report>
    <title>Design Rule Verification Report</title>
    <resource_path>C:\Users\Public\Documents\AD17\Templates\</resource_path>
    <date>2018/2/5</date>
    <time>21:15:29</time>
  ▼<filename>
    ▼<file filename="C:\Users\Administrator\Desktop\使用指导手册3-8章\PCB_Project_1\PCB2.PcbDoc">
        C:\Users\Administrator\Desktop\使用指导手册3-8章\PCB_Project_1\PCB2.PcbDoc
      </file>
    </filename>
    <units default="mil"/>
  ▼<section>
      <title>Summary</title>
    ▼<summary_table>
        <title>Warnings</title>
      ▼<columns>
          <column type="warning">Count</column>
        </columns>
      </summary_table>
    ▼<summary_table>
        <title>Rule Violations</title>
      ▼<columns>
          <column type="rule">Count</column>
        </columns>
      </summary_table>
    </section>
  ▼<section>
      <title>Warnings</title>
    </section>
  ▼<table suppress_title="true">
      <title>Clearance Constraint (Gap=10mil) (All),(All)</title>
      <columns use="title"/>
```

图 7-25　XML 格式

7.6　补泪滴和敷铜

在实际的 PCB 设计中,完成了主要的布局、布线之后,为了增强电路板的抗干扰性、稳定性及耐用性,还需要做一些收尾的工作,如补泪滴、敷铜等。

7.6.1　补泪滴

所谓补泪滴,就是在铜膜导线与焊盘或者过孔交接的位置处,为防止机械钻孔时损坏铜膜走线,特意将铜膜导线逐渐加宽的一种操作。由于加宽的铜膜导线的形状很像泪滴,因此该操作叫作"补泪滴"。图 7-26 所示的是补泪滴前后的变化。

补泪滴的主要目的是为了防止机械制板时,焊盘或过孔因承受钻孔的压力而与铜膜导线在连接处断裂,因此连接处需要加宽铜膜导线来避免此种情况的发生。此外,补泪滴后的连接会变得比较光滑,不易因残留化学药剂而导致对铜膜导线的腐蚀。

要进行补泪滴的操作,需要通过执行"工具(Tools)"|"泪滴(Teardrops)"命令,打开泪滴选项对话框中进行有关的设置,如图 7-27 所示。

该对话框有四个设置区域:

●"工作模式(Working Mode)":该区域的"添加"和"移除"2 个选项用于设置是添加泪滴

还是移除泪滴操作；

• "对象（Objects）"：该区域的"全部（All）"和"仅已选择（Selected only）"2 个选项用于设置泪滴操作的适用范围，"全部（All）"是针对整个电路板操作；"仅已选择（Selected only）"是针对电路板中已选中部分操作。

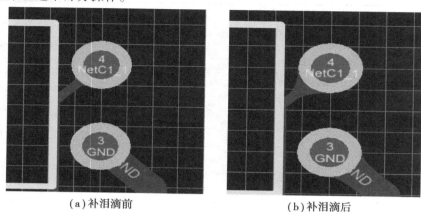

（a）补泪滴前　　　　　　　　　（b）补泪滴后

图 7-26　补泪滴前后变化

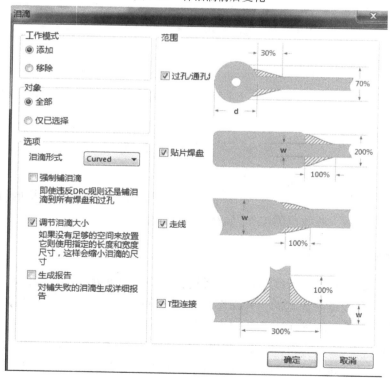

图 7-27　泪滴选项对话框

• "选项（Options）"：

➢"泪滴形式（Teardrop Style）"：用于选择泪滴的形式，即由焊盘向导线过渡时添加直线（Line）还是圆弧（Curved），默认为圆弧。

➤"强制铺泪滴(Force Teardrops)":忽略规则约束,强制为焊盘或过孔加泪滴,当然此项操作也可能使 DRC 违规。

➤"调节泪滴大小(Adjust Teardrop size)":根据实际空间大小来调整泪滴的大小,使其操作不违规。

➤"生成报告(Create Report)":用于设置是否建立补泪滴的报告文件。

● "范围(Scope)":该区域用于设置 4 种不同对象在补泪滴时的形状,分别是"过孔/通孔(Via/TH Pad)""贴片焊盘(SMD Pad)""走线(Tracks)"和"T 型连接(T-Junction)"。

7.6.2 敷铜

敷铜由一系列的导线组成,可以完成电路板内不规则区域的填充。在绘制 PCB 图时,敷铜主要是指把空余没有走线的部分用导线全部铺满。用铜铺满部分区域和电路的一个网络相连,多数情况是和 GND 网络相连。单面电路板敷铜可以提高电路的抗干扰能力,经过覆铜处理后制作的印制板会显得十分美观,同时,通过大电流的导电通路也可以采用敷铜的方法来加大过电流的能力。通常,敷铜的安全间距应该在一般导线安全间距的两倍以上。

(1)执行敷铜命令

执行菜单栏中的"放置"→"铺铜"命令,或者单击"连线"工具栏中的 ▦(放置多边形平面)按钮,或用快捷键 P + G 即可执行放置敷铜命令。系统弹出的"多边形敷铜"对话框,如图7-28 所示。

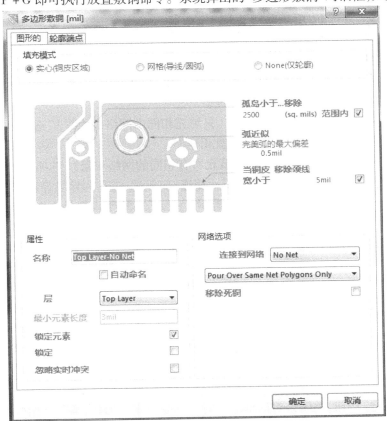

图 7-28 "多边形敷铜"对话框

（2）设置敷铜属性

执行敷铜命令之后，或者双击已放置的敷铜，系统将弹出"多边形敷铜"对话框。其中各选项组的功能分别介绍如下：

1）"填充模式"选项组

该选项组用于选择敷铜的填充模式，包括 3 个单选钮：实心（铜皮区域），即敷铜区域内为全铜敷设；网格（导线/圆弧），即向敷铜区域内填入网络状的敷铜；None（仅轮廓），即只保留敷铜边界，内部无填充。

在对话框的中间区域内可以设置敷铜的具体参数，针对不同的填充模式有不同的设置参数选项。

- 实心（铜皮区域）：用于设置删除孤立区域敷铜的面积限制值，以及删除凹槽的宽度限制值。需要注意的是，当用该方式敷铜后，在 Protel99SE 软件中不能显示，但可以用网格（导线/圆弧）方式敷铜。

- 网格（导线/圆弧）：用于设置网格线的宽度、网络的大小、围绕焊盘的形状及网格的类型。

- None（仅轮廓）：用于设置敷铜边界导线宽度及围绕焊盘的形状等。

2）"属性"选项组

- "层"下拉列表框用于设定敷铜所属的工作层。

- "最小元素长度"文本框：用于设置最小图元的长度。

- "锁定元素"复选框：用于选择是否锁定敷铜。

3）"网络选项"选项组

- "连接到网络"下拉列表框：用于选择敷铜连接到的网络。通常连接到 GND 网络。

- "Don't Pour Over Same Net Objects（不填充相同的网络对象）"选项：用于设置敷铜的内部填充，不与同网络的图元及敷铜边界相连。

- "Pour Over Same Net Polygons Only（只填充相同的网络多边形）"选项：用于设置敷铜的内部填充，只与敷铜边界线及同网络的焊盘相连。

- "Pour Over All Same Net Objects（填充所有相同的网络对象）"选项：用于设置敷铜的内部填充与敷铜边界线并与同网络的任何图元相连，如焊盘、过孔和导线等。

- "Remove Dead Copper（删除孤立的敷铜）"复选框：用于设置是否删除孤立区域的敷铜。孤立区域的敷铜是指没有连接到指定网络元件上的封闭区域内的敷铜，若勾选该复选框，则可以将这些区域的敷铜去除。

（3）放置敷铜

下面以"PCB2. PcbDoc"为例简单介绍放置敷铜的操作步骤。

①执行菜单栏中的"放置"→"铺铜"命令，或者单击"连线"工具栏中的 ▦（放置多边形平面）按钮，或用快捷键 P + G，即可执行放置敷铜命令。系统弹出"多边形敷铜"对话框。

②在"多边形敷铜"对话框中进行设置，点选"网格（导线/圆弧）"单选钮，填充模式设置为 45°，连接到网络 GND，层面设置为 TopLayer（顶层），"网络选项"选择第 2 项，勾选"死铜移除"复选框。

③执行"确定"按钮，关闭该对话框。此时光标变成十字形状，准备开始敷铜操作。

④用光标画一个闭合的矩形框。单击确定起点，移动至拐点处单击，直至确定矩形框的 4

个顶点,右键单击退出。用户不必手动将矩形框线闭合,系统会自动将起点和终点连接起来构成闭合框线。

⑤系统在框线内部自动生成了 Top Layer(顶层)的敷铜。

⑥再次执行敷铜命令,选择层面为 Bottom Layer(底层),其他设置相同,为底层敷铜。

PCB 敷铜效果如图 7-29 所示。

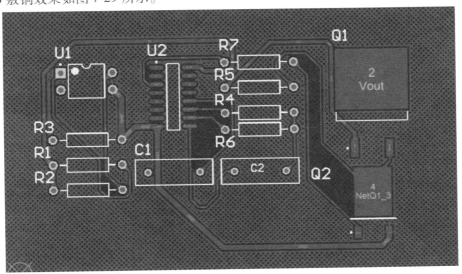

图 7-29　PCB 敷铜效果

7.7　报表输出和打印输出

PCB 绘制完毕,可以利用 Altium Designer 17 提供丰富的报表功能,生成一系列的报表文件。这些报表文件有着不同的功能和用途,为 PCB 设计的后期制作、元件采购、文件交流等提供了方便,在生成各种报表之前,首先要确保要生成报表的文件已经被打开并置为当前文件。

7.7.1　PCB 图的网络表文件

前面介绍的 PCB 设计,采用的是从原理图生成网络表的方式,这也是大多数 PCB 设计的方法。但是,有些时候,设计者直接调入元件封装绘制 PCB 图,没有采用网络表,或者在 PCB 图绘制过程中,连接关系有所调整,这时 PCB 的真正网络逻辑和原理图的网络表有所差异。那么,我们就可以从 PCB 图中生成一份网络表文件。

下面通过从 PCB 文件"PCB2. PcbDoc"中生成网络表来详细介绍 PCB 图网络表文件生成的具体步骤。

①在 PCB 编辑器主菜单中选择执行"设计"→"网络表"→"编辑网络"菜单命令,系统弹出网表管理器对话框,如图 7-30 所示。

②在"菜单"按钮上单击鼠标右键,出现图 7-31 所示界面,选择"从 PCB 输出网表"选项,会弹出"Confirm"对话框,单击 Yes 按钮确认。系统生成 PCB 网络表文件"Exported PCB2. Net"。

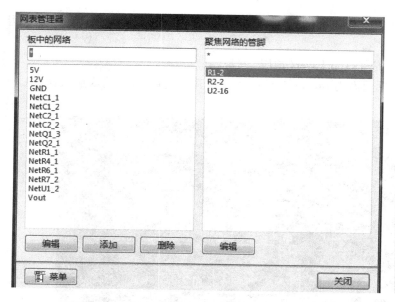

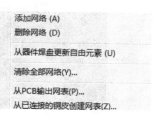

图 7-30　网表管理器对话框　　　　　　　　　　　图 7-31　菜单对话框

③该网络表文件作为自由文档加入"Projects（项目）"面板中，如图 7-32 所示。另外，还可以根据 PCB 图内的物理连接关系建立网络表。方法是在 PCB 编辑器主菜单中执行"设计"→"网络表"→"从连接的铜皮生成网络表"命令，系统生成名为"Generated by PCB2. Net"的网络表文件。

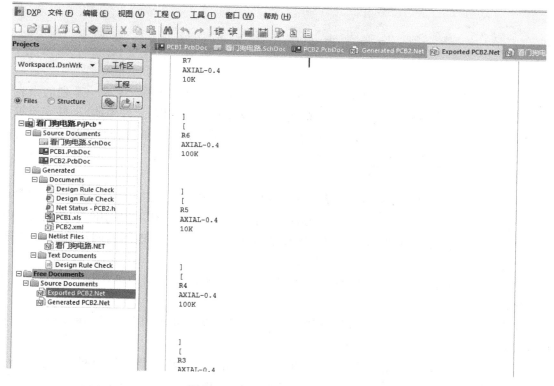

图 7-32　由 PCB 生成网络表文件

网络表可以根据需要进行修改,修改后的网络表可再次载入,以验证 PCB 板的正确性。

7.7.2　PCB 板信息报表

PCB 板信息报表对 PCB 板的元件网络和一般细节信息进行汇总报告。在主菜单中选择"报告"→"板子信息"命令,弹出"PCB 信息"对话框,该对话框中包含 3 个报告页,下面分别介绍。

(1)"通用"报告页

如图 7-33 所示,该页汇总了 PCB 板上的各类图元如导线、过孔、焊盘等的数量,报告了电路板的尺寸信息和 DRC 违规数量。

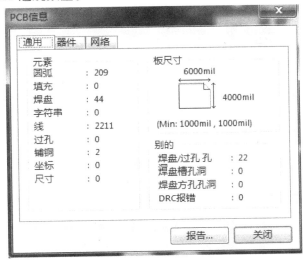

图 7-33　"通用"信息报告页

(2)"器件"报告页

如图 7-34 所示,该页报告了 PCB 板上元件的统计信息,包括元件总数、各层放置数目和元件标号列表。

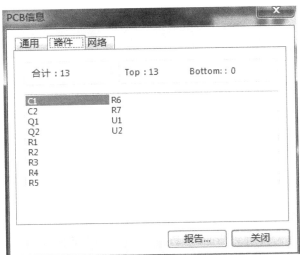

图 7-34　"器件"信息报告页

（3）"网络"报告页

如图 7-35 所示，该页内列出了电路板的网络统计，包括导入网络总数和网络名称列表。单击 Pwr/Gnd (P)... 按钮，弹出"内电层信息"对话框，如图 7-36 所示。对于双面板，该信息框是空白的。

图 7-35　"网络"信息报告页

图 7-36　"内电层"信息对话框

在各个报告页内单击 报告... 按钮，弹出如图 7-37 所示的"板级报告"设置对话框，通过该对话框可以生成 PCB 板信息的报告文件。在对话框的列表栏内选择要包含在报告文件中的内容。选择"仅选择对象"复选框时，报告中只列出当前电路板中已经处于选择状态下的图元信息。

设置好报告列表选项后，在"板级报告"对话框中单击 报告 按钮，系统生成"设计名. html"的报告文件，作为自由文档加入"Projects（项目）"面板中，并自动在工作区内打开，如图 7-38 所示。

图 7-37　"板级报告"设置对话框

Layer	Arcs	Pads	Vias	Tracks	Texts	Fills	Regions	ComponentBc
Top Layer	171	22	0	1525	0	0	32	0
Bottom Layer	30	0	0	587	0	0	4	0
Mechanical 13	2	0	0	16	0	0	0	4
Mechanical 15	0	0	0	20	0	0	0	0
Multi-Layer	0	22	0	0	0	0	1	0
Top Paste	0	0	0	0	0	0	0	0
Top Overlay	6	0	0	63	26	0	0	0
Top Solder	0	0	0	0	0	0	0	0
Bottom Solder	0	0	0	0	0	0	0	0

图 7-38　PCB 板信息报告

7.7.3　元器件报表

执行"报告"→"Bill of Materials(元件清单)"菜单命令,系统弹出相应的元件报表对话框,如图 7-39 所示。

在该对话框中,可以对要创建的元器件报表进行选项设置。左边有 2 个列表框,它们的含义不同。

● "组合列"列表框:用于设置元件的归类标准。可以将"全部列"中的某一属性信息拖到该列表框中,则系统将以该属性信息为标准,对元件进行归类,显示在元件清单中。

"全部列"列表框:列出了系统提供的所有元件属性信息,如"Description(元件描述信息)""Component Kind(元件类型)"等。对于需要查看的有用信息,勾选右侧与之对应的复选框,即可在元件清单中显示出来。图 7-39 所示为使用了系统的默认设置,即只勾选"Comment(注释)""Description(描述)""Designator(元件编号)""Footprint(封装)""LibRef(元件在库内名称)"和"Quantity(数量)"6 个复选框。

图 7-39　元件报表对话框

要生成并保存报告文件,单击对话框内的 导出(E)... 按钮,弹出"Export For"对话框。选择保持类型和保存路径,保存文件即可。

7.7.4　简单元器件报表

在主菜单中执行"报告"→"Simple BOM(简略元件报表)"命令,系统自动生成两份当前PCB 文件的元件报表,分别为"设计名. BOM"和"设计名. CSV"。这两个文件加入"Projects(项目)"面板内该项目的生成文件夹中,并自动打开,如图 7-40 和图 7-41 所示。

简单元件报表将同种类型的元件统一计数,简单明了。报表以元件的 Comment 为依据将元件分组,列出其 Comment(注释)、Pattern(Footprint)(样式)、Quantity(数量)、Components(Designator)(元件)和 Descriptor(描述符)等方面的属性。

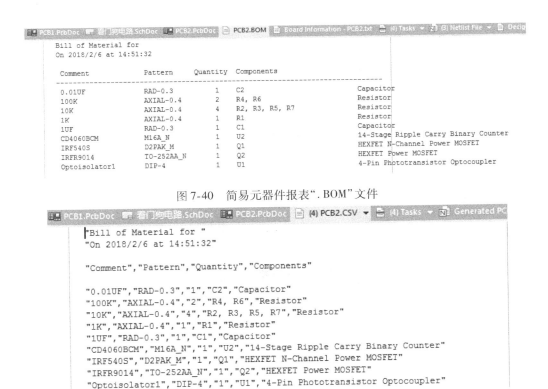

图 7-40　简易元器件报表".BOM"文件

图 7-41　简易元器件报表".CSV"文件

7.7.5　网络表状态报表

该报表列出了当前 PCB 文件中所有的网络,并说明了它们所在的层面和网络中导线的总长度。在主菜单中选择"报告"→"网络表状态"命令,即生成名为"Net Status-设计名.html"的网络表状态报表,其格式如图 7-42 所示。

图 7-42　网络表状态报表

7.7.6 打印 PCB 文件

PCB 设计完毕,就可以将其源文件、制作文件和各种报表文件按需要进行存档、打印、输出等。例如,将 PCB 文件打印作为焊接装配指导,将元器件报表打印作为采购清单,生成胶片文件送交加工单位进行 PCB 加工,当然也可直接将 PCB 文件交给加工单位用以加工 PCB。

利用 PCB 编辑器的文件打印功能,可以将 PCB 文件不同层面上的图元按一定比例打印输出,用以校验和存档。

(1)页面设置

PCB 文件在打印之前,要根据需要进行页面设定,其操作方式与 Word 文档中的页面设置非常相似。

在主菜单中选择执行"文件"→"页面设置"菜单命令,弹出"Composite Prooperties(页面属性设置)"对话框,如图 7-43 所示。

图 7-43　页面设置

该对话框内各个选项作用如下:

- "打印纸"选项组:用于设置打印纸的尺寸和打印方向。
- "缩放比例"选项组:用于设定打印内容与打印纸的匹配方法。系统提供了两种缩放匹配模式,即"Fit Document On Page(适合文档页面)"和"SelectPrint(选择打印)"。前者将打印内容缩放到适合图纸大小,后者由用户设定打印缩放的比例因子。如果选择"SelectPrint(选择打印)"选项,则"缩放"文本框和"校正"选项组都将变为可用,在"缩放"文本框中填写比例因子设定图形的缩放比例,填写"1.0"时,将按实际大小打印 PCB 图形;"校正"选项组可以在"比例"文本框参数的基础上再进行 X、Y 方向上的比例调整。
- "偏移"选项组:勾选"居中"复选框时,打印图形将位于打印纸张中心,上、下边距和左、右边距分别对称。取消对"居中"复选框的勾选后,在"水平"和"垂直"文本框中可以进行参数设置;改变页边距,即改变图形在图纸上的相对位置。选用不同的缩放比例因子和页边距参数产生的打印效果,可以通过打印预览来观察。

●"高级"按钮：单击该按钮，系统将弹出如图 7-44 所示的"PCB Printout Properties（PCB 图层打印输出属性）"对话框，在该对话框中设置要打印的工作层及其打印方式。

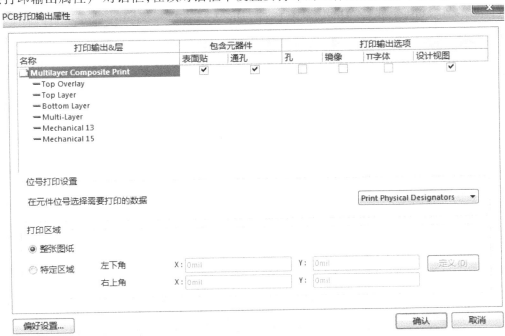

图 7-44　"PCB Printout Properties（PCB 图层打印输出属性）"对话框

（2）打印输出属性

①在图 7-44 所示的对话框中，双击"Multilayer Composite Print（多层复合打印）"前的页面图标，进入"打印输出特性"对话框，如图 7-45 所示。在该对话框内"层"列表中列出的层即为将要打印的层面，系统默认列出所有图元的层面。通过底部的编辑按钮对打印层面进行添加、删除操作。

图 7-45　"打印输出特性"对话框

②单击"打印输出特性"对话框中的"添加"按钮或"编辑"按钮,系统将弹出"板层属性"对话框,如图 7-46 所示,在对话框中进行图层属性的设置。各个图元的选择框提供了 3 种类型的打印方案:"Full(全部)""Draft(草图)"和"Hide(隐藏)"。"Full(全部)"即打印该类图元全部图形画面,"Draft(草图)"只打印该类图元的外形轮廓,"Hide(隐藏)"则隐藏该类图元,不打印。

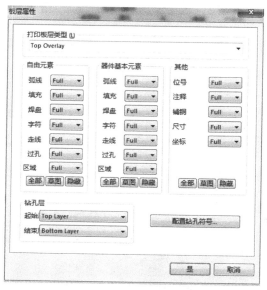

图 7-46 "板层属性"对话框

③设置好"打印输出特性"和"板层属性"对话框的内容后,单击 确定 按钮,单击图 7-44 中的"偏好设置"弹出"PCB 打印设置"对话框,如图 7-47 所示。在这里,用户可以分别设定黑白打印和彩色打印时各个图层的打印灰度和色彩。单击图层列表中各个图层的灰度条或彩色条,即可调整灰度和色彩。

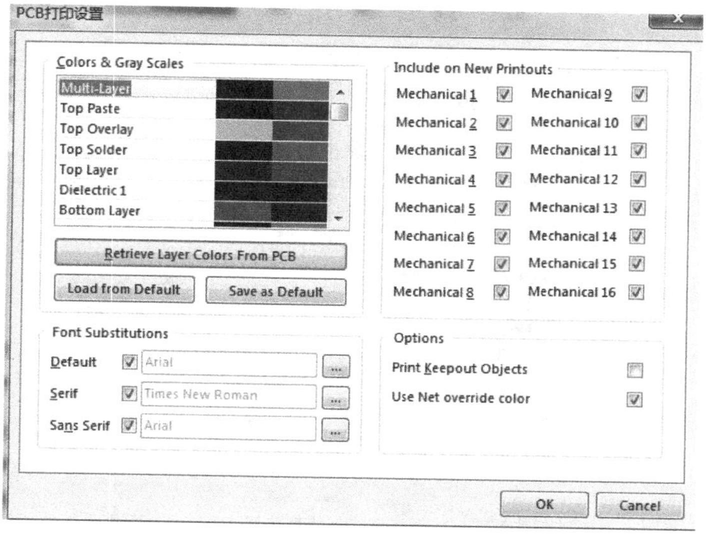

图 7-47 "PCB 打印设置"对话框

④设置好"PCB打印设置"对话框内容后,PCB打印页面设置就完成了。单击 OK 按钮,回到PCB工作区画面。

(3)打印

单击工具栏上的🖨(打印)按钮或在主菜单中选择执行"文件"→"打印"菜单命令,即可打印设置好的PCB文件。

7.8 综合实例

本节将使用如图7-48所示流水灯的实例,完整讲述设计PCB板的步骤。

①执行菜单命令"文件"→"打开",打开之前绘制的"流水灯电路.PrjPCB"文件。根据"流水灯电路.SchDoc"原理图,添加所需库文件,并完成编译和网络表的生成,为PCB图做好准备。

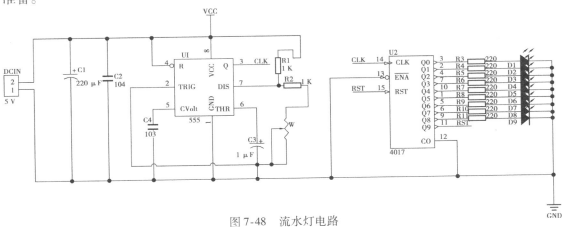

图7-48 流水灯电路

②执行菜单命令"文件"→"新的..."→"PCB",就会生成一个新的PCB文件,单击工具栏里的🖫按钮,在保存对话框的"文件名"旁输入"流水灯电路",就可以新建"流水灯电路.PCBDoc",如图7-49所示。

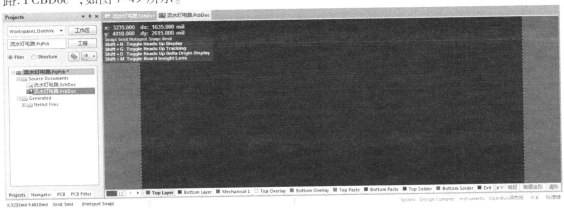

图7-49 新建"流水灯电路.PCBDoc"

③单击左下方的红色当前层,弹出如图 7-50 所示对话框。如果是做双面板,则信号层下的"Top Layer"和"Bottom Layer"后的复选框都要勾;如果做单面板,则一般保留"Bottom Layer"层,而取消"Top Layer"层。机械层可以保留机械层 1,阻焊层也取消选中,其余层只保留"Keepout Layer"和"Multi-Layer"层,丝印层保留"顶层丝印层 Top Overlayer"。系统颜色按默认设置。

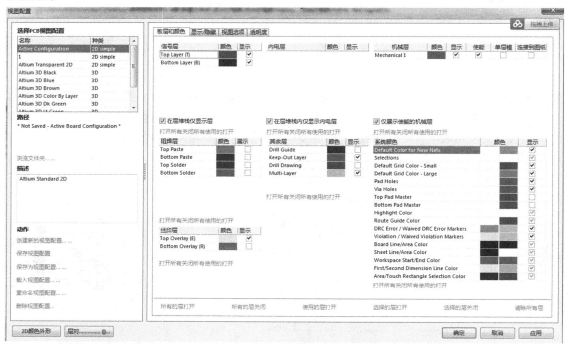

图 7-50　视图配置对话框

④在 PCB 文件中,执行菜单命令"设计"→"Import Changes From 流水灯电路. PrjPCB",系统弹出"工程变更指令"对话框,如图 7-51 所示。

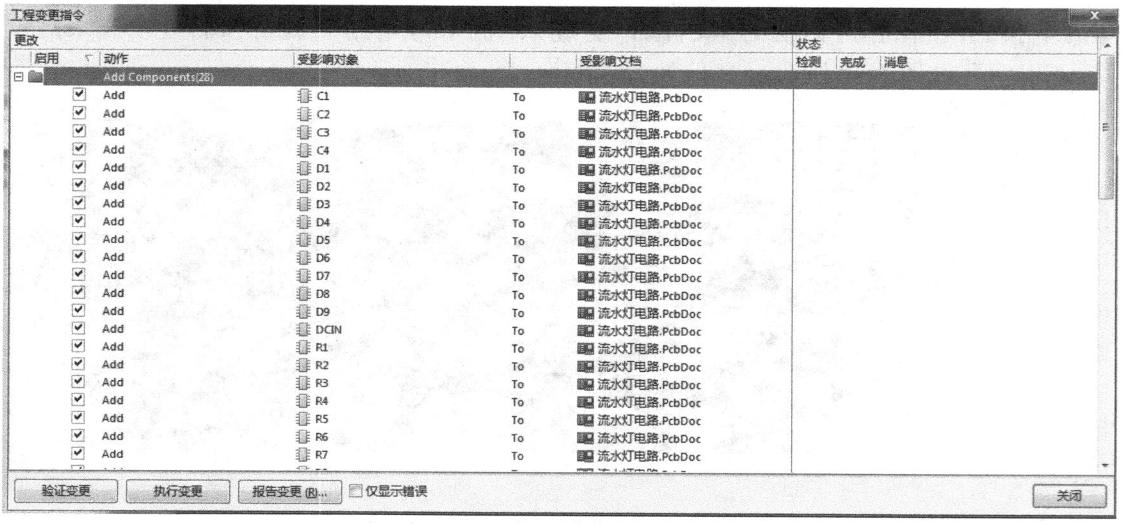

图 7-51　工程变更指令对话框

⑤单击对话框中的"验正变更"按钮,检查所有改变是否正确,若所有的项目后都出现✅标志,则项目转换成功,如图 7-52 所示。

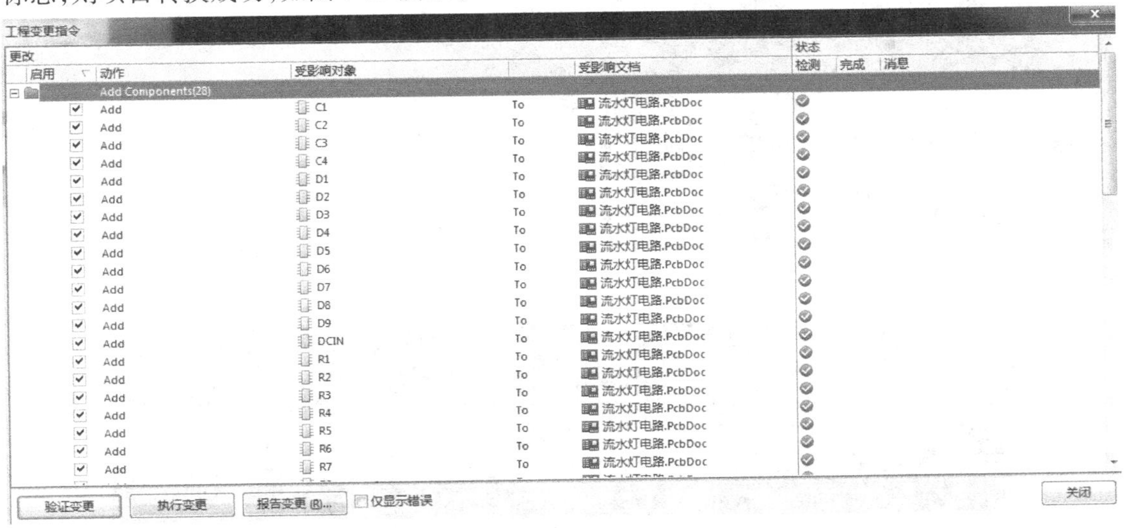

图 7-52　检查封装转换

⑥单击"执行变更"按钮,将元器件封装添加到 PCB 文件中,如图 7-53 所示。

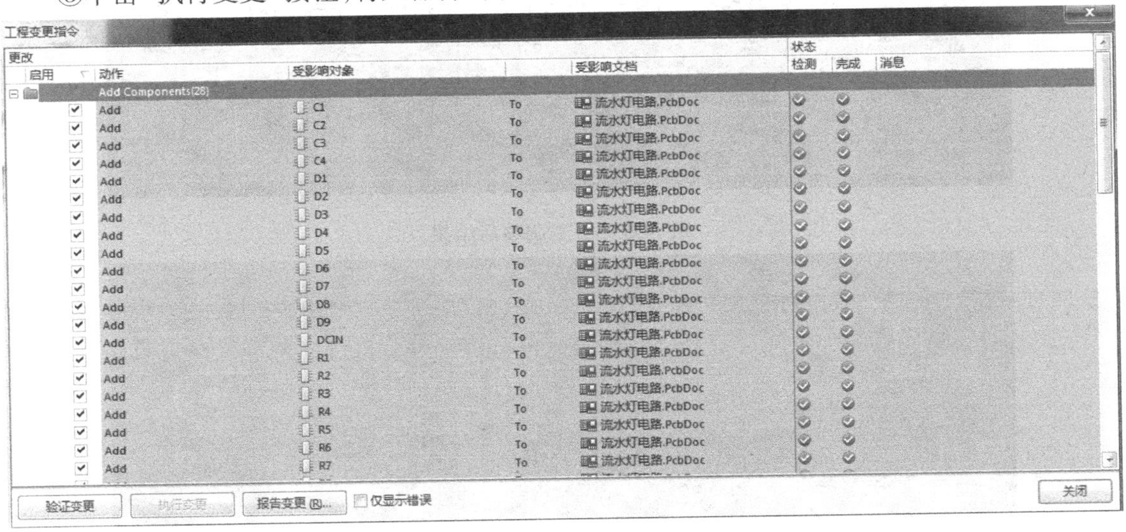

图 7-53　添加元器件封装

⑦完成添加后,单击 关闭 按钮,关闭对话框。此时,在 PCB 图纸上已经有了元器件封装,如图 7-54 所示。

⑧先按住鼠标左键拖红色 ROOM 进入黑色电路板范围,然后单击 ROOM,用键盘上的 Delete 键删除 ROOM,用手工布局。调整后的 PCB 图如图 7-55 所示。

⑨执行菜单"视图"→"切换到 3 维模式",系统自动切换到 3D 视图,如图 7-56 所示。

⑩执行菜单命令"视图"→"切换到 2 维模式",系统返回 2D 显示。

⑪执行菜单命令"设计"→"规则",按照 PCB 规则设定线宽及过孔尺寸大小等参数,这里全局线宽是 12 mil,GND 线宽是 35 mil,VCC 线宽是 25 mil。

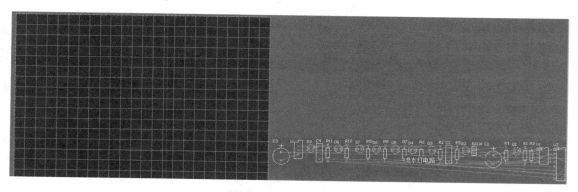

图 7-54　添加元器件封装的 PCB 图

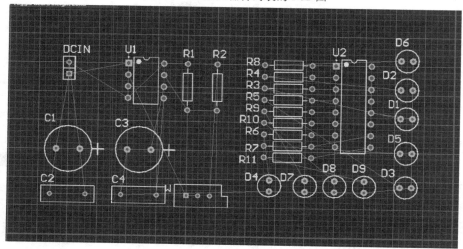

图 7-55　手工调整后结果

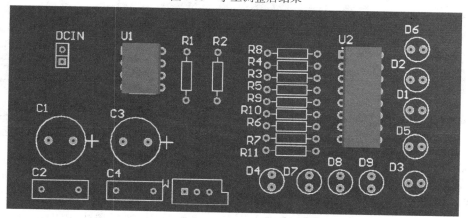

图 7-56　3D 视图模式

⑫执行菜单命令"布线"→"自动布线"→"全部",系统开始自动布线,并同时出现一个 Message 布线信息对话框,如图 7-57 所示。

⑬布线完成后,结果如图 7-58 所示。

⑭布线完成后,就可以进行敷铜和补泪滴操作,具体方法按 7.6 节所讲进行操作。

Messages							
Class	Document	Source	Message	Time	Date	No.	
Situs Ev...	流水灯电路.Pcb...	Situs	Starting Memory	21:52:48	2018/2/6	5	
Situs Ev...	流水灯电路.Pcb...	Situs	Completed Memory in 0 Seconds	21:52:48	2018/2/6	6	
Situs Ev...	流水灯电路.Pcb...	Situs	Starting Layer Patterns	21:52:48	2018/2/6	7	
Routin...	流水灯电路.Pcb...	Situs	39 of 50 connections routed (78.00%) in 1 Second	21:52:49	2018/2/6	8	
Situs Ev...	流水灯电路.Pcb...	Situs	Completed Layer Patterns in 1 Second	21:52:49	2018/2/6	9	
Situs Ev...	流水灯电路.Pcb...	Situs	Starting Main	21:52:49	2018/2/6	10	
Routin...	流水灯电路.Pcb...	Situs	Calculating Board Density	21:52:49	2018/2/6	11	
Situs Ev...	流水灯电路.Pcb...	Situs	Completed Main in 0 Seconds	21:52:50	2018/2/6	12	
Situs Ev...	流水灯电路.Pcb...	Situs	Starting Completion	21:52:50	2018/2/6	13	
Routin...	流水灯电路.Pcb...	Situs	50 of 50 connections routed (100.00%) in 2 Seconds	21:52:50	2018/2/6	14	
Situs Ev...	流水灯电路.Pcb...	Situs	Completed Completion in 0 Seconds	21:52:50	2018/2/6	15	
Situs Ev...	流水灯电路.Pcb...	Situs	Starting Straighten	21:52:50	2018/2/6	16	
Situs Ev...	流水灯电路.Pcb...	Situs	Completed Straighten in 0 Seconds	21:52:50	2018/2/6	17	
Routin...	流水灯电路.Pcb...	Situs	50 of 50 connections routed (100.00%) in 3 Seconds	21:52:51	2018/2/6	18	
Situs Ev...	流水灯电路.Pcb...	Situs	Routing finished with 0 contentions(s). Failed to complete 0 connection(s) in 3 ...	21:52:51	2018/2/6	19	

图 7-57　布线信息对话框

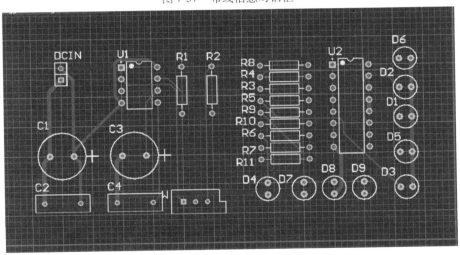

图 7-58　自动布线结果

⑮最后按照 7.7 节所讲生成各种报表并打印输出。

第 **8** 章
创建集成元件库

Altium Designer 17 以独立的集成库支持设计,综合了所有的相关模块,诸如单个库包中每个元件的封装和仿真子电路。用户可以直接对原理图和 PCB 进行操作,将其编译进集成库中,这为用户提供了所有必要器件信息的单一、安全的源。用户可以附加仿真和信号完整性模型,以及器件的3D 描述。

在编译集成库时,从源中提取的所有模型合并成一个可以移植的单一格式,然后就可以部署集成库,用于设计。使用集成库,用户能够维护源库的完整性,同时为设计师提供访问所有必要器件的信息的接口。

集成库中的元件也可以包括数据库链接参数。这样即使在没有使用完整数据库的时候,也可以动态地把集成库链接到器件管理系统。

一旦设计完成,Altium Designer 17 即可以从项目中自动提取所有器件信息,创建特定项目的集成库。这样用户可以将完整的项目器件数据进行存档,确保将来需要修改设计时可以访问所有原始器件信息。

8.1 元件库介绍

在介绍元件库操作之前先简单介绍一下元件库的基本知识。

8.1.1 元件库的格式

Altium Designer 17 支持的元件库文件格式包括:

- Integrated Libraries(＊.IntLib);
- Schematic Libraries(＊.SchLib);
- Database Libraries(＊.DBLib);
- SVN Database Libraries(＊.SVNDBLib);
- Protel Footprint Library(＊.PcbLib);
- PCB3D Model Library(＊.PCB3DLib)。

其中,(＊.SchLib)和(＊.PcbLib)为原理图元件库和 Pcb 封装库;(＊.IntLib)为集成元件

库。其他格式还有(*. VHDLLib)为 VHDL 语言宏元件库;(*. Lib)为 Protel 99SE 以前版本的元件库。

Altium Designer 17 元件库格式向下兼容,即可以使用 Protel 以前版本的元件库。

8.1.2 元件库标准

Altium 库开发中心在严格的流程下进行,确保所有的库及其包含器件的质量和完整性。

(1)PCB 封装

1)表面安装

表面安装包的 PCB 封装根据 IPC 开发的当前标准建立。IPC 宣称这些安装模式的流程是透明的,但建议要对这些模式加以优化以适合焊接类型和装配。

BGA 器件的安装模式遵从标准中的 IPC-SM-782A 修订 2,标准的垫片由蚀刻铜而非防焊层定义。

其他表面安装器件的安装模式遵从 IPC-SM-782A 修订 1 中的定义。

2)公制

所有 PCB 封装的尺寸都以公制为单位。硬件公制尺寸均根据 JEDEC-JC-11"公制政策"SPP-003B 部署。一些丝网尺寸和关键尺寸会与该政策不符。

3)封装首字母

每个封装都分配了唯一的名称。名称转换与 IPC 器件名称和 JEDEC 标准、JESD30-B相符。

(2)原理图

1)引脚名称

引脚通常以制造商数据表提供的名称命名。对于一些较小器件,如果引脚名称很长,最好使用缩写,保证符号看上去清晰。然而,不同制造商经常使用不同缩写代表相同名称或者使用相同缩写代表不同的名称。有时候相同制造商的数据表也会有不一致。例如 GND 和 GRD 都代表 Ground。为了提供原理图符号的一致性,我们根据许多制造商常用的缩写和"逻辑电路图 IEEE 标准",编制了包含 600 多个名称的缩略语表。

2)类指定字母

根据 IEEE Std 315-1975 第 22 节"电气和电子图的图形符号",分配默认指定符号。

3)图形符号—正常模式

门和缓冲/驱动的逻辑图使用时间相关、不同形状的逻辑符号绘制,请用户参考 IEEE Std 91 附录 A。

晶体管和放大器等简单器件根据 IEEE Std 315-1975"电气和电子图的图形符号"及 IEEE Std 315A-1986 绘制。

剩余器件的引脚配置应遵从应用原理图或器件功能框图的版图。

8.1.3 元件库操作的基本步骤

生成一个完整的元器件库的步骤如下:

- 新建元件库文件:创建新的元件库文件,包括元器件原理图库和元器件 PCB 库。
- 添加新的原理图元件:在元件库中添加新的元器件。

- 绘制原理图元件:绘制具体的元器件,包括几何图形的绘制和引脚属性编辑。
- 原理图元件属性编辑:整体编辑元件的属性。
- 绘制元件的 PCB 封装:绘制元器件原理图库所对应的 PCB 封装。
- 元件检查与报表生成:检查绘制的元器件并生成相应的报表。
- 产生集成元件库:将元器件原理图库和元器件 PCB 库集合产生集成元件库。

8.2 Altium Designer 17 的元件库原理图编辑环境

元件库设计与原理图设计一样需要新建一个工程项目,执行菜单命令"文件(File)"|"新的(New)"|"工程(Project)"|"集成元件库(Integrated Library)",新建一个集成元件库,并将其保存为"C8051F320. LibPkg"。这是一个包含了 Cygnal 公司推出的 C8051F 系列单片机中的一款用于 USB 设备的小型单片机的原理图和 PCB 封装的集成元件库,本章也就以这个实例为基础从头到尾详细讲解 Altium Designer 17 集成元件库的制作。

8.2.1 新建与打开元器件原理图库文件

下面通过新建一个元器件原理图库文件来启动元器件原理图库编辑环境。执行菜单命令"文件(File)"|"新的(New)"|"库(Library)"|"原理图库(Schematic Library)",系统生成一个原理图库文件,默认名称为"Schlibl. lib",同时启动原理图库文件编辑器,如图 8-1 所示,请读者将该库文件保存为"C8051F320. SchLib"。

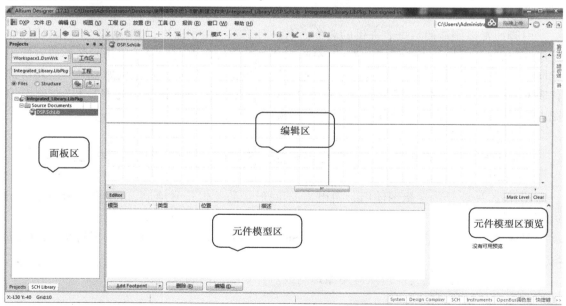

图 8-1　原理图库文件编辑器界面

8.2.2 熟悉元器件原理图库编辑环境

原理图库的编辑器环境如图 8-1 所示,读者也许会感到有点复杂,整个编辑界面被横七竖八地分成了好几块,有编辑区、面板区、元件模型区、元件模型预览区。其中,面板区的"SCH Library"面板在元件库的编辑过程中起着非常重要的作用,读者可将其拖至编辑区中央放大显示,如图 8-2 所示。

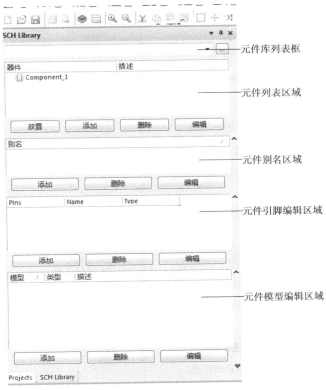

图 8-2　"SCH Library"面板

"SCH Library"面板可以完成元件库编辑的所有操作,整个面板可分为元件库列表框、元件列表区域、元件别名区域、元件引脚编辑区域和元件模型编辑区域。该面板的具体应用会在下面的章节中逐步讲解。

熟悉了"SCH Library"面板后,下面再来介绍 Altium Designer 17 元件库编辑环境的常用的菜单命令。元件库编辑环境的菜单命令与原理图编辑环境类似,元件库模型的编辑仅仅会用到图形编辑功能和相应的引脚设置功能,下面来简单介绍:

(1)"工具(Tools)"相关菜单命令

元件库编辑环境中"工具(Tools)"菜单如图 8-3 所示,下面来简单介绍各命令的应用。

➢"新器件(New Component)":创建一个新元件,执行该命令后,编辑窗口被设置为初始的十字线窗口,在此窗口中放置组件开始创建新元件。

➢"移除器件(Remove Component)":删除当前正在编辑的元件,执行该命令后出现删除的元件询问框,如图 8-4 所示,单击"Yes"确定删除。

➢"移除重复(Remove Duplicates…)":删除当前库文件中重复的元件,执行该命令后出现删除重复元件的询问框,如图 8-5 所示,单击"Yes"确定删除。

➢"重命名器件(Rename Component…)":重新命名当前元件,执行该命令后出现重新命名元件对话框,如图 8-6 所示,在文本框中输入新元件名,单击"OK"确定。

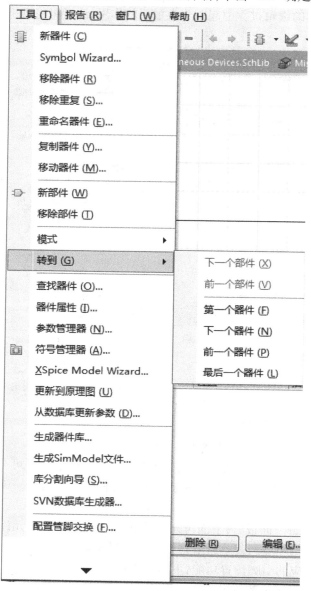

图 8-3 "工具"菜单

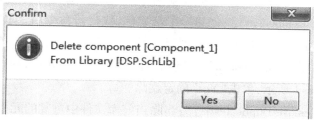

图 8-4 删除元件询问框

图 8-5　删除重复元件询问框

图 8-6　重新命名元件对话框

➤"复制器件(Copy Component…)"：将当前元件复制到指定元件库中，执行该命令后出现目标库选择对话框，如图 8-7 所示。选择目标元件库文件，单击"OK"确定。

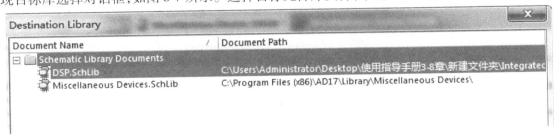

图 8-7　目标库选择对话框

➤"移动器件(Move Component…)"：将当前元件移动到指定的元件库中，执行该命令后出现目标选择对话框，如图 8-7 所示。选择目标元件库文件，单击"OK"确定，或者直接双击目标元件库文件，即可将当前元件复制到目标库文件中，同时弹出删除源库文件当前元件确认框，如图 8-8 所示。单击"Yes"确定删除，单击"No"保留。

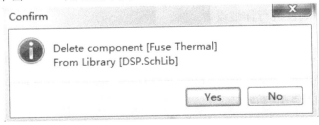

图 8-8　删除源库文件当前元件确认框

➤"新部件(New Part)"：当创建多部件元件时，该命令用来增加子件，执行该命令后开始绘制元件的新子件。

➤"移除部件(Remove Part)":删除多部件元件中的子部件。

➤"模式(Mode)":如图 8-9 所示。

图 8-9　"模式(Mode)"子菜单

➤"转到(Goto)":转到子菜单中快速定位对象。子菜单中包含功能命令,如图 8-3 靠右小方框所示。

➤"查找器件(Find Component⋯)":启动元件检索对话框"Libraries Search",该功能与原理图编辑器中的元件检索相同。

➤"更新到原理图(Update Schematics)":将库文件编辑器对元件所做修改更新到打开的原理图中。执行该命令后出现信息对话框,如果所编辑修改的元件在打开的原理图中未用到或没有打开的原理图,出现信息框如图 8-10 所示;如果编辑修改的元件在打开的原理图中用到,则出现相应的确认信息框,单击"OK"按钮,原理图中对应元件将被更新。

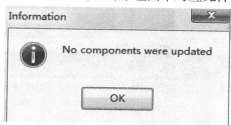

图 8-10　无更新信息框

➤"原理图优先选项(Schematics Preferences⋯)":系统参数设置命令。

➤"文档选项(Document Options⋯)":打开库文件编辑器工作环境设置对话框,如图 8-11 所示。其功能类似原理图编辑器中的文件选项命令"Design"→"丨Options"。

➤"器件属性(Component Properties)":编辑修改元件的属性参数。如图 8-12 所示,在此可对库文件中的元件属性进行详细设置。

(2)"放置(Place)"相关菜单命令

"放置(Place)"菜单命令与原理图编辑环境中的"放置(Place)"菜单命令大致相同,仅有"IEEE 符号(IEEE Symbols)"和"管脚(Pin)"引脚设置是元件库编辑环境中所独有的。"放置(Place)"菜单命令如图 8-13 所示。

➤"IEEE 符号(IEEE Symbols)":放置 IEEE 电气符号命令与元件放置相似。在库文件编辑器中所有符号放置时,按空格键旋转角度和按"X""Y"键镜像翻转的功能均有效。

➤"管脚(Pin)":放置元件模块中的引脚。执行该命令后,出现十字光标并带有元件的引脚。该命令可以连续放置元件的引脚,引脚编号自动递增,放置引脚时按"Tab"键或双击放置好的引脚,可进入元件引脚属性设置对话框,如图 8-14 所示。元件引脚属性具体内容将在下一节进行详细介绍。

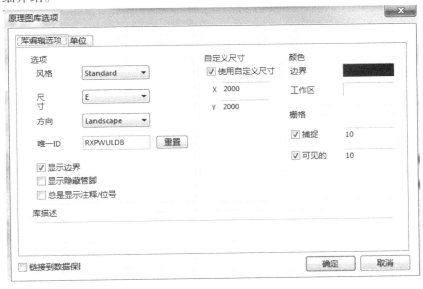

图 8-11　工作环境设置对话框

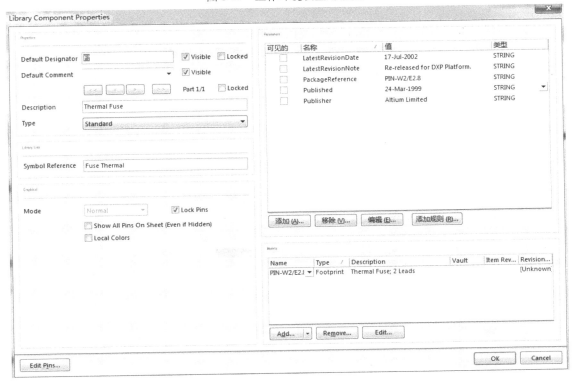

图 8-12　器件属性设置对话框

257

图 8-13　"放置（Place）"相关菜单命令

图 8-14　元件引脚属性设置对话框

（3）"报告（Reports）"相关菜单命令

元件库编辑环境中的"报告（Reports）"菜单如图8-15所示，下面来简要介绍各命令的应用。

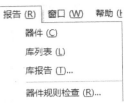

图8-15　"报告（Reports）"相关菜单命令

➤"器件（Component）"：生成当前文件的报表文件。执行该命令后，系统建立元件报表文件。报表中将提供元件的相关参数，如元件名称、组件等信息。

➤"库列表（Library List）"：生成当前元件库的列表文件，内容有元件总数、元件名称和简单描述。执行该命令后，系统建立元件库列表，如图8-16所示。

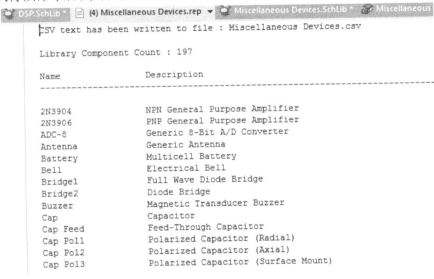

图8-16　元件库的列表文件

➤"库报告（Library Report…）"：执行后打开元件库报告设置对话框，如图8-17所示。下面简单介绍各选项的含义：

（4）"输出文件名（Output File Name）"区域

➤"输出文件名（Output File Name）"：存储路径文本框设置存储路径和报告名称。

➤"文档类型（Document Style）"：输出报告为文件类型（＊.DOC）。

➤"浏览器类型（Browser Style）"：输出报告为浏览器文件类型（＊.Html）。

➤"打开生成的报告（Open generated report）"：打开生存报告文件。

➤"添加生成的报告到当前工程（Add generated report to current project）"：将生成的报告文件添加到项目中。

（5）"报告中包含（Include in report）"区域

➤"器件参数（Component's Parameters）"：元件参数。

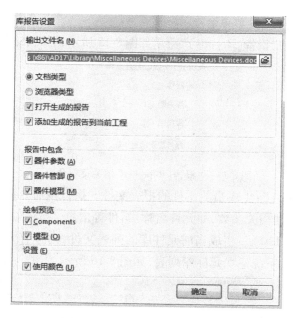

图 8-17　元件库报告设置对话框

➤"器件管脚(Component's Pins)":元件引脚参数。

➤"器件类型(Component's Models)":元件的模型参数。

(6)**"绘制浏览(Draw previews for)"区域**

➤"Components":元件预览。

➤"模型(Models)":模型预览。

(7)**"设置(Settings)"区域**

➤勾选"使用颜色(Use Color)"选项时,报告使用不同颜色区分参数类型。

设置完毕后单击"确定(OK)"按钮,系统生成元件库报告,元件库的具体内容如图 8-18 所示。

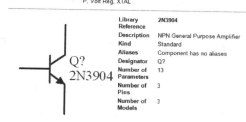

Schematic Library Report

Library File Name	C:\Program Files (x86)\AD17\Library\Miscellaneous Devices\Miscellaneous Devices.SchLib
Library File Date/Time	2016年12月30日 13:40:18
Library File Size	1054208
Number of Components	197
Component List	2N3904, 2N3906, ADC-8, Antenna, Battery, Bell, Bridge1, Bridge2, Buzzer, Cap, Cap Feed, Cap Pol1, Cap Pol2, Cap Pol3, Cap Semi, Cap Var, Cap2, Circuit Breaker, Component_1, D Schottky, D Tunnel1, D Tunnel2, D Varactor, D Zener, DAC-8, Diac-NPN, Diac-PNP, Diode, Diode 10TQ035, Diode 10TQ040, Diode 10TQ045, Diode 11DQ03, Diode 16TQ045, Diode 1N4001, Diode 1N4002, Diode 1N4003, Diode 1N4004, Diode 1N4005, Diode 1N4006, Diode 1N4007, Diode 1N4148, Diode 1N4149, Diode 1N4150, Diode 1N4448, Diode 1N4934, Diode 1N5400, Diode 1N5401, Diode 1N5402, Diode 1N5404, Diode 1N5406, Diode 1N5407, Diode 1N5408, Diode 1N914, Diode BAS116, Diode BAS16, Diode BAS21, Diode BAS70, Diode BAT17, Diode BAT18, Diode BBY31, Diode BBY40, Dpy 16-Seg, Dpy Amber-CA, Dpy Amber-CC, Dpy Blue-CA, Dpy Blue-CC, Dpy Green-CA, Dpy Green-CC, Dpy Overflow, Dpy Red-CA, Dpy Red-CC, Dpy Yellow-CA, Dpy Yellow-CC, Fuse 1, Fuse 2, Fuse Thermal, Fuse Thermal, IGBT-N, IGBT-P, Inductor, Inductor Adj, Inductor Iron, Inductor Iron Adj, Inductor Iron Dot, Inductor Isolated, JFET-N, JFET-P, Jumper, Lamp, Lamp Neon, LED0, LED1, LED2, LED3, MESFET-N, MESFET-P, Meter, Mic1, Mic2, MOSFET-2GN, MOSFET-2GP, MOSFET-N, MOSFET-N3, MOSFET-N4, MOSFET-P, MOSFET-P3, MOSFET-P4, Motor, Motor Servo, Motor Step, Neon, NMOS-2, NPN,

PMOS-2, PNP, PNP1, PNP2, PNP3, PUT, QNPN, Relay, Relay-DPDT, Relay-DPST, Relay-SPDT, Relay-SPST, Res Adj1, Res Adj2, Res Bridge, Res Pack1, Res Pack2, Res Pack3, Res Pack4, Res Semi, Res Tap, Res Thermal, Res Varistor, Res1, Res2, Res3, RPot, RPot SM, SCR, Speaker, SW DIP-2, SW DIP-3, SW DIP-4, SW DIP-5, SW DIP-6, SW DIP-7, SW DIP-8, SW DIP-9, SW DPDT, SW-12WAY, SW-6WAY, SW-DIP4, SW-DIP8, SW-DPDT, SW-DPST, SW-PB, SW-SPDT, SW-SPST, Trans, Trans Adj, Trans BB, Trans CT, Trans CT Ideal, Trans Cupl, Trans Eq, Trans Ideal, Trans3, Trans3 Ideal, Trans4, Trans4 Ideal, Tranzorb, Tnac, Tube 12AU7, Tube 12AX7, Tube 5879, Tube 6L6GC, Tube 6SN7, Tube 7199, Tube Triode, UJT-N, UJT-P, Volt Reg, XTAL

Library Reference	2N3904
Description	NPN General Purpose Amplifier
Kind	Standard
Aliases	Component has no aliases
Designator	Q?
Number of Parameters	13
Number of Pins	3
Number of Models	3

Parameters

图 8-18　元件库报告(Word 格式)

➤"器件规则检查（Component Rule Check…）"元件库报告:执行后打开库文件规则检查选择对话框,如图 8-19 所示。单击"确定（OK）"按钮,则系统开始对元件库里面所有的元器件进行设计规则检查,并生成相应的检查报告。

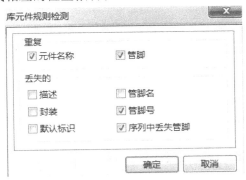

图 8-19　库文件规则检查选择对话框

8.2.3　集成库的浏览

集成库元件浏览可以查看集成库中的所有元件信息,浏览方法有以下几种。

①在原理图库文件编辑器中浏览。在原理图库文件编辑器中,执行菜单命令"工具（Tools）"|"转到（Goto）",可以对库文件中的所有元件进行逐一浏览。

②在原理图库面板"SCH Library"或"Libraries"库文件面板中逐一浏览。原理图库文件编辑器的浏览功能非常有限,使用起来不太方便,所以,浏览元件库的元件时,通常是使用原理图库面板或库文件面板。

（1）在原理图库面板"SCH Library"中浏览

原理图库面板进入方法:单击原理图库文件编辑器右下方的面板标签"SCH",单击"SCH Library"打开原理图库面板,如图 8-20 所示。

元件列表框中列出了当前正在编辑的元件库中的所有元件,单击元件名称使之处于选中状态,可以看到该元件的引脚和封装模型等信息,同时原理图库文件编辑窗口也会同步显示元件的原理图符号。

（2）在库文件面板"Libraries"中浏览

原理图库面板的浏览功能也有一定的局限性,即只能浏览在原理图库文件编辑器中打开的元件库,所以如果只是单纯地实现浏览元件库的功能,使用库文件面板"Libraries"是最实用的。

在库文件面板中可以浏览所有已加载的元件库,而且可同时观察到元件的原理图符号、PCB、封装、仿真模型,等等。

浏览元件库的主要目的是放置和编辑元件,大家可根据不同的目的选择不同的浏览方法。PCB 库文件编辑器中元件库的浏览方法类似,以后不再介绍。

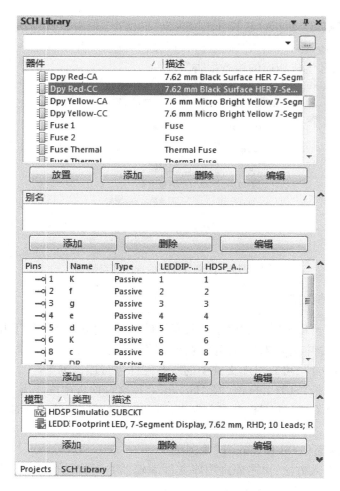

图 8-20　原理图库面板

8.3　创建 C8051F320 原理图模型

本小节将接前面所述,创建 C8051F320 的原理图模型。C8051F320 有着 32 个引脚,在绘制其模型前必须了解该芯片的具体信息,C8051F320 芯片"TQFP"封装的原理图模型如图 8-21 所示。需注意的是,不同封装的原理图模型其引脚数是不一样的。

8.3.1　创建一个新元件

打开刚刚创建的原理图库文件"C8051F320. SchLib",在原理图库编辑环境中执行菜单命令"工具(Tools)"|"新的(New Component)"创建一个新元件,将其命名为"C8051F320"。其实在新建原理图库文件"C8051F320. SchLib"时,系统已默认新建一个新元件"Component_1",读者可直接将其更名为"C8051F320"。执行菜单命令"工具(Tools)"|"重命名器件(Rename Component)",在弹出的对话框中填入"C8051F320"。

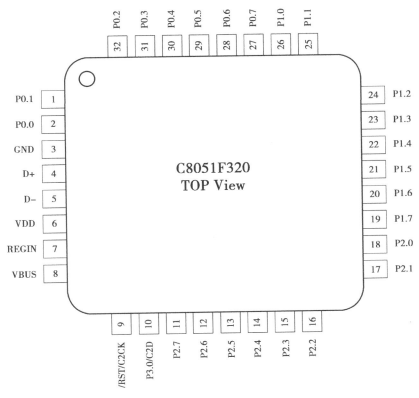

图 8-21 C8051F320 引脚

8.3.2 绘制元件的符号轮廓

①按下快捷键"Ctrl"＋"Home",让编辑区的原点居中,再执行菜单命令"放置(Place)"│"矩形(Rectangle)"或单击工具栏的□按钮进入矩形绘制状态,并按下"Tab"键对矩形的属性进行设置,如图 8-22 所示。

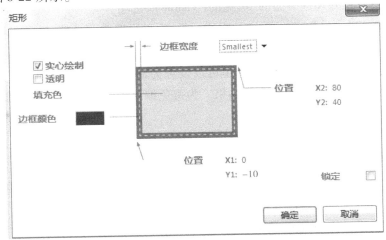

图 8-22 矩形属性设置

②设置好矩形的属性后将矩形的第一个对角点确定在原点位置,然后拖动鼠标绘制第二个对角点,确定矩形的大小。需注意的是,由于 C8051F320 引脚较多,故轮廓的外形也比较大,在绘制过程中可以滚动鼠标滚轮来放大或缩小编辑界面,矩形右下角的坐标位置大约为 $(90,-90)$。

8.3.3 放置元件引脚

元件引脚具有电气属性,它定义了该元件上的电气连接点,也具有图形属性,如长度、颜色、宽度等。通常元件引脚的放置有两种方法:与实际元件封装的引脚相对应,按顺序放置引脚;按元件引脚的功能划分,按照不同的功能模块来放置引脚。本例由于 C8051F320 芯片引脚太多,按照功能划分可以方便后续原理图的绘制。

执行菜单命令"放置(Place)"|"管脚(Pin)"或者单击工具栏的 按钮进入引脚放置状态。需注意的是,引脚只有一端是具有电气属性的,也就是在电路原理图绘制过程中可以与电气走线形成电气连接,绘制过程中可按空格键来改变引脚的方向。如图 8-23 所示,放置管脚时,光标所在的一端具有电气属性。

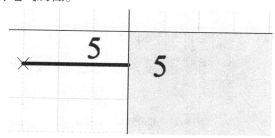

图 8-23 放置管脚

引脚默认的标号及名称均为 0,这显然不符合设计者的要求,放置过程中按下"Tab"键进入引脚属性设置对话框,如图 8-24 所示。下面就简单介绍下引脚各项属性设置的意义:

➢"显示名字(Display Name)":引脚名称显示字段,在这里设置为 C8051F320 的 6 号引脚,名称设置为 VDD,并勾选后面的"可见的(Visible)"选项。

➢"位号(Designator)":元件引脚对应的标号,这里设置为第 6 脚,这是按功能划分的,并不是从第一脚开始放置。

➢"电气类型(Electrical Type)":这里可以设置为输入、输出、输入输出、无源等。这项设定很重要,将会影响到电器规则检查的结果。为避免编译出错,在这里所有引脚统一设置为无源(Passive)。

➢"描述(Description)":引脚的功能说明。

➢"隐藏(Hide)":引脚是否隐藏。

➢"符号(Symbols)":符号设置区域,可以设置引脚的各种标号,但并不会涉及元件的电气性能,读者可以按照需要自己设置。

➢"VHDL 参数(VHDL Parameter)":设置引脚的 VHDL 参数,在此并不需要理会。

➢"图形(Graphical)":设置引脚的外观属性,如长度、坐标、颜色等。

设置好属性的元件引脚如图 8-25 所示,请读者按照上面介绍的步骤参考图 8-21 放置剩下的 31 个引脚。引脚编辑完毕后的元件模型如图 8-26 所示。

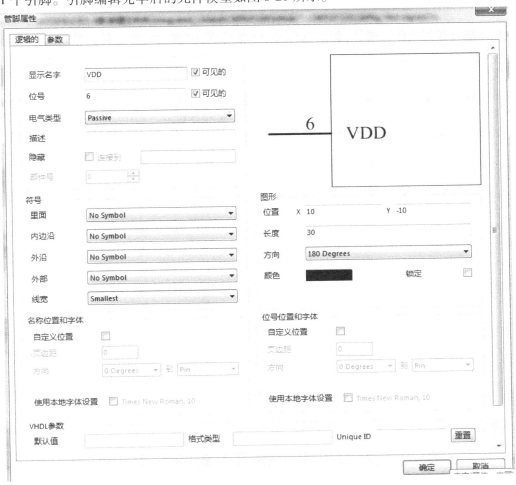

图 8-24　元件引脚属性编辑

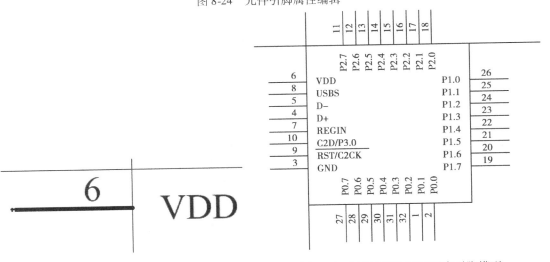

图 8-25　属性修改完毕后的引脚

图 8-26　C8051F320 原理图库引脚模型

8.3.4　元件属性编辑

元件都有其相关联的属性,如默认标号、PCB 封装、仿真模块及各种变量等,这些属性设置需要通过元件属性设置对话框来完成。

执行菜单命令"工具(Tools)"|"器件属性(Components Properties…)"或在"SCH Library"原理图库面板中选中新建的 C8051F320,单击"编辑(Edit)"按钮,打开库元件属性设置对话框,如图 8-27 所示。下面简单介绍一下常见的元件属性设置。

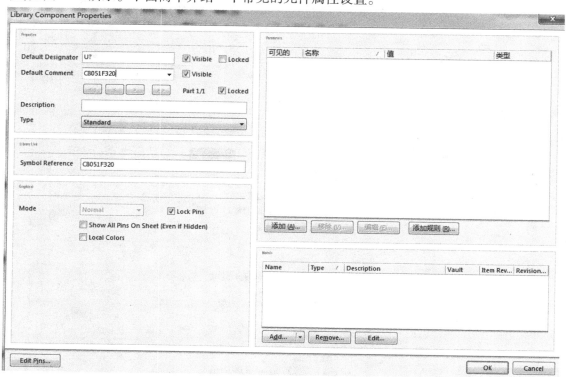

图 8-27　元件属性设置对话框

"Default Designator"默认标号:设置放置该元件时系统给元件的默认标号,在这里设置为"U?",并将"Visible"可见属性勾选。

- "Comment"注释:设置元件的相关注释信息,但不会影响到元件的电气性能,这里将注释信息设置为芯片的名称"C8051F320"。
- "Type"类型:这里设置元件的种类,可以设置为标准、机械层、图形等,这里设置为标准"Standard"。
- "Symbol Reference"符号引用:设置为"C8051F320"。
- "Graphical"图形区域,这里设置元件的默认图形属性:

➤"Mode"模式:设置为普通模式"Normal"即可。

➤"Lock Pins"锁定引脚:将元件引脚锁定在元件符号上,使之不能在原理图编辑环境中被修改。

➤"Show All Pins On Sheet(Even if Hidden)"图纸上显示所有引脚(即使隐藏):通常不选

取此项,隐藏的引脚不会显示。

● "Parameters for C8051F320" C8051F320 参数设置区域:该区域设置元件的默认参数,单击下面的"Add"按钮弹出图 8-28 所示的参数设置对话框,在这里可以设置元件的各种参数,像电阻的阻值、生产厂家、生产日期等,这些参数均不具有电气意义,为了简单起见不用理会。

● "Models for C8051F320" C8051F320 的模型设置:此区域设置元件的默认模型,元件模型是电路图与其他电路软件连接的关键,在此区域可设置"FootPrints"PCB 封装模型、"Simula-tion"电路仿真模型、"PCB3D"PCB3D 仿真模型和"Signal Integrity"信号完整性分析模型。如图 8-29 所示,单击该区域下方的"Add"按钮添加各种模型,单击"Remove"按钮删除已有的模型,或单击"Edit"按钮编辑现有的模型。

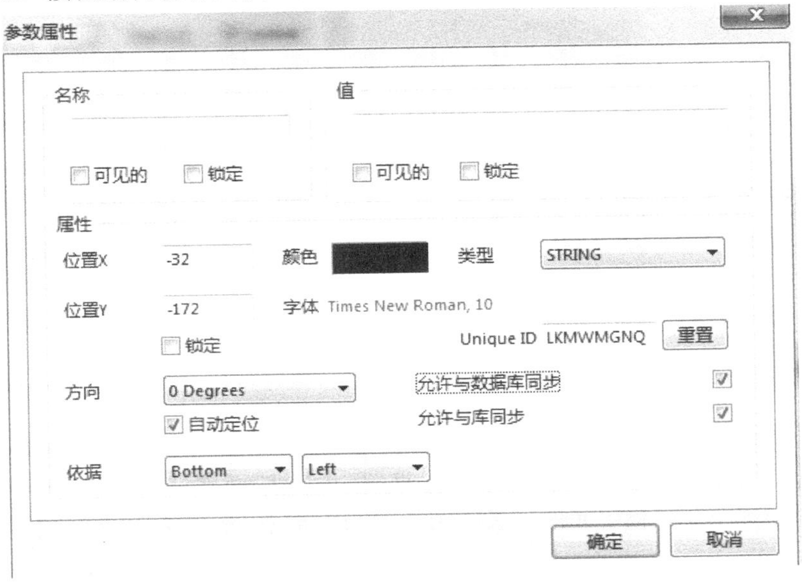

图 8-28　参数设置对话框

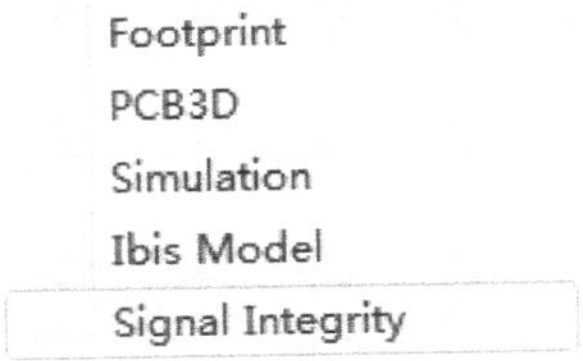

Footprint
PCB3D
Simulation
Ibis Model
Signal Integrity

图 8-29　元件模型设置

在元件模型放置引脚时对元件引脚属性的逐一编辑显得十分麻烦,是否有更为简单的方法呢,答案是肯定的。单击图 8-27 元件属性编辑对话框左下角的"Edit Pins"按钮,弹出图 8-30 所示的元件引脚编辑器,这里列出了元件所有引脚的各项属性,在这里可对这些属性进行编辑、增加、移除引脚等,非常方便。

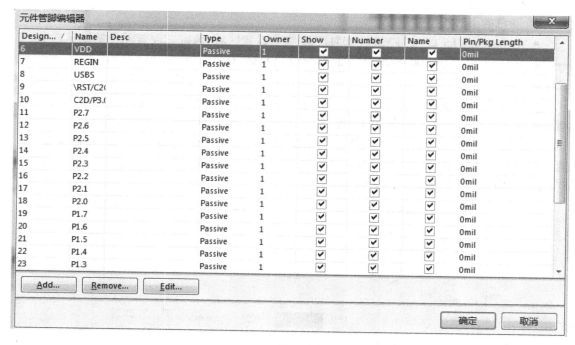

图 8-30　元件引脚编辑器

8.3.5　绘制一个多子件的原理图元件

本节介绍创建一个新的包含 4 个子件的元件,两输入与门,命名为 74F08SJX。

①在原理图库编辑器中执行菜单命令"工具(Tools)"|"新器件(New Component)"或单击 "SCH Library"原理图库面板中元件列表区域下的"添加"按钮,打开新元件的名称对话框,如 图 8-31 所示。

图 8-31　新元件名称对话框

②输入新元件的名字 74F08SJX,单击"确定"按钮。新的元件名称出现在原理图库面板的 元件列表里,同时一个新的图纸会打开,一条十字线穿过图纸原点。

③创建元件外形。执行菜单命令"放置(Place)"|"线(Line)"和"放置(Place)"|"弧 (Arc)",如图 8-32 所示绘制元件的外形。如果所画线和圆弧尺寸上不能完全对上,可以在 "工具"|"文档选项"里修改"捕捉"栅格的尺寸,默认是 10mil,可修改为 1mil。

④添加元件引脚。执行菜单命令"放置(Place)"|"管脚(Pin)",给原理图元件添加引脚, 同时设置引脚 1 和 2 输入特性,引脚 3 是输出特性。电源引脚是隐藏引脚,第 14 脚的 VCC 和 第 7 脚的 GND 是隐藏的,如图 8-33 所示。

　　⑤电源引脚要支持所有的子件,所以只要将它们作为子件 A 设置一次就可以了。当元件放置到原理图中时,该子件中这类引脚会被加到其他子件中。在这些电源引脚属性对话框的属性设置对话框中,确认它们在子件编号栏中被设置为子件 A,其电气类型设置为"Power",隐藏复选框被选中而且引脚连接到正确的网络名,第 14 脚连接到"连接到(Connect to field)"中输入的 VCC,第 7 脚连接到"连接到(Connect to field)"中输入的 GND,如图 8-34 所示。

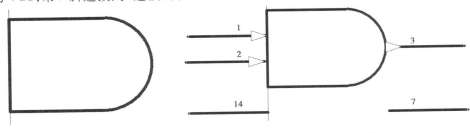

图 8-32　元件外形　　　　　　　　　　　　　图 8-33　放置引脚

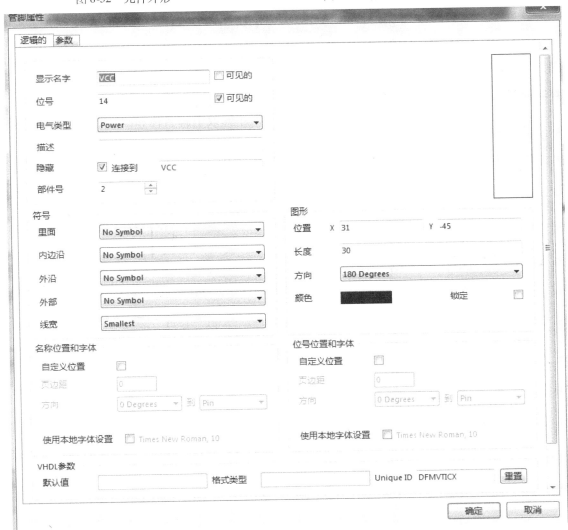

图 8-34　电源引脚属性设置对话框

⑥添加一个新的子件。

◇执行菜单命令"编辑（Edit）"|"选择（Select）"|"全部（All）"，将元件全部选中，或直接按住鼠标左键围绕 Part A 中所画的元件 1 拖一个矩形框。

◇执行菜单命令"编辑（Edit）"|"复制（Copy）"，复制元件。

◇执行菜单命令"工具（Tools）"|"新部件（New Part）"，一个新的空白元件图纸被打开。单击原理图库面板中元件列表里元件的名字旁边 + 号可以看到，原理图库面板中的部件计数器会更新元件使其拥有 Part A 和 Part B 两个部分，如图 8-35 所示。

图 8-35　添加子件后列表

⑦执行菜单命令"编辑（Edit）"|"粘贴（Paste）"，光标上出现一个元件子件外形。移动被复制的部件直到它定位到和源子件相同位置，单击鼠标左键粘贴这个子件。

⑧双击新子件的每一个引脚，在引脚属性对话框中修改引脚名称和编号以及更新新子件的引脚信息。

⑨重复上述步骤创建剩下的两个部件，如图 8-36 所示。

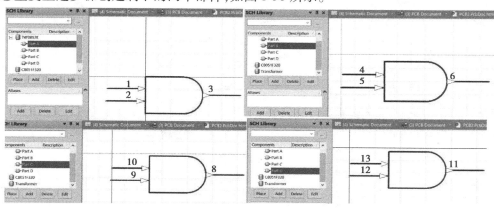

图 8-36　添加好的子件

8.3.6　元件设计规则检查

元件的原理图模型绘制完毕后还要进行设计规则检查，以防有意想不到的错误发生，导致后面生成集成元件库出现错误。执行菜单命令"报告（Reports）"|"器件规则检查（Component Rule Check）"，弹出如图 8-37 所示的元件设计规则检查对话框。

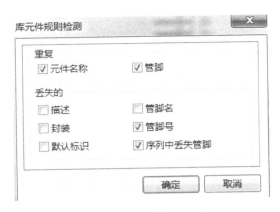

图 8-37　器件规则检查对话框

可供检查的项目有：

- "重复（Duplicate）"：查找是否有重复的项目。

➤"元件名称（Component Names）"：检查是否有重复的元件名。

➤"管脚（Pins）"：检查是否有重复的引脚。

- "丢失的（Missing）"：查找是否有遗漏的项目。

➤"描述（Description）"：检查是否遗漏元件的描述。

➤"管脚名（Pin Name）"：检查是否遗漏元件的引脚名称。

➤"封装（Footprint）"：检查是否遗漏元件的封装。

➤"管脚号（Pin Number）"：检查是否遗漏元件的引脚号。

➤"默认标识（Default Designator）"：检查是否遗漏元件的标号。

➤"序列中丢失管脚（Missing Pins in Sequence）"：检查是否遗漏元件的引脚标号。

单击"确定"按钮执行元件设计规则检查，并将检查的结果生成"C8051F320.ERR"文件，检查的结果如图 8-38 所示，没有发现错误。

图 8-38　元件设计规则检查结果

8.3.7　生成元件报表

元件设计规则检查无误后可以生成元件报表，列出元件的详细信息。执行菜单命令"报告（Reports）"|"器件（Component）"，系统会自动生成元件报表文件"C8051F320.cmp"并打开，里面列出了元件的引脚的详细信息，如图 8-39 所示，便于读者查看。

```
        设置语言
       Misc...     Devices.SchLib    C8051F320.SchLib *    (5) C8051F320.cmp    Misce...

       Component Name : C8051F320

       Part Count : 2

       Part : *
              Pins - (Normal) : 0
                     Hidden Pins :

       Part : *
              Pins - (Normal) : 32
                     VDD           6            Passive
                     USBS          8            Passive
                     D-            5            Passive
                     D+            4            Passive
                     REGIN         7            Passive
                     C2D/P3.0      10           Passive
                     \RST/C2CK     9            Passive
                     GND           3            Passive
                     P0.7          27           Passive
                     P0.6          28           Passive
                     P0.5          29           Passive
                     P0.4          30           Passive
                     P0.3          31           Passive
                     P0.2          32           Passive
                     P0.1          1            Passive
                     P0.0          2            Passive
                     P1.0          26           Passive
                     P1.1          25           Passive
```

图 8-39　元件报表

8.4　创建 PCB 元件库及元件封装

元器件封装就是元器件的外形和管脚分布图。电路原理图中的元器件只是表示一个实际元器件的电气模型,其尺寸、形状都无关紧要。而元器件封装是元器件在 PCB 设计中采用的,是实际元器件的几何模型,其尺寸至关重要。元器件封装的作用就是指示出实际元器件焊接到电路板时所处的位置,并提供焊点。

元件的封装信息主要包括两个部分:外形和焊盘。元器件的外形(包括标注信息)一般在Top Overlay(丝印层)上绘制。而焊盘的情况就要复杂一些,若是穿孔焊盘,则涉及穿孔所经过的每一层;若是贴片元器件的焊盘,一般在顶层 Top Overlay(丝印层)绘制。

8.4.1　常用封装介绍

随着电子技术的发展,电子元器件的种类越来越多,每一种元器件又分为多个品种和系列,每个系列的元器件封装都不完全相同。即使是同一个元器件,不同厂家的产品也可能封装不同。为了解决元器件封装标准化的问题,近年来,国际电工协会发布了关于元器件封装的相关标准。下面介绍几种常见的元器件封装形式,总体上讲,根据元器件采用安装技术的不同,可分为插入式封装技术(Through Hole Technology, THT)和表贴式封装技术(Surface Mounted

Technology，SMT）。

插入式封装元件安装时，元件安置在板子的一面，将引脚穿过 PCB 板焊接在另一面上。插入式元件需要占用较大的空间，并且要为每只引脚钻一个孔，所以它们的引脚会占据两面的空间，而且焊点也比较大。但从另一方面来说，插入式元件与 PCB 连接较好，机械性能也好。例如，排线的插座、接口板插槽等类似的界面都需要一定的耐压能力，因此，通常采用 THT 封装技术。

表贴式封装的元件，引脚焊盘与元件在同一面。表贴元件一般比插入式元件体积要小，而且不必为焊盘钻孔，甚至还能在 PCB 板的两面都焊上元件。因此，与使用插入式元件的 PCB 比起来，使用表贴元件的 PCB 板上元件布局要密集很多，体积也就小很多。此外，表贴封装元件也比插入式元件要便宜一些，所以现今 PCB 上广泛采用表贴元件。

元件封装可以大致分成以下种类：

➢ BGA（Ball Grid Array）：球栅阵列封装，因其封装材料和尺寸的不同还细分成不同的 BGA 封装，如陶瓷球栅阵列封装 CBGA、小型球栅阵列封装 μBGA 等。

➢ PGA（Pin Grid Array）：插针栅格阵列封装技术。这种技术封装的芯片内外有多个方阵形的插针，每个方阵形插针沿芯片的四周间隔一定距离排列，根据管脚数目的多少可以围成 2~5 圈。安装时，将芯片插入专门的 PGA 插座。该技术一般用于插拔操作比较频繁的场合之下，如个人计算机 CPU。

➢ QFP（Quad Flat Package）：方形扁平封装，为当前芯片使用较多的一种封装形式。

➢ PLCC（Plastic Leaded Chip Carrier）：有引线塑料芯片载体。

➢ DIP（Dual In-line Package）：双列直插封装。

➢ SIP（Single In-line Package）：单列直插封装。

➢ SOP（Small Out-line Package）：小外形封装。

➢ SOJ（Small Out-line J-Leaded Package）：J 形引脚小外形封装。

➢ CSP（ChipScalePackage）：芯片级封装，较新的封装形式，常用于内存条中。在 CSP 的封装方式中，芯片是通过一个个锡球焊接在 PCB 板上，由于焊点和 PCB 板的接触面积较大，所以内存芯片在运行中所产生的热量可以很容易地传导到 PCB 板上并散发出去。另外，CSP 封装芯片采用中心引脚形式，有效地缩短了信号的传导距离，其衰减随之减少，芯片的抗干扰、抗噪性能也能得到大幅提升。

➢ Flip-Chip：倒装焊芯片，也称为覆晶式组装技术，是一种将 IC 与基板相互连接的先进封装技术。在封装过程中，IC 会被翻覆过来，让 IC 上面的焊点与基板的接合点相互连接。由于成本与制造因素，使用 Flip-Chip 接合的产品通常根据 I/O 数多少分为两种形式，即低 I/O 数的 FCOB（Flip Chip on Board）封装和高 I/O 数的 FCIP（Flip Chip in Package）封装。Flip-Chip 技术应用的基板包括陶瓷、硅芯片、高分子基层板及玻璃等，其应用范围包括计算机、PCMCIA 卡、军事设备、个人通信产品、钟表及液晶显示器等。

➢ COB（Chip on Board）：板上芯片封装。即芯片被绑定在 PCB 上，这是一种现在比较流行的生产方式。COB 模块的生产成本比 SMT 低，并且还可以减小模块体积。

8.4.2　PCB 封装库编辑环境

进入 PCB 库文件编辑环境的步骤如下：

（1）新建一个 PCB 库文件

执行"文件"→"New（新的）"→"Library（元件库）"→"PCB 元件库"菜单命令，如图 8-40 所示，即可打开 PCB 库编辑环境并新建一个空白 PCB 库文件"PcbLibl. PcbLib"。

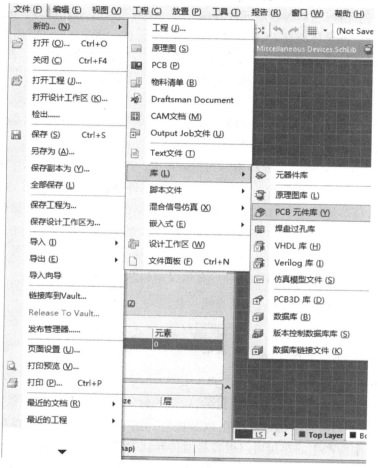

图 8-40　新建 PCB 库文件

（2）保存并更改该 PCB 库文件名称

这里改名为"C8051F320. PcbLib"。可以看到在"Project（工程）"面板的 PCB 库文件管理夹中出现了所需要的 PCB 库文件，随后双击该文件即可进入库文件编辑器，如图 8-41 所示。

PCB 库编辑器的设置和 PCB 编辑器基本相同，只是主菜单中少了"Design"和"Auto Route"菜单命令。工具栏中也减少了相应的工具按钮。另外，在这两个编辑器中，可用的控制面板也有所不同。PCB 库编辑器中独有的"PCB Library"面板，提供了对封装库内元件封装统一编辑、管理的接口。

"PCB Library（PCB 元件库）"面板如图 8-42 所示，面板共分成 4 个区域："屏蔽""元件""元件的图元"和"缩略图显示框"。

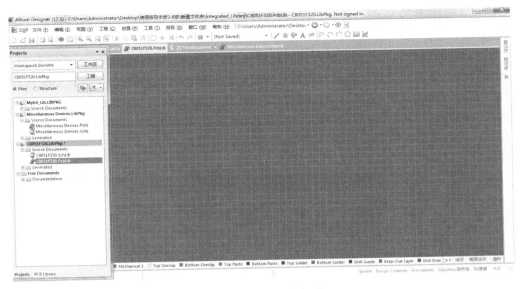

图 8-41　PCB 库编辑器

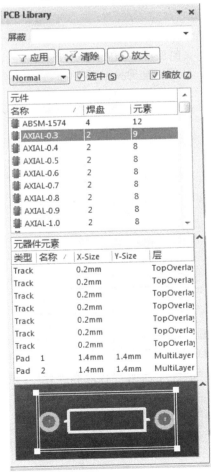

图 8-42　"PCB Library"面板

275

　　"屏蔽"栏对该库文件内的所有元件封装进行查询,并根据屏蔽栏内容将符合条件的元件封装列出。

　　"元件"栏列出该库文件中所有符合屏蔽栏条件的元件封装名称,并注明其焊盘数、图元数等基本属性。单击元件列表内的元件封装名,工作区内显示该封装,即可进行编辑操作。双击元件列表内的元件封装名,工作区内显示该封装,并且弹出如图 8-43 所示的"PCB 库元件"对话框,在对话框内修改元件封装的名称和高度。高度是供 PCB 3D 仿真时用的。

　　在元件列表中单击鼠标右键,弹出右键快捷菜单如图 8-44 所示,通过该菜单可以进行元件库的各种编辑操作。

图 8-43　"PCB 库元件"对话框

图 8-44　元件列表右键快捷菜单

（3）PCB 库编辑器环境设置

　　进入 PCB 库编辑器后,同样需要根据要绘制的元件封装类型对编辑器环境进行相应的设置。PCB 库编辑环境设置包括"器件库选项""板层和颜色""层叠管理"和"优先选项"。

　　1)"器件库选项"设置

　　在主菜单中执行"工具"→"器件库选项"菜单命令,或在工作区单击右键,在弹出的右键快捷菜单中选择"器件库选项"命令,即可打开"板选项"设置对话框,如图 8-45 所示。主要设置以下几项:

　　● "度量单位"栏:PCB 中单位的设置。

- "标号显示"选项组:用于进行显示设置。
- "布线工具路径"选项组:用于设置布线所在层。
- "捕获选项"选项组:用于进行捕捉设置。
- "图纸位置"选项组:用于设置 PCB 图纸的 X、Y 坐标和长、宽。

其他保持默认设置,单击 ___确定___ 按钮,退出对话框,完成"板选项"对话框的属性设置。

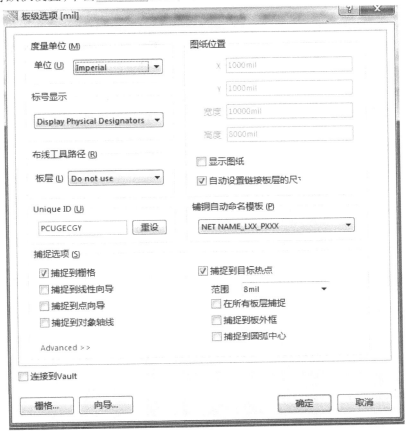

图 8-45　"板选项"设置对话框

2)"板层和颜色"设置

在主菜单中执行"工具"→"板层和颜色"菜单命令,或在工作区单击右键,在弹出的右键快捷菜单中选择"板层和颜色"命令,即可打开"视图配置"设置对话框,如图 8-46 所示。

在机械层内,将 Mechanical 1 的"连接到图纸"选中。其他保持默认设置不变。单击 ___确定___ 按钮,退出对话框,完成"视图配置"对话框的属性设置。

3)"层叠管理"设置

在主菜单中执行"工具"→"层叠管理"快捷菜单命令,或在工作区单击右键,在弹出的右键快捷菜单中选择"Layer Stack Manager"命令,即可打开"Layer Stack Manager(层叠管理)"设置对话框,如图 8-47 所示。

图 8-46 "视图配置"设置对话框

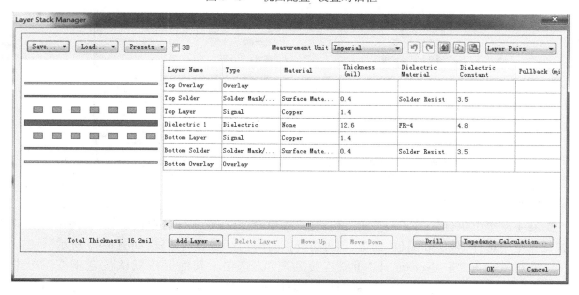

图 8-47 "Layer Stack Manager(层叠管理)"设置对话框

4)"优先选项"设置

在主菜单中执行"工具"→"优先选项"菜单命令,或在工作区单击右键,在弹出的右键快捷菜单中选择"选项"→"优先选项"命令,即可打开"参数选择"设置对话框,如图 8-48 所示。

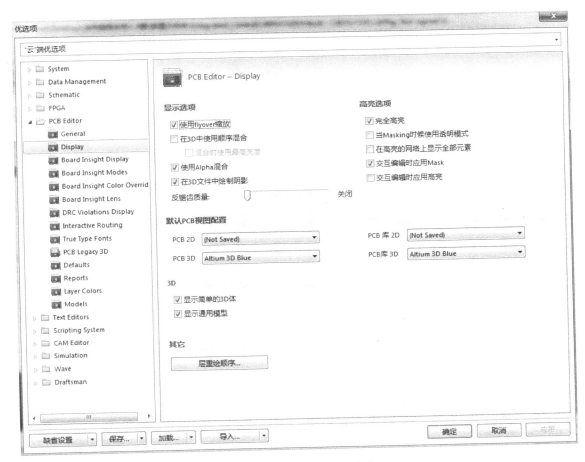

图 8-48　"参数选择"设置对话框

8.4.3　用 PCB 向导创建 PCB 元件规则封装

下面用 PCB 元件向导来创建元件封装。PCB 元件向导通过一系列对话框来让用户输入参数,最后根据这些参数自动创建一个封装。这里要创建 C8051F320 的封装,名称为 QFP-32,尺寸信息为:外形轮廓为矩形 7 mm×7 mm,引脚数为 8×4,引脚宽度为 0.30 mm,引脚长度为 1 mm,引脚间距为 0.5 mm,引脚外围轮廓为 9 mm×9 mm。

具体操作步骤如下:

①执行"工具"→"IPC Compliant Footprint Wizard"菜单命令,系统弹出元件封装向导对话框,如图 8-49 所示。

②单击 Next > 按钮,进入元件封装模式选择画面,如图 8-50 所示,这里选择 Plastic Quad Flat Pack(PQFP)封装模式。这是四方形的扁平塑料封装,与 C8051F320 的封装类型类似,这也是用得最多的贴片 IC 封装元件。该对话框的右边列出了该类元件的介绍和封装模型预览,对话框的下面则提示注意芯片的参数均采用毫米为单位。

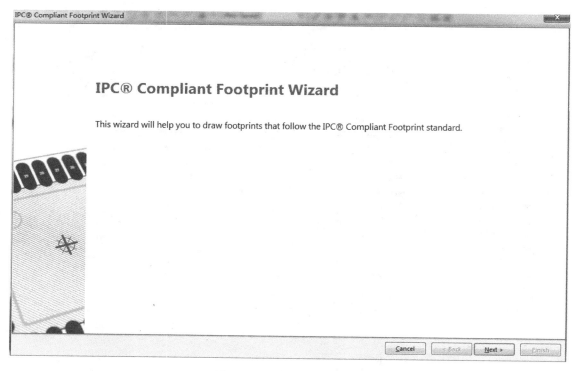

图 8-49　元件封装向导首页

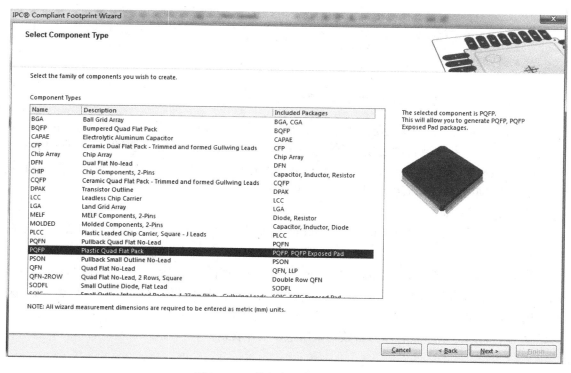

图 8-50　元件封装模式选择对话框

③单击 Next > 按钮，进入图8-51所示的芯片外形尺寸设置对话框1，在这里设置芯片的外径。根据datasheet给出的具体数据，这里设置为长和宽的最小值和最大值分别为 9 mm 和 9 mm，元件高度值为 1.6 mm。

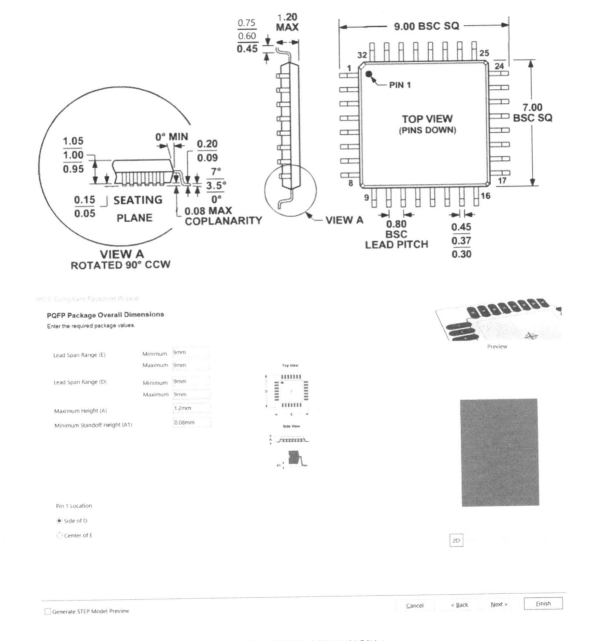

图 8-51　芯片外形尺寸设置对话框 1

④单击 Next > 按钮，进入图8-52所示的芯片外形尺寸设置对话框2，在这里设置芯片的内径、引脚的大小、引脚之间的间距以及引脚的数量，参数的具体数值设置与图中一致。当这些具体数据设置完毕后，可以看到元件的预览图已经与芯片的外形一样。

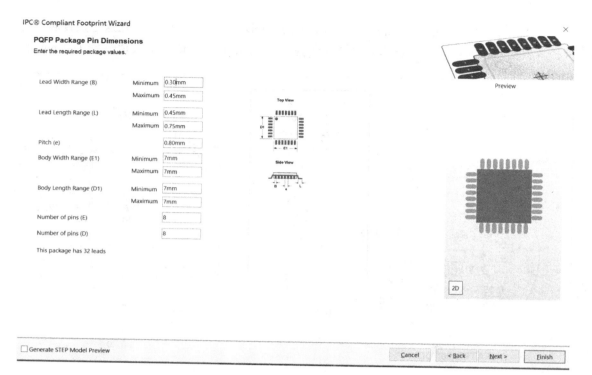

图 8-52　芯片外形尺寸设置对话框 2

⑤单击 Next > 按钮，进入图 8-53 所示的导热焊盘设置对话框，这是针对发热量较大的芯片设置的。C8051F320 芯片本身并没有导热的焊盘，所以这里不用选择"Add Thermal Pad"选项。

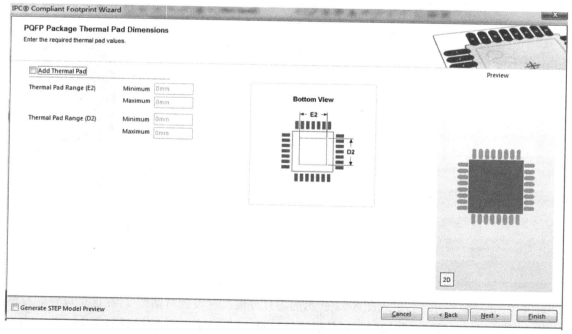

图 8-53　Thermal Pad 设置对话框

⑥单击 Next > 按钮,进入图 8-54 所示的引脚位置设置对话框,这里设置元件的引脚和元件体之间的距离,系统已经由前面提供的芯片数据计算出了默认数据,读者不用修改。

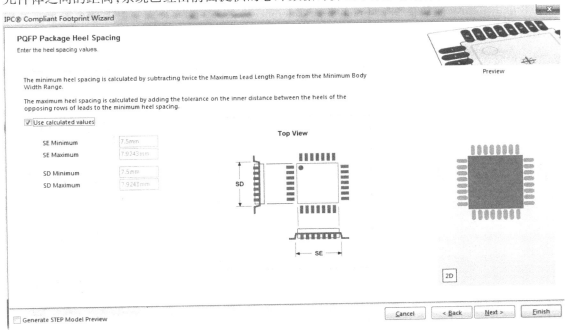

图 8-54　Heel Spacing Values(焊盘跟间距)设置对话框

⑦单击 Next > 按钮,进入图 8-55 所示的助焊层尺寸设置对话框,这里是设置元件焊盘

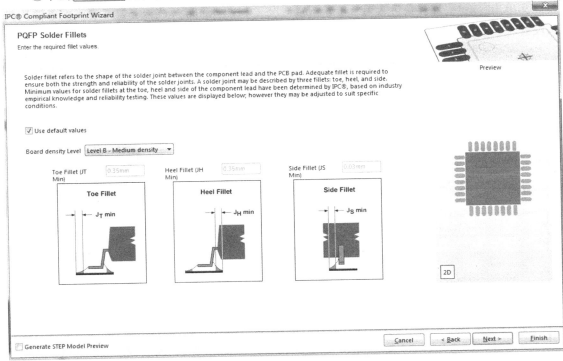

图 8-55　助焊层尺寸设置对话框

的助焊层的尺寸大小,采用系统默认计算数据,并将其中的"Board density Level"选项选取为"Level B-Medium Density",下面列出了尺寸的预览。

⑧单击 Next > 按钮,进入 Component Tolerances(公差)设置画面,如图 8-56 所示。这里使用默认设置。

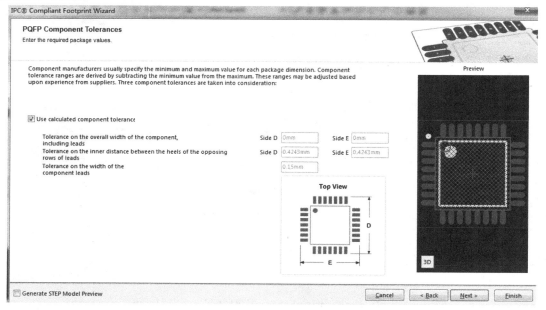

图 8-56　Tolerances(公差)设置对话框

⑨单击 Next > 按钮,进入 IPC Tolerances(公差)设置画面,如图 8-57 所示。这里使用默认设置。

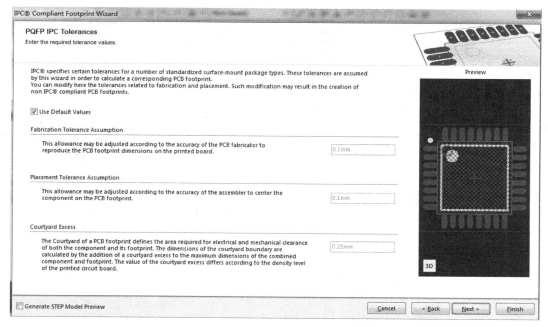

图 8-57　IPC Tolerances(公差)设置对话框

⑩单击 Next> 按钮,进入图 8-58 所示的焊盘尺寸设置对话框。这里设置芯焊盘的尺寸大小,焊盘的尺寸大小值是系统根据芯片的引脚尺寸计算出来的。读者还可以设置焊盘的形状,是"Rounded"圆形还是"Rectangular"矩形,这里的焊盘外形选择 Rectangular(矩形)。

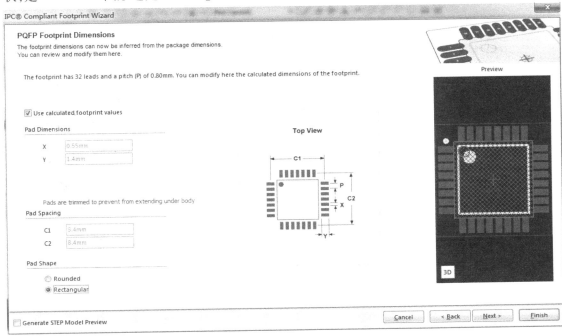

图 8-58　封装尺寸确定对话框

⑪单击 Next> 按钮,进入丝印层设置画面,如图 8-59 所示。这里使用默认设置。

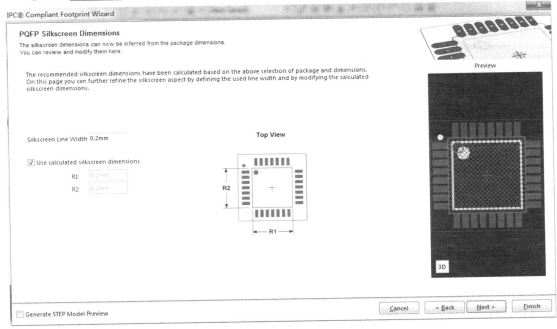

图 8-59　丝印层设置对话框

⑫单击 Next > 按钮,进入图 8-60 所示的芯片封装整体尺寸设置对话框,在这里设置芯片封装的整体尺寸,系统已经根据芯片的尺寸和焊盘的大小计算出了默认值,所以不用更改。至此,芯片的封装已经设计完成,可以点击"Finish"按钮完成设计。

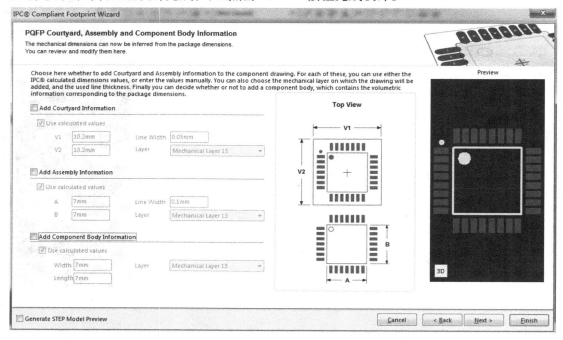

图 8-60　封装外形尺寸显示与否设置对话框

⑬单击 Next > 按钮,进入封装名称与描述设置画面,如图 8-61 所示。默认为使用建议的名称,这里自定义名称为 TQFP-32,取消复选框。

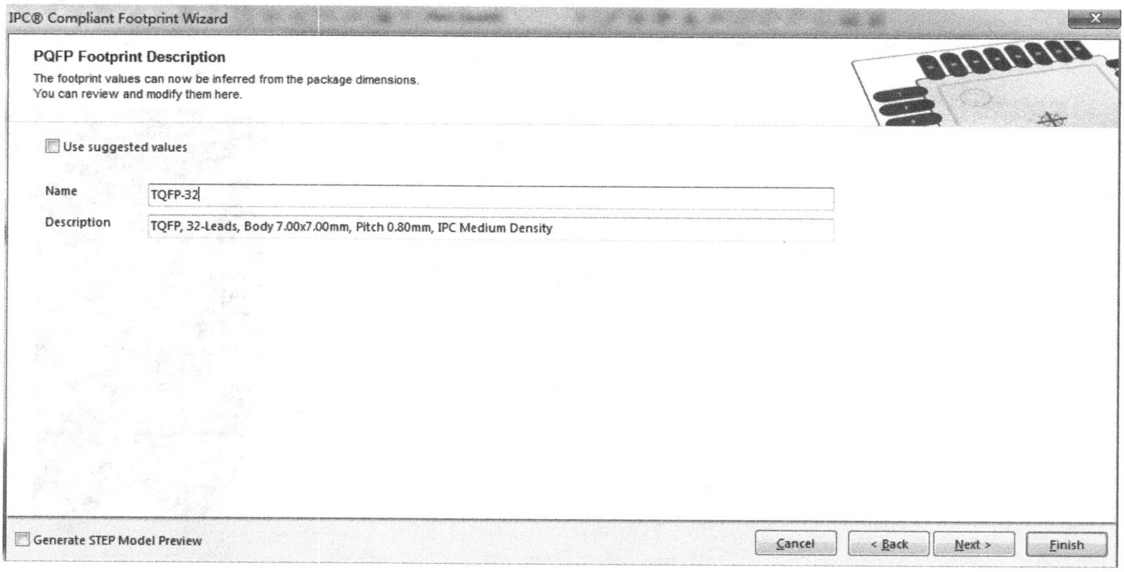

图 8-61　封装名称设置对话框

⑭单击 Next > 按钮,进入封装储存位置画面,如图 8-62 所示。

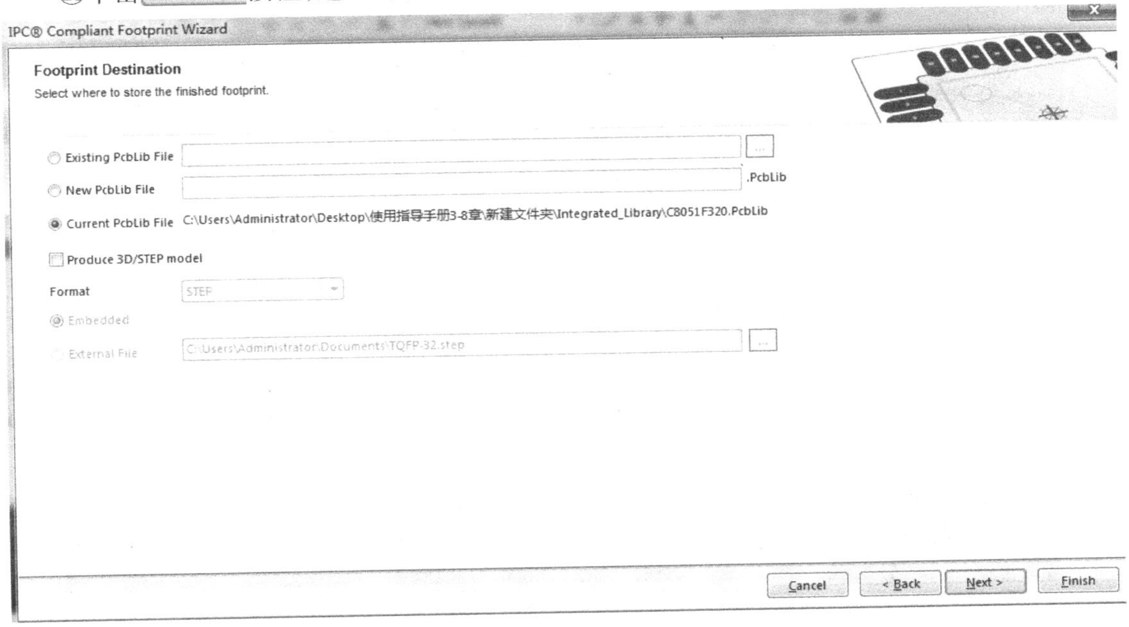

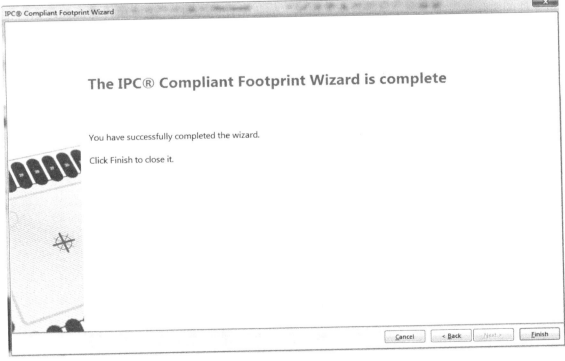

图 8-62　封装存放位置设置对话框

⑮单击 Next > 按钮,封装向导结束对话框,如图 8-63 所示。单击 Finish 按钮,退出封装向导。

图 8-63　封装制作完成对话框

至此，C8051F320 的封装 TQFP-32 制作就完成了，工作区内显示出封装图形，如图 8-64 所示。

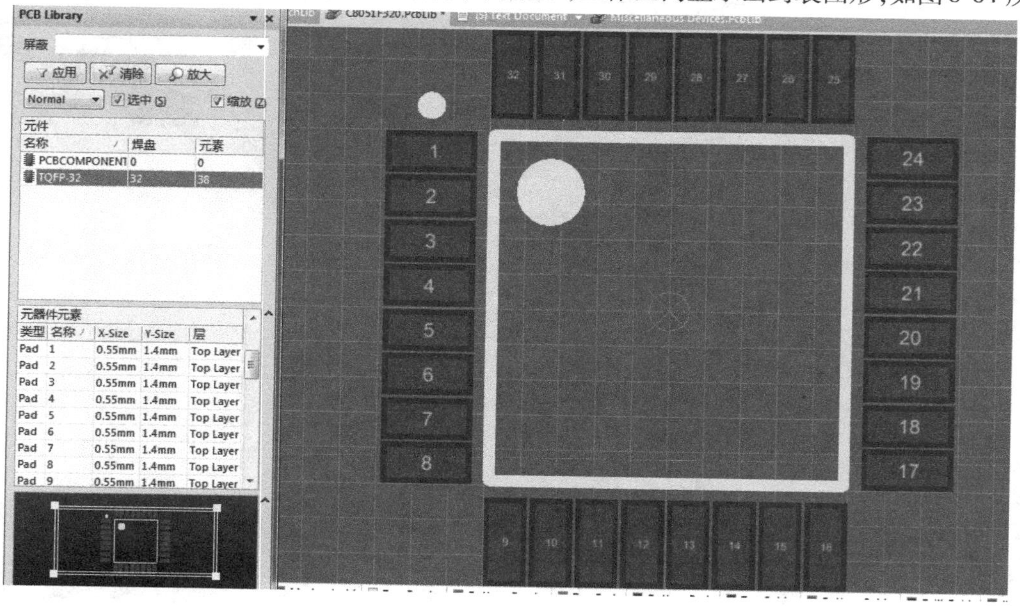

图 8-64　使用 PCB 封装向导制作的 TQFP-32 封装

8.4.4　手动创建 PCB 元件不规则封装

某些电子元件的引脚非常特殊，用 PCB 元件向导将无法创建新的封装。这时，可以根据该元件的实际参数手工创建引脚封装。用手工创建元件引脚封装，需要用直线或曲线来表示元件的外形轮廓，然后添加焊盘来形成引脚连接。元件封装的参数可以放置在 PCB 板的任意图层上，但元件的轮廓只能放置在顶端丝印层上，焊盘则只能放在 Multilay 层上。当在 PCB 文件上放置元件时，元件引脚封装的各个部分将分别放置到预先定义的图层上。

下面详细介绍如何手工制作 PCB 库元件：

（1）创建新的空元件文档

打开新建的 PCB 元件库 C8051F320.PcbLib，执行"工具"→"新的空元件"菜单命令，这时在"PCB Library（PCB 元件库）"操作界面的元件框内会出现一个新的 PCBCOMPONENT_1 空文件。双击 PCBCOMPONENT_1，在弹出的命名对话框中将元件名称改为"DC 直流电源"，如图 8-65 所示。

图 8-65　重新命名元件

"DC 直流电源"的元件尺寸可根据所买器件自行测量所需尺寸,也可上网查询相关尺寸。下面的封装是根据图 8-66 所示尺寸绘制的。

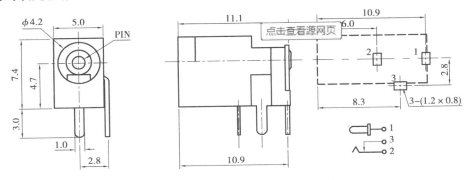

图 8-66 "DC 直流电源"的元件尺寸

(2)编辑工作环境

在主菜单中执行"工具"→"器件库选项"菜单命令,或在工作区单击右键,在弹出的右键快捷菜单中选择"器件库选项"命令,即可打开"板选项"设置对话框,如图 8-67 所示。

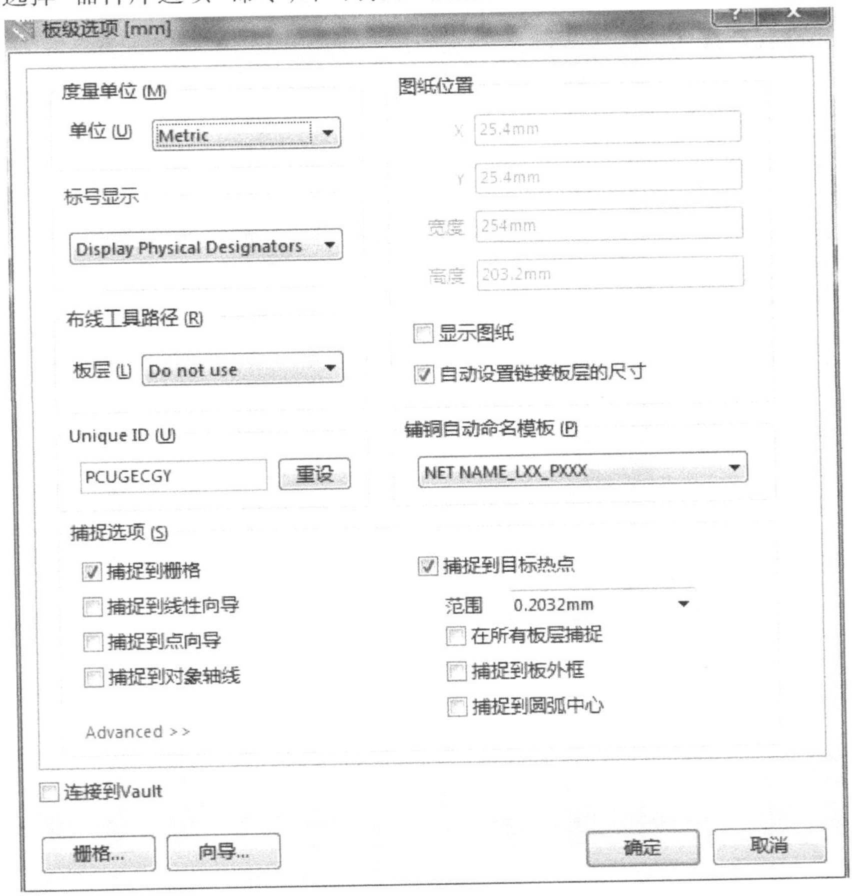

图 8-67 "板选项"设置对话框

其他保持默认设置,单击 确定 按钮,退出对话框,完成"板选项"对话框的属性设置。

（3）工作区颜色设置

颜色设置由自己来把握,这里不再详细叙述。

（4）"参数选择"属性设置

执行"工具"→"优先选项"菜单命令,或在工作区单击右键,在弹出的右键快捷菜单中选择"选项"→"优先选项"命令,即可打开"参数选择"设置对话框,如图 8-68 所示。单击 确定 按钮,退出对话框。这样在工作区的坐标原点就会出现一个原点标志。

（5）放置焊盘

执行"放置"→"焊盘"菜单命令,光标上悬浮一个十字光标和一个焊盘,单击鼠标左键确定焊盘的位置。按照同样的方法放置另外两个焊盘。

（6）编辑焊盘属性

双击焊盘即可进入设置焊盘属性对话框,如图 8-69 所示。这里"标号"编辑框中的引脚名称分别为 1、2 和 3,三个焊盘的坐标分别为 1(0,0),2(-4.9,0),3(-2.6,-2.8),设置完毕后如图 8-70 所示。放置焊盘完毕后,需要绘制元件的轮廓线。所谓元件轮廓线,就是该元件封装在电路板上占据的空间大小,轮廓线的线状和大小取决于实际元件的形状和大小,通常需要测量实际元件或查找元件尺寸获得。

图 8-68 "参数选择"设置对话框

图 8-69　焊盘属性设置对话框

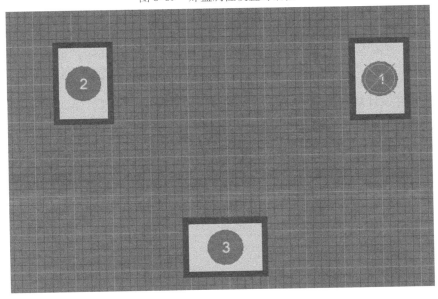

图 8-70　放置的三个焊盘

(7) 绘制直线

单击工作区窗口下方标签栏中的"Top Overlay(顶层丝印层)"项,将活动层设置为顶层丝印层。执行"放置"→"线条"菜单命令,光标变为十字形状,单击鼠标左键确定直线的起点,移动鼠标就可以拉出一条直线。用鼠标将直线拉到合适位置,单击鼠标左键确定直线终点。

单击鼠标右键或按 Esc 键结束绘制直线,结果如图 8-71 所示。

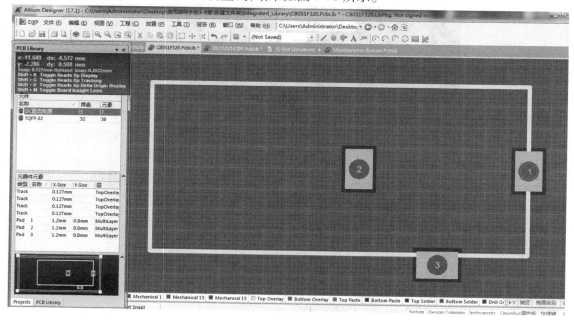

图 8-71　绘制完直线的封装

(8)设置元件参考点

在"编辑"下拉菜单中"设置参考"菜单下有 3 个选项,分别为"1 脚""中心"和"定位",用户可以自己选择合适的元件参考点。本例选择"1 脚"为参考点。

至此,手工封装制作就完成了,我们看到"PCB Library(PCB 元件库)"面板的元件列表中多出了一个"DC 直流电源"的元件封装,如图 8-71 所示。"PCB Library"面板中列出了该元件封装的详细信息。

8.4.5　元件设计规则检查

元件绘制完毕后,需要对封装进行设计规则检查。执行菜单命令"报告"|"元件规则检查",弹出图 8-72 所示的封装设计规则检查对话框,选取相应需要检查的项目,单击 <u>确定</u> 按钮开始检查,系统会自动生成"C8051F320. ERR"文件,检查的结果如图 8-73 所示。

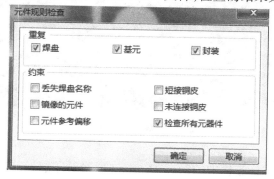

图 8-72　封装设计规则检查对话框

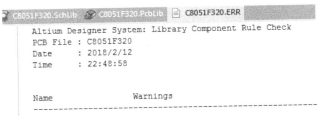

图 8-73　检查结果

8.5　创建集成元件库

对于用户自己创建的元器件库,要么是后缀为. SchLib 的元器件原理图符号,要么是后缀为. PcbLib 封装库文件,这样使用起来极不方便。Altium Designer 17 提供了集成库形式的文件,能将原理图库和与对应的模型库文件(如 PCB 元器件封装库模型、信号完整性分析模型等)集成在一起。

下面以前面创建的 C8051F320. SchLib 和 C8051F320. PcbLib 创建的集成元器件库为例,讲述如何创建集成元器件库。

①执行菜单命令“文件”→“New(新建)”→“Project(工程)”→“Integrated_Library(集成库)”,创建一个元器件集成库。新创建的集成库默认名为 Integrated Library. LibPkg。

②执行菜单命令“文件”→“保存工程”,保存该文件,并将其改名 C8051F320. LibPkg。

③向集成库文件中添加原理图库文件。执行菜单命令“工程”→“添加已有文档到工程”,或者用鼠标右键单击 C8051F320. LibPkg,在弹出的右键菜单中选择执行“添加已有文档到工程”命令,系统弹出选择文件对话框,如图 8-74 所示。

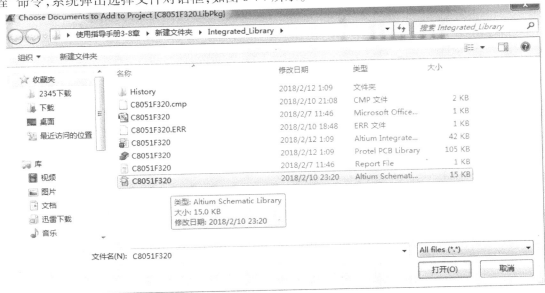

图 8-74　选择文件对话框

图 8-75　原理图库文件和 PCB 库文件添加到集成库

栏下面的 添加 按钮,系统弹出 New Component Name(新元件名称)对话框,如图 8-76 所示。单击后面的下三角按钮,在下拉菜单中选择 Footprint 选项。

⑥单击 确定 按钮后,系统弹出"PCB 模型"对话框,如图 8-77 所示。单击"名称"文本框后面的 浏览 (B)... 按钮,打开"浏览库"对话框,如图 8-78 所示。

选择要添加的原理图库文件,单击 打开(O) 按钮,即可将原理图库文件添加到集成库文件中。同理选择要添加的 PCB 库文件,也可通过同样的步骤添加到集成库文件中。如图 8-75 所示,两个库文件都已添加到集成库文件中。

④在 Projects(工程)面板中双击 C8051F320.SchLib 文件,打开原理图库文件,进入原理图库文件编辑环境。

⑤打开"SCH Library"面板选择一个原理图库元件,单击 SCH Library 面板"模型"

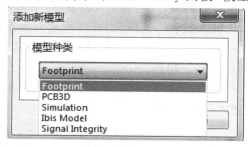

图 8-76　添加元器件封装

图 8-77　"PCB 模型"对话框

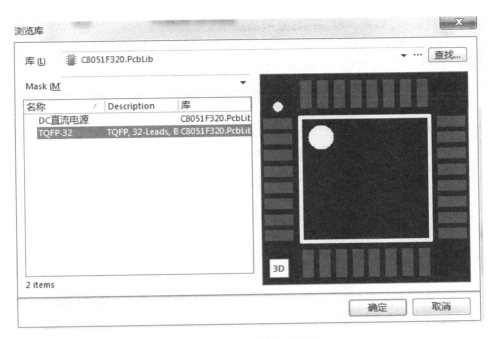

图 8-78　"浏览库"对话框

⑦在 PCB 封装库浏览对话框中选择与原理图符号相对应的元器件封装。单击"库"下拉列表右侧 ⋯ 按钮,弹出"可用库"对话框,已添加 C8051F320 . PcbLib。单击 添加库 (A)... 按钮,弹出"打开"对话框,选择 C8051F320. PcbLib 文件, 如图 8-79 所示。

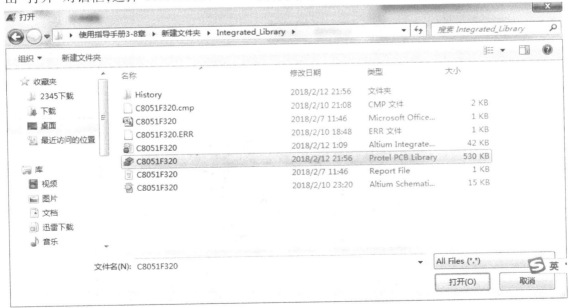

图 8-79　"打开"对话框

⑧单击 打开(O) 按钮,弹出"可用库"对话框,如图 8-80 所示;关闭对话框,返回"浏览库"对话框,显示原理图对应封装模型,如图 8-78 所示。选中 TQFP-32,单击 确定 按钮,返

回"PCB 模型"对话框,如图 8-81 所示,显示添加结果。单击 确定 按钮,完成封装模型添加。在 SCH Library 面板中,此元器件的封装显示在"模型"栏中,如图 8-82 所示。采用同样的方法为原理图库文件中其他元器件添加一个封装。

图 8-80 "可用库"对话框

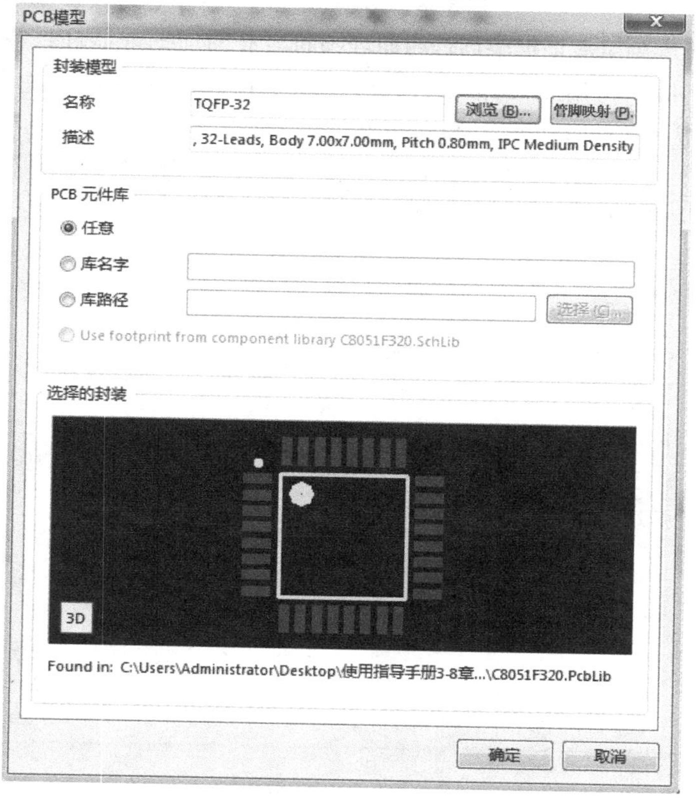

图 8-81 "PCB 模型"对话框

⑨添加完成后,执行菜单命令"工程"→Compile Integrated Library C8051F320. LibPkg(编译集成库文件),编译集成库文件,此时系统弹出编译确认对话框,如图 8-83 所示。单击

OK 按钮,集成库创建完成,此时在"库"面板中将显示新创建的集成库,如图 8-84 所示。

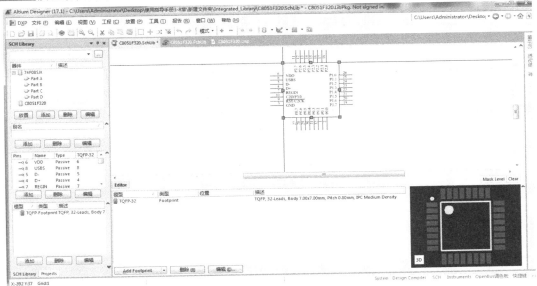

图 8-82　封装模型添加结果

图 8-83　编辑确认对话框

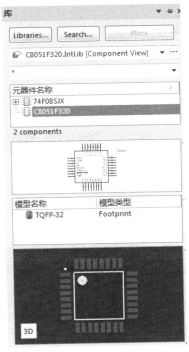

图 8-84　新创建的集成库

8.6　元件封装库报表

"报告"菜单提供了元件封装和元件库封装的一系列报表,通过报表可以了解某个元件封装的信息,可以对封装进行自动检查,也可以了解整个元件库的信息。此外,为了检查绘制的封装,菜单中提供了测量功能。"报告"菜单如图8-85所示。

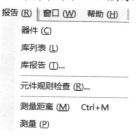

图 8-85　"报告"菜单

(1)元件封装中的测量

为了检查元件封装绘制是否正确,封装设计系统提供了测量功能。

(2)元件封装信息报表

在"PCB Library"面板的元件封装列表中选中一个元件后,单击执行"报告"→"器件"菜单命令,系统将自动生成该元件符号的信息报表,工作窗口中将自动打开生成的报表,以便用户马上查看报表。如图8-86所示为查看元件封装信息时的界面。

```
C8051F320.SchLib    C8051F320.PcbLib    C8051F320.CMP

Component    : TQFP-32
PCB Library  : C8051F320.PcbLib
Date         : 2018/2/12
Time         : 23:01:46


Dimension : 10.0076 x 10.0076 mm

Layer(s)        Pads(s)  Tracks(s)  Fill(s)  Arc(s)  Text(s)
---------------------------------------------------------------
Top Overlay        0         4         0       2       0

Total              0         4         0       2       0
```

图 8-86　查看元器件封装信息时的界面

如图8-86所示,列表中给出了元件名称、所在的元件库、创建日期和时间,并给出了元件封装中的各个组成部分的详细信息。

(3)元件封装库信息报表

单击执行"报告"→"库报告"菜单命令,系统将生成元件封装库信息报表,这里对创建的C8051F320. PcbLib 元件封装库进行分析,得出以下的报表,如图8-87所示。

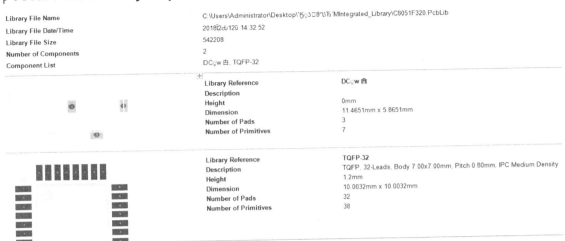

Protel PCB Library Report

Library File Name	C:\Users\Administrator\Desktop\5口8\万\MIntegrated_Library\C8051F320.PcbLib
Library File Date/Time	2018年2月12日 14:32:52
Library File Size	542208
Number of Components	2
Component List	DC,w 白, TQFP-32

	Library Reference	DC,w 白
	Description	
	Height	0mm
	Dimension	11.4651mm x 5.8651mm
	Number of Pads	3
	Number of Primitives	7

	Library Reference	TQFP-32
	Description	TQFP, 32-Leads, Body 7.00x7.00mm, Pitch 0.80mm, IPC Medium Density
	Height	1.2mm
	Dimension	10.0032mm x 10.0032mm
	Number of Pads	32
	Number of Primitives	38

图 8-87　"库报告"报表

8.7　综合实例

本节以创建变压器集成库为例,让读者熟练掌握绘制原理图库和 PCB 库的技巧。

8.7.1　绘制原理图库元件

①执行菜单命令"文件"→"新的…"→"工程"→"集成库",创建新的元器件集成库。或者打开已经建立的集成库,在已经建立的原理图库和 PCB 库中新建元件的原理图库元件和 PCB 库元件,因为每个原理图库和 PCB 库中都可建立无限多个原理图库元件和 PCB 库元件。读者可建立一个集成库,里面保存自己画图中需要的所有库元件,这样在以后绘制原理图和 PCB 图时,只添加这一个集成库就能满足需要。这里打开前几节建立的集成库 C8051F320. LibPkg。

②双击"Projects"面板中的 C8051F320. SchLib 文件,在"SCH Library"面板中出现已建好的两个库元件,如图 8-88 所示。

③执行菜单命令"工具"→"新器件",或在"SCH Library"面板中单击原理图符号名称栏下面的 添加 按钮,在弹出的对话框中输入新元件的名字 Transformer,如图 8-89 所示。

④执行菜单命令"放置"→"弧",或单击绘图工具中的绘制工具中的绘制弧按钮 ,启动绘制圆弧命令。此时光标变成十字形,在编辑区的第四象限绘制出一个半圆,如图 8-90 所示,然后通过复制、粘贴命令,绘制出变压器的原边和副边。在绘制副边时,由于粘贴出的半弧与副边侧的半弧方向相反,可通过 X 键改变半弧方向,如图 8-91 所示。

⑤执行菜单命令"放置"→"线",或单击绘图工具中的绘制工具中的绘制直线按钮 ,在变压器的原边和副边线圈中间绘制两条直线表示铁芯。然后,执行菜单命令"放置"→"椭圆,"或单击绘图工具中的绘制工具中的绘制椭圆按钮 ,在两条直线的上方绘制两个实心圆

表示同名端。两个实心圆的颜色如果需要修改,可双击实心圆,单击"填充色"右侧的颜色选项,从里面选择合适的填充颜色,本例选择"3"号黑色,如图 8-92 所示。

图 8-88　已绘制好的两个库元件

图 8-89　变压器元件的命名

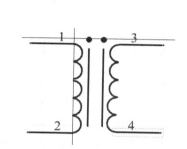

图 8-90　绘制一个半圆

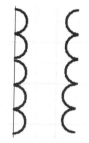

图 8-91　变压器的
原边和副边

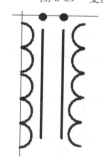

图 8-92　添加铁芯
和同名端的变压器

图 8-93　完成绘制的变压器符号

⑥单击绘制工具中的 按钮,或执行菜单命令"放置"→"管脚",进行管脚放置,并设置其属性。

⑦绘制好变压器符号后,设置其属性,完成变压器符号如图 8-93 所示。

8.7.2　绘制 PCB 库元件

①双击"Projects"面板中的 C8051F320. PcbLib 文件,执行菜单命令"工具"→"新的空元件",这时在"PCB Library(PCB 元件库)"操作界面的元件框内会出现一个新的 PCBCOMPO-NENT_1 空元件。双击 PCBCOMPONENT_1,在弹出的命名对话框中将元件名称改为"Trans",如图 8-94 所示。绘制变压器的封装时,要根据所用变压器的实际外形来绘制封装,本例就以图 8-95 所示音响用小变压器的外形尺寸来绘制封装。

②放置焊盘。执行"放置"→"焊盘"菜单命令,光标上悬浮一个十字光标和一个焊盘,单击鼠标左键确定焊盘的位置。按照同样的方法放置另外三个焊盘。

③编辑焊盘属性。双击焊盘即可进入设置焊盘属性对话框,如图 8-96 所示。这里"标号"编辑框中的引脚名称分别为 1、2、3 和 4,四个焊盘的坐标分别为:1(0,0),2(0,−12),3(30,5.5),4(30,−17.5)。设置完毕后如图 8-96 所示。放置焊盘完毕后,需要绘制元件的轮廓线。所谓元件轮廓线,就是该元件封装在电路板上占据的空间大小,轮廓线的线状和大小取决于实际元件的形状和大小,通常需要测量实际元件或查找元件尺寸获得。

图 8-94 命名变压器元件

图 8-95 220 V 转 6 V 2 VA 收录音机音响用小型电源变压器

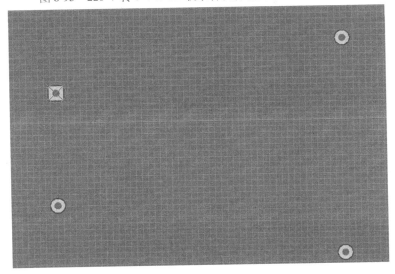

图 8-96 放置焊盘

④绘制直线。单击工作区窗口下方标签栏中的"Top Overlay（顶层丝印层）"项，将活动层设置为顶层丝印层。执行"放置"→"线条"菜单命令，光标变为十字形状，单击鼠标左键确定直线的起点，并移动鼠标就可以拉出一条直线。用鼠标将直线拉到合适位置，在此单击鼠标左键确定直线终点。单击鼠标右键或按 Esc 键结束绘制直线，结果如图 8-97 所示。

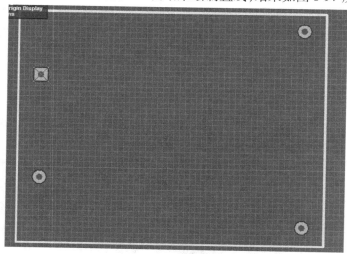

图 8-97　绘制完直线的封装

⑤设置元件参考点。在"编辑"下拉菜单中"设置参考"菜单下有 3 个选项，分别为"1 脚""中心"和"定位"，用户可以自己选择合适的元件参考点。本例选择"1 脚"为参考点。

至此，手工封装制作就完成了，我们看到"PCB Library（PCB 元件库）"面板的元件列表中多出了一个"Trans"的元件封装，如图 8-98 所示。"PCB Library"面板中列出了该元件封装的详细信息。

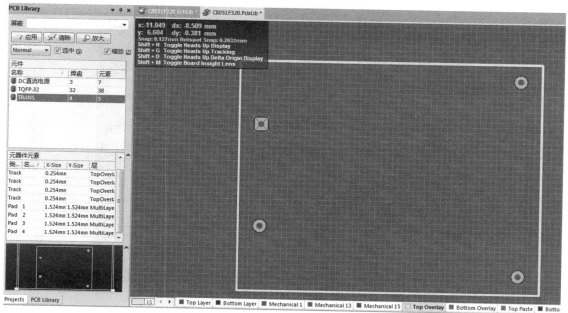

图 8-98　创建完成的"Trans"的元件封装

8.7.3 建立集成库

①在 Projects(工程)面板中双击 C8051F320. SchLib 文件,打开原理图库文件,进入原理图库文件编辑环境。

②打开"SCH Library"面板,选择一个原理图库元件 Transformer,单击"SCH Library"面板"模型"栏下面的 添加 按钮,系统弹出"New Component Name(新元件名称)"对话框,如图 8-99 所示。单击后面的下三角按钮,在下拉菜单中选择 Footprint 选项。

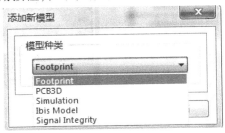

图 8-99 添加元器件封装

③单击 确定 按钮后,系统弹出"PCB 模型"对话框,如图 8-77 所示。单击"名称"文本框后面的 浏览 (B)... 按钮,打开"浏览库"对话框,如图 8-100 所示。

图 8-100 "PCB 模型"对话框

④在 PCB 封装库浏览对话框中选择与原理图符号相对应的元器件封装。单击"库"下拉列表右侧···按钮,弹出"可用库"对话框,已添加 C8051F320 . PcbLib;单击 添加库 (A)... 按钮,弹出"打开"对话框,选择 C8051F320. PcbLib 文件,如图 8-101 所示。

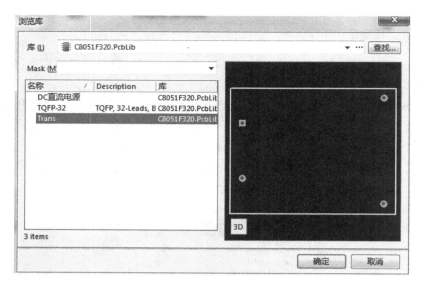

图 8-101　"浏览库"对话框

⑤选中 Trans，单击 ▊ 确定 ▊ 按钮，返回"PCB 模型"对话框，如图 8-102 所示，显示添加结果。单击 ▊ 确定 ▊ 按钮，完成封装模型添加。在"SCH Library"面板中，此元器件的封装显示在"模型"栏中，如图 8-103 所示。

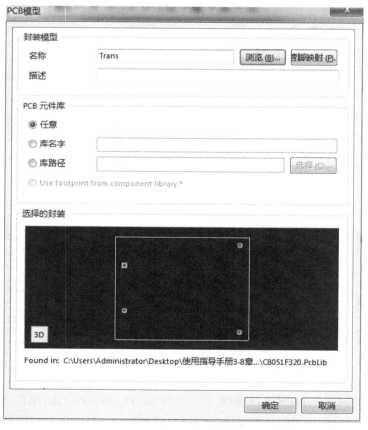

图 8-102　"PCB 模型"对话框

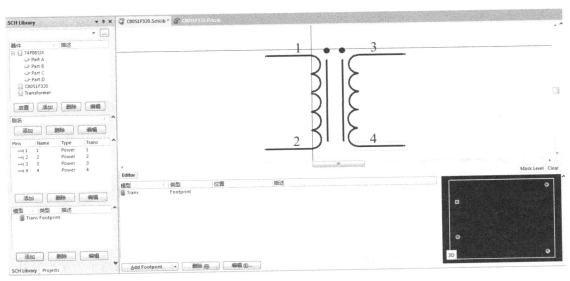

图 8-103 封装模型添加结果

⑥添加完成后,执行菜单命令"工程"→Compile Integrated Library C8051F320.LibPkg(编译集成库文件),编译集成库文件,此时系统弹出编译确认对话框,如图 8-104 所示。单击 OK 按钮,集成库创建完成,此时在"库"面板中将显示新创建的集成库,如图 8-105 所示。至此,集成库创建完成。读者可按上述步骤创建自己的集成库。

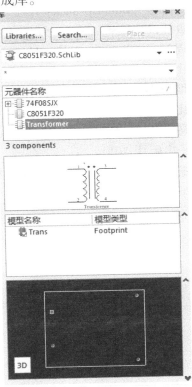

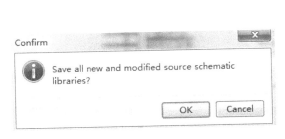

图 8-104 编译确认对话框

图 8-105 新创建的集成库

参考文献

［1］何宾. Altium Designer 13.0 电路设计、仿真与验证权威指南［M］. 北京:清华大学出版社,2014.

［2］谢龙汗,鲁力,张桂东. Altium Designer 原理图与 PCB 设计及仿真［M］. 北京:电子工业出版社,2012.

［3］陈学平. Altium Designer 10.0 电路设计与制作完全学习手册［M］. 北京:清华大学出版社,2012.

［4］谷树忠. Altium Designer 教程——原理图、PCB 设计与仿真［M］. 2 版. 北京:电子工业出版社,2014.

［5］周润景,张丽敏,王伟. Altium Designer 原理图与 PCB 设计［M］. 北京:电子工业出版社,2009.

［6］穆秀春,冯新宇,王宇. Altium Designer 原理图与 PCB 设计［M］. 北京:电子工业出版社,2011.

［7］高雪飞,安永丽,李涧. Altium Designer 10 原理图与 PCB 设计教程［M］. 北京:北京希望电子出版社,2014.

［8］王建农,王伟. Altium Designer 10 入门与 PCB 设计实例［M］. 北京:国防工业出版社,2013.